스펙트럼 관리

Using the Airwaves for Maximum Social and Economic Benefit

Martin Cave, William Webb 공저

이상윤 역

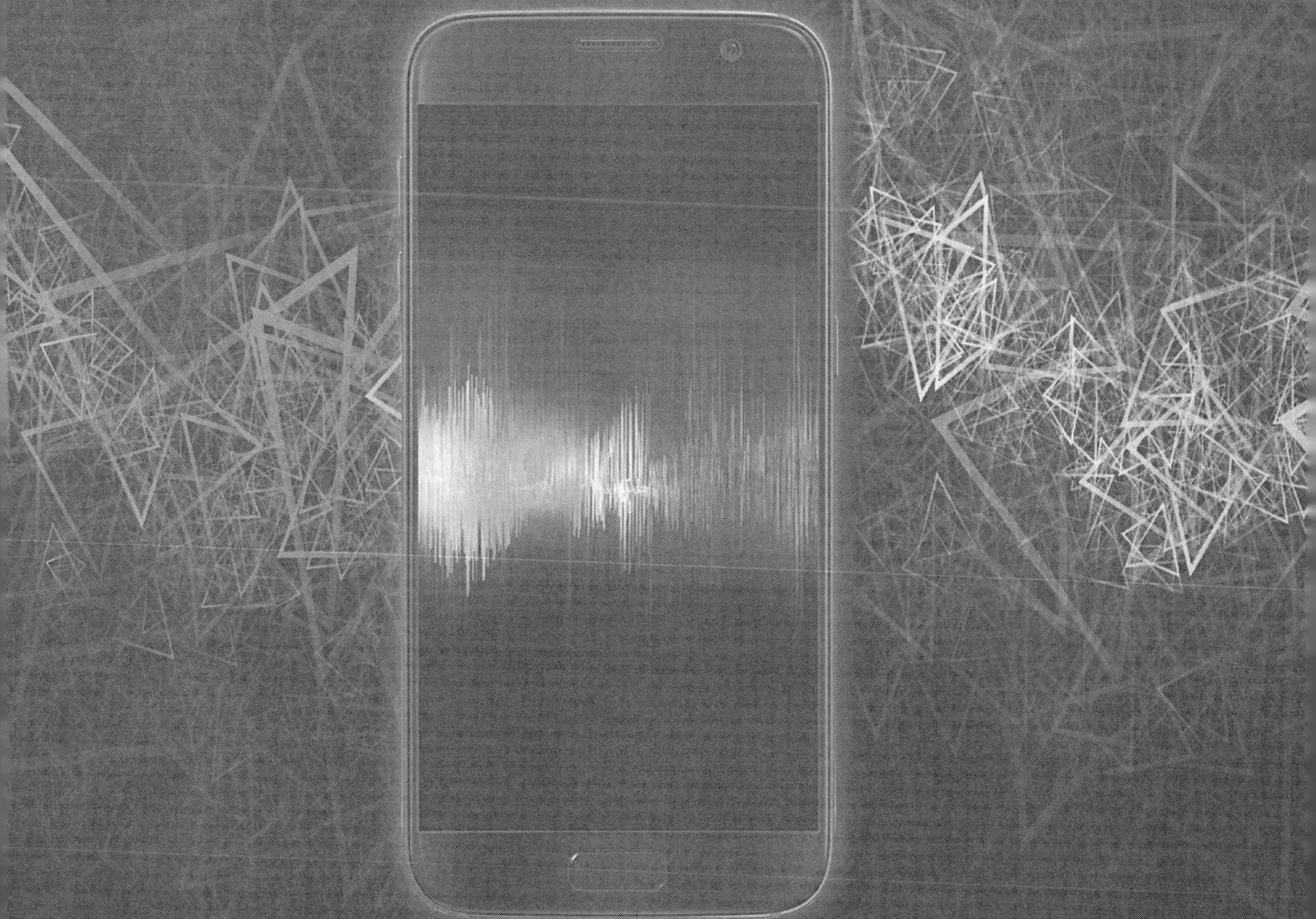

홍릉과학출판사

Spectrum Management

by MARTIN CAVE, WILLIAM WEBB

스펙트럼 관리

인 쇄 : 2019년 1월 21일 초판
발 행 : 2019년 1월 28일 초판
저 자 : MARTIN CAVE, WILLIAM WEBB
역 자 : 이상윤

역자와의
협의하에
인지생략

발행인 : 송 준
발행처 : 홍릉과학출판사
주 소 : 서울시 강북구 인수봉로 50길 10
등 록 : 1976년 10월 21일 제5-66호

전 화 : 02-999-2274~5
팩 스 : 02-905-6729

http://www.hongpub.co.kr
hongpub@hongpub.co.kr

ISBN : 979-11-5600-630-5(93560)

정 가 : 29,000원

차례

PART 1: 기초

PART 2: 스펙트럼의 경제학적 관리

7. 스펙트럼 가격산정과 가치평가

PART 3: 공동사용과 새로운 스펙트럼 관리 기법

8. 스펙트럼 공동사용과 공유

9. 동적 스펙트럼 이용

10. 간섭 제어 – 면허와 수신기

PART 4: 사례 연구와 결론

11. UHF 대역에 대한 경쟁

12. 공공 부문의 스펙트럼 이용

서문

2007년에 저자의 책인 Essentials of Modern Spectrum Management가 출간된 바 있다. 그 이후 모바일 데이터 수요의 폭발적 증가, 동적 스펙트럼 접근 및 다양한 공유 방식의 등장, 그리고 새로운 경매 방식 등장 등의 많은 변화가 있었다. UWB와 같은 몇몇 기술은 2007년 당시에는 유망했으나 아직 완성에 이르지 못한 반면, TV 유휴대역과 같은 기술은 현재 새롭게 만들어지고 있다.

저자는 이전 책의 개정 필요성을 느꼈지만 2007년도 책의 상당 부분을 개정할 필요가 있어서 완전히 새로운 방식이 적합하다고 결정했다. 그래서 이 책은 스펙트럼의 사용과 관리에 관한 기술, 경제학적 원리와 실제 적용에 관한 주요 이슈를 다루는 것을 목적으로 새로운 접근방식을 고려하고, 미래를 전망하며, 미래 스펙트럼 관리에 관한 의견을 제시한다.

감사의 글

저자는 4장, 5장 집필에 기여한 Chris Doyle 박사와 Rob Nicholls 박사, 7장 집필에 기여한 Leo Fulvio Minervini 박사에게 감사의 마음을 전한다. Minervini 박사, Nicholls 박사, Adrian Foster는 저자에게 유익한 코멘트를 주었다. Thomas Welter는 프랑스의 스펙트럼 정책에 관한 정보를 제공해 주었다. Neil Pratt는 11장 집필에 기여했으며 Graham Louth 또한 조언과 코멘트로 도움을 주었다.

이 책의 구성

이 책은 네 개의 파트로 구성되었다.

첫 번째 파트는 기초지식으로서 모든 독자가 이 책의 나머지 부분을 이해하는데 충분한 지식을 갖도록 구성되었다. 여기서는 스펙트럼 관리의 기초, 기술적 문제와 경제학의 기초를 다룬다.

두 번째 파트는 경매, 거래, 가격결정 등 스펙트럼 관리를 위한 일반적인 경제학적 방법으로서 지난 십여 년간 발전되고 있는 분야이다.

세 번째 파트는 미래에 보편화될 것으로 전망되는 스펙트럼 관리 방식을 살펴본다. 여기에는 공유, 동적 스펙트럼 접근 및 간섭에 기반한 새로운 면허방식 등이 포함된다.

네 번째 파트는 사례연구와 이슈를 살펴본다. UHF TV 대역을 이용해 이전 장에서 제시된 몇 가지 원리를 설명하고, 국제적인 스펙트럼 관리에서 공공부문에 적용할 수 있는 방법론을 고려하며, 더 넓은 경제 분야에서 스펙트럼의 역할을 살펴본다. 마지막으로 주요 트랜드와 핵심 이슈를 제시한다.

약어

3GPP	Third Generation Partnership Project
ACL	adjacent channel leakage
ACMA	Australian Communications and Media Authority
ACS	adjacent channel selectivity
AGC	automatic gain control
AGL	above ground level
AIP	administered incentive pricing
ANFR	Agence nationale des fréquences (France)
ATC	ancillary terrestrial component
AWS	advanced wireless services
BAS	broadcast auxiliary service
BFWA	broadband fixed wireless access
CCTV	closed circuit TV
CEO	chief executive officer
CEPT	Central European Post and Telecommunications
CMA	cellular market area
CW	continuous wave
DAB	digital audio broadcasting
DECT	digital European cordless telephone
DoD	Department of Defense (US)
DSA	dynamic spectrum access
DTT	digital terrestrial television
DVB	digital video broadcasting
EA	economic area
EBU	European Broadcasting Union
ECC	European Communications Committee
EIRP	equivalent isotropic radiated power
eMBMS	evolved multimedia broadcast multicast service
EMC	electromagnetic compatibility
ETSI	European Telecommunications Standards Institute
EU	European Union
FCC	Federal Communications Commission
FDD	frequency division duplex
GAA	general authorized access

GDP	gross domestic product
GHz	gigahertz
GPS	global positioning system
GSM	global system for mobile communications
HTHP	high-tower high-power (transmitter site)
ICT	information and communications technology
IEEE	Institution of Electrical and Electronic Engineering
IET	Institution of Engineering and Technology
IoT	Internet of Things
IPTV	Internet protocol TV
ISD	inter-site distance
ISM	industrial, scientific, and medical
ITU	International Telecommunication Union
kHz	kilohertz
LEFR	Licence-Exemption Framework Review
LSA	licensed shared access
LTE	long-term evolution (of cellular technology)
LTLP	low-tower low-power (transmitter sites)
M2M	machine-to-machine
MCL	minimum coupling loss
MED	Ministry of Economic Development (New Zealand)
MFN	multifrequency network
MHz	megahertz
MIMO	multiple-input multiple-output (antennas)
MNO	mobile network operator
MPEG	Motion Picture Experts Group
NAB	National Association of Broadcasters
NATO	North Atlantic Treaty Organization
NRA	national regulatory authority
NTIA	National Telecommunications and Information Administration
OSAB	Ofcom Spectrum Advisory Board
PCAST	President's Council of Advisors on Science and Technology
PCS	personal communications services

PFD	power flux density
PFWA	public fixed wireless access
PMR	private mobile radio
PMSE	program making and special equipment
PPDR	public protection and disaster relief
PSB	public-service broadcasting
PVR	personal video recorder
RET	revenue equivalence theorem
RFID	radio frequency identification
RSC	Radio Spectrum Committee
RSPG	Radio Spectrum Policy Group (of the EC)
RSPP	Radio Spectrum Policy Programme
SAA	simultaneous ascending auction
SAS	spectrum access system
SDARS	satellite digital audio radio service
SFN	single-frequency network
SIG	special interest group
SIM	subscriber identity module
SLC	significant lessening of competition
SMR	specialized mobile radio
SMRA	simultaneous multiple-round auction
SNR	signal-to-noise ratio
SUR	spectrum usage right
TDD	time division duplex
TNR	Transfer Notification Register
TVWS	TV white space
UHDTV	ultra-high-definition TV
UHF	ultra high frequency
UN	United Nations
UWB	ultra-wideband
VHF	very high frequency
W	watt
WCS	wireless communications service
WRC	World Radio Conference

Part 1

기초

CHAPTER

01

세계의 스펙트럼 관리

1.1 무신 스펙트럼의 사용

1.1.1 개요

무선 스펙트럼은 개인 일상생활, 사업, 정부기관 활동의 거의 모든 측면에서 핵심적인 역할을 하고 있다. 스펙트럼을 이용하는 서비스가 없는 생활을 생각하기란 어려울 것이다. TV, 라디오, 비행기 여행, 이동전화 등 매우 많은 서비스가 불가능하거나 매우 제한적일 것이다. 이 절에서는 무선 스펙트럼과 관련된 핵심 이슈를 개괄하고, 분배 현황과 미래 수요전망 등을 다룬다. 예를 들어 그림 1-1은 영국에서 스펙트럼이 어떻게 활용되고 광범위한 대역에 걸쳐 어떻게 분배되어 있는지를 보여준다.

이 그림을 이해하는데 있어(그리고 이는 오직 영국에만 해당한다는 것을 상기하면서) 먼저 밝혀둘 점은 모든 주파수 이용의 합이 100%보다 크다는 것이다. 그 이유는 상당량의 대역이 공유되고 있기 때문이다. 이 그림에서 만약 두 개의 용도가 공유된다면(대역의 10%라고 하자) 두 용도가 모두 이 10%를 사용한다고 생각할 수 있는데, 일반적으로 공유된 사용을 구분하는 것은 매우 어렵다. 이런 측면에서 일부 용도는 과장된 것으로 보인다. 예를 들어 주로 무선 마이크나 카메라용으로 이용되는 방송제작 및 특수행사(PMSE) 용도는 1 GHz 이하 대역에서 이동통신보다 더 많은 스펙트럼을 사용하는 것처럼 보이지만, 모든 PMSE 분배는 방송과 공유하고 있고 PMSE는 방송을 피해 운용해야 하므로 실제로는 매우 작은 '실제' 분배량만 이용하게 된다.

이 그림에서 각 용도는 네 개의 주파수 대역으로 구분되어 있다. 주파수 대역별 장단점은 다음 장에서 자세히 다룰 것이다. 여기서 말할 수 있는 것은 6 GHz 이하 대역이 더 높은 대역에 비해 더욱 가치있는 것으로 여겨지고 있고, 1 GHz 이하 대역은 장거리 신호 전달이 필요할 경우에 유용하다는 것이다. 다음에는 각 주파수 이용 부문에 대해 간략하게 살펴본다.

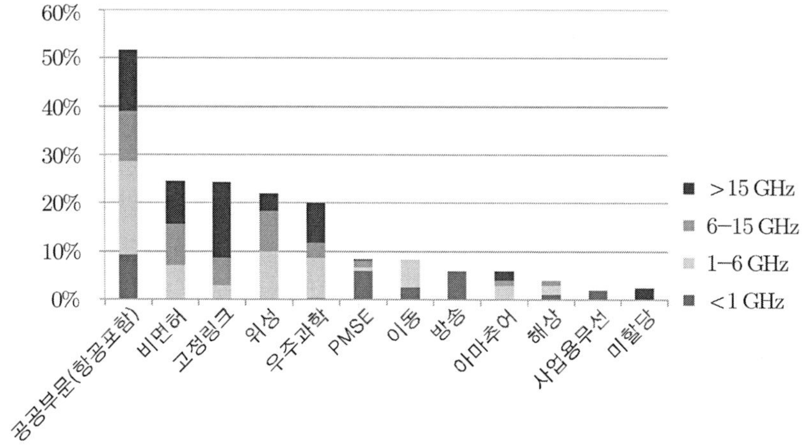

그림 1-1 영국에서의 스펙트럼 이용. 자료: [1]

1.1.2 공공부문

공공부문은 지역, 지방, 국가 단위의 모든 정부기관의 다양한 이용을 포함한다. 지금까지 이 부문의 가장 큰 이용자는 국방과 항공분야이다. 다른 중요한 이용자로는 응급 서비스와 해양안전(예를 들어 해양경비), 과학연구가 있다. 따라서 다른 주파수 이용 부문과 달리 공공 부문 스펙트럼은 다양한 용도로 사용된다.

대부분의 국가에서 국방 서비스는 무선 스펙트럼의 주요 이용자이다. 어떤 점에서 국방 서비스는 모든 다른 사용을 반영한다고 할 수 있다. 즉 국방은 자체적인 '이동' 무선 시스템, 자체 항공 시스템, 자체 소출력 시스템 등을 보유하고 있다. 스펙트럼의 실제 이용과 관련해서 각 대역의 이용 용도, 사용 수준 등은 일반적으로 기밀로 취급된다. 발전된 경제 체제에서 국방분야의 스펙트럼 이용은 지난 수십 년 동안 감소하는 추세에 있는데, 이는 국방 수요가 감소하는 대신 상업적 이용에 따른 가치가 증가했기 때문이다. 그러나 최근 영상전송 링크를 필요로 하는 무인 드론과 같은 새로운 기술의 등장은 이러한 수요를 충족시키기 위한 스펙트럼 수요가 증가할 수 있음을 시사한다. 국방과 치안용으로 얼마나 많은 스펙트럼 확보가 필요한지 파악하는 것은 매우 어려운데, 이는 12장에서 자세히 다룰 것이다.

항공용 스펙트럼 이용은 레이다 항행용이 두드러진다. 레이다 시스템은 매우 다양해서, 국토 전체의 상공을 감시하는 장거리 레이다부터 공항에서 사용되는 접근 레이다, 활주로의 장애물을 감지하는 레이다에 이른다. 항공기 역시 지상, 다른 항공기, 난기류, 악천후 감지를 위해 레이다를 사용한다. 레이다 시스템의 정확도는 사용하는 스펙트럼의 대역폭과 관계가 있다. 높은 정확도를 요구하는 대부분의 항공용 응용에는 많은 양의 대역폭이 배정된다. 항공용 스펙트럼은 항공기가 동일한 시스템을 전 세계에서 사용할 수 있도록 일반적으로 국제적으로 표준화되어야 한다. 다른 항공용 응용으로는 방송대역 바로 상위의 VHF대역을 이용하는 파일럿과의 무선 링크, 주로 위성 시스템을 이용한 승객용 기내 응용 데이터 링크, 지상으로부터의 고도를 알려주는 전파 고도계 등이 있다. 대체적으로 항공용 스펙트럼 이용은 변화가 크지 않으며, 이로 인해 항공용 주파수 분배를 변경하는 것은 매우 어렵다.

응급 서비스는 자가 무선 시스템용으로 스펙트럼을 이용한다. 이는 경찰, 소방, 응급의료 등을 위한 이동통신망이라고 볼 수 있다. 응급 서비스는 자체적인 망을 보유하고 있어 서비스 커버리지, 가용성, 신뢰성, 기능에 더 많은 재량을 가질 수 있다. 현재 응급 서비스의 데이터 용량을 증가시키기 위해 스펙트럼을 추가로 확보하는 노력이 진행되고 있다. 그러나 이 용도로 국제적인 스펙트럼이 분배될지 여부는 불명확하다(미국과 같은 일부 예외 존재[1]). 이러한 종류의 용도를 공공안전 재난구조(PPDR)라 부른다. PPDR 사용자가 이동통신의 민간 이용자와 주파수를 공유하는 방안이 제안되기도 했다.

1.1.3 비면허 사용

비면허 사용('공유 스펙트럼' 또는 '면허 면제'로도 알려짐)은 다양한 응용의 집합으로서 가장 잘 알려진 것으로는 Wi-Fi[2]와 블루투스가 있다. 비면허 대역은 공공 공원과 같이 입장 규칙을 지키는 한 누구나 사용이 가능하다. 이에 대해서는 8장에서 자세히 다룬다. 비면허용으로 넓은 스펙트럼이 분배된 것처럼 보이나 1 GHz 이하에서는 사실상 없으며, 대부분은 공유되거나 다른 시스템과의 간섭으로 인해 활용도가 낮은 대역에 분배되어 있

[1] 미국은 수년간 PPDR 서비스 제공을 위해 경매 메커니즘을 활용한 공공-민간 협력을 추진했다. 700 MHz 대역 경매에서 민간 소유자가 PPDR 서비스를 제공하는 조건으로 'D Block'을 남겨두었으나 초기 경매에서는 유찰되었다. FirstNet 계획의 일환으로 공동사용 방식이 논의되고 있다.

[2] 1985년에 미국 FCC는 2.4 GHz ISM 대역산업, 과학, 의료 대역으로서 통신 이외의 해당 목적으로 비면허로 이용할 수 있게 국제적으로 정한 대역이다. 이를 통해 Wi-Fi로 알려진 802.11 표준이 생겨나게 되었다. 블루투스도 ISM 대역을 이용하는 표준으로서 개인 범위의 네트워크(personal-area network)를 가능하게 한다.

다. 비면허 이용은 Wi-Fi의 대규모 확산과 함께 급속히 성장하고 있고, M2M[3] 통신과 같은 많은 새로운 용도로 비면허 대역 이용을 고려하고 있다.[4] 규제기관은 동적 스펙트럼 접근 또는 유휴대역(white space)으로 알려진 기회적 접근을 기반으로 면허 대역을 비면허 방식으로 이용하는 것에 대해 검토하고 있다. 비면허 용도로 얼마나 많은 스펙트럼이 사용될지 정하는 것은 매우 어렵다. 왜냐하면 일반적으로 경매와 같은 시장 메커니즘이 적용될 수 없고 미래 이용을 예측하는 것이 어렵기 때문이다. 비면허 대역은 때로 혁신의 가능성이 많은 것으로 여겨지는데, 이는 새로운 기술이나 응용을 낮은비용으로 면허 취득 없이 제공할 수 있기 때문이다[2].

1.1.4 고정 링크

고정 링크는 한 지점으로부터 다른 지점까지 전파 에너지의 얇은 빔을 이용해 데이터를 전송하는 것이다. 이들은 구리 또는 광 선로가 없거나 이들의 활용이 비경제적인 경우에 사용된다. 한 가지 주요한 용도로서 이동통신 셀 사이트로부터의 '백홀(back haul)'은 기지국의 무선 장비를 망 운영자의 코어망으로 연결한다. 다른 응용으로는 주요 유선 회선의 백업 링크, 원격지의 전기통신 서비스 제공 등이 있다. 고정 링크 안테나는 위성 접시 안테나처럼 보이지만 수평 방향을 향하고 있다. 지향성 안테나는 전파 에너지가 협소하고, 집중된 빔으로 만들어 동일한 전송 전력으로 전파를 더 멀리 보낼 수 있다.

이러한 특성으로 인해 고정링크는 전파특성이 좋지 않지만 더 넓은 대역을 이용할 수 있고, 비용이 덜 드는 높은 대역을 이용할 수 있다. 비록 장거리 링크에서 도심 스몰셀 용도의 단거리 링크로 이전하는 경향이 있긴 하지만 선진 경제국가에서 고정 링크의 수요는 대체적으로 변화가 크지 않다. 이러한 경향으로 인해 주파수 관리가 더욱 쉬워질 수 있는데, 그 이유는 단거리 링크는 더 높은 대역으로 이전이 가능하며 해당 대역은 현재 가용 스펙트럼이 풍부하기 때문이다. 또한 얇은 빔 형태의 전송으로 인해 고정 링크는 서로 간섭을 주는 경우가 흔하지 않고 때로 동일 대역에서 다른 응용과 공동으로 사용할 수 있다.

1.1.5 위성

위성은 광범위한 응용에서 사용된다. 그중 하나는 원격 사용자의 통신으로서 음성과 데이터를 선박에 제공하거나 최근 증가하고 있는 해상의 항공기에 제공하는 것이다. 인마셋과 같은 위성 사업자는 차세대 위성을 발사하여 데이터 속도나 용량을 주기적으로 개선하고

---

3 흔히 사물 인터넷(IoT)으로 알려져 있는 M2M은 스마트 계량기, 주차 센서와 같은 기계로부터 데이터가 송신된다.

4 예를 들어 868 MHz의 Sigfox 기술 또는 TV유휴대역을 이용하는 Weightless 기술이 있다.

있다. 다른 주요 용도로는 위성 TV방송으로서 현재 많은 국가의 가정이 TV수신을 위성에 의존하고 있다. GPS, 갈릴레오와 같은 전세계 위치 시스템 역시 위성 스펙트럼의 매우 가치 있는 활용분야 중 하나이다. 위성 시스템은 원격지의 백홀, 고립지역의 방송 중계, 재난 상황에서의 응급 통신용 등으로도 사용된다. 위성의 스펙트럼 수요는 특히 저대역에서 지속적인 압박을 받고 있고 위성 스펙트럼은 점차적으로 6 GHz 이상 대역으로 이전되고 있다. 위성 스펙트럼 분배는 국제적으로 관리되고 있는데, 이는 단일 위성의 커버리지가 대부분 국가의 영토보다 크기 때문이다.

1.1.6 우주 과학

위성의 다른 용도로 과학연구 목적의 관측이 있다. 이는 지구 관측 위성으로도 알려져 있으며, 해수 온도 또는 다양한 방사와 같은 파라미터를 측정하기 위한 기상 위성도 포함된다. 해당 위성은 관측 장비가 가장 잘 동작하는 특정 대역을 이용해야하며, 이들 대역은 측정 장비의 민감성 때문에 특히 간섭이 없어야 한다. 다양한 용도의 높은 수요가 존재하는 저대역 스펙트럼에 비해 이 분야의 수요 증가는 느리다.

1.1.7 무선 마이크 및 카메라

보안, 엔터테인먼트, 일반적으로는 미디어, 스포츠 분야에서 무선 마이크와 무선 카메라의 수요는 최근 몇 년 동안 현저하게 증가했다. 이들은 프로그램 제작에 사용되나 무선 마이크의 경우 다른 분야에서도 매우 광범위하게 이용되고 있다. 이들 응용은 이용하는 공간의 범위가 좁기 때문에 상대적으로 적은 양의 스펙트럼이 필요하나, 간섭이 없는 링크가 필요할 수 있다. 예를 들어 중요한 행사에서 사용되는 무선 마이크는 간섭이 용인될 수 없다. 무선 마이크는 일반적으로 다른 용도(주로 방송)와 스펙트럼을 공유한다. 그러나 이런 이차 사용자의 지위로 인하여 일차 사용자에 변화가 있을 때 마다 간섭에 취약하게 되며, 결과적으로 다른 대역으로 이전하게 된다. 프로그램 제작을 위한 무선 링크의 수요는 스포츠 장비 등에 장착된 무선 카메라 이용 증가로 증가하는 추세에 있으나 가용 주파수는 감소하고 있다. 이용자 기반이 다양해서 경매와 같은 수단으로 스펙트럼을 획득하는 것이 어려우며, 신뢰성이 필요해 비면허 대역은 일반적으로 적합하지 않다. 이는 규제기관이 아직까지 만족할만한 장기적인 해법을 찾지 못한 '문제아'라고 할 수 있다. FIFA 월드컵, IOC 올림픽과 같은 주요 행사 시에는 여기서 논의된 용도의 스펙트럼 수요가 순간적으로 폭증한다. 이러한 수요를 수용하기 위해 규제기관은 다른 사용자가 이용하는 스펙트럼을 임시로 회수하기도 한다.

1.1.8 이동통신

이동 또는 셀룰러 통신은 스펙트럼의 주요 이용분야이다. 이동통신 서비스는 300 MHz – 3 GHz 주파수 범위의 다양한 대역에서 다양한 세대의 기술(2G, 3G, 4G/LTE)을 이용한다. 이는 일반적으로 경제적 측면에서 무선 스펙트럼의 가장 가치 있는 사용으로 여겨지고 있으며, 데이터 집중적인 인터넷 기반 응용이 등장하여 발전된 경제체제에서의 스펙트럼 수요는 지속적으로 증가하고 있다. 인터넷과 스마트폰으로 촉발된 데이터 수요의 증가로 인해, 규제기관은 기존에 방송과 같은 용도로 분배된 대역을 재개발해야 했다. 몇 년간 이동통신용 스펙트럼 이용은 더욱 증가하고 있는데, 최근에는 800 MHz, 2.6 GHz(유럽) 및 700 MHz – 2.3 GHz(미국)가 있고, 추가 재개발 압력은 지속될 것으로 보인다. 이동통신 서비스 제공자에 배정된 스펙트럼 면허는 일반적으로 경매를 통해 부여되는데, 때로 엄청난 수익이 발생하기도 한다. 지금까지 단일 스펙트럼 경매로 가장 큰 경매수익이 발생한 것은 2000년 독일의 3G 경매로서 경매 수익이 거의 510억 유로에 이른다. 1994년부터 2015년 사이에 미국 정부는 96회의 스펙트럼 경매를 실시했는데 대부분은 이동통신 사업자에게 면허를 부여했으며, 여기에는 2015년에 시행되어 450억 달러의 경매수익이 발생한 AWS–3 경매도 있다[3].

1.1.9 방송

방송용 스펙트럼은 여러 대역이 있는데, 중요한 것으로는 VHF 라디오 대역(약 90 – 110 MHz), UHF TV 대역(약 170 – 240 MHz, 470 – 790 MHz)이 있다. 라디오 방송을 위한 대역폭은 TV 방송에 비해 매우 작다. 지상파 TV 송출은 일반적으로 높은 철탑에서 고출력으로 이루어지는데, 국토의 넓은 지역에서 수신 가능하지만 상당한 간섭을 일으키기도 한다. 지난 10년간 TV 송출은 디지털 전환으로 알려진 절차를 통해 아날로그에서 디지털로 전환되었으며, 이를 통해 더 많은 TV 채널과 고화질 TV 방송이 가능하게 되었다. 이상적인 상황이라면, 방송사업자는 더 많은 채널을 송출하고, 고화질, 초고화질 방송을 위해 많은 스펙트럼을 요구하겠지만 현재 주파수 대역에서 이렇게 하는 것은 불가능하다. 이로 인해 상당량의 TV 콘텐츠는 위성과 케이블 시스템을 통해 송출되고 있으며, 흔히 디지털 지상파 텔레비전(DTT)으로 알려진 UHF 대역 지상파 TV방송의 미래에 대한 의문이 제기되고 있는데, 이는 특히 모바일 네트워크 등의 해당 주파수에 대한 수요가 크기 때문이다. 방송과 다른 용도 사이의 균형에 관한 논란은 스펙트럼 분야의 중요한 문제로서 이 문제는 11장에서 자세히 다룬다. TV송출 장치의 넓은 송신 범위로 인해 많은 경우 TV 이용은 국제적으로(예를 들어 유럽 전체) 계획되며, 이로 인해 이용계획의 변경은 복잡한 행정절차를 수반한다.

1.1.10 아마추어

아마추어 무선 이용자(흔히 '무선 햄'으로 알려짐)는 실험과 취미를 위해 특정 대역을 무료로 이용할 수 있다. 역사적으로 이 용도는 조난 또는 유사한 상황에 처한 선박으로부터의 신호를 모니터링할 수 있어 가치가 있었다. 그러나 현재는 발전된 통신수단으로 인해 감소하는 추세에 있다. 그들은 또한 새로운 기술을 개척하기도 했으나, 이를 실현하기 위해 지속적으로 많은 투자가 필요하다는 점에서 미래에도 이와 같을지는 명확하지 않다. 그럼에도 불구하고 그들의 지위는 지속될 것이며, 특히 국제적 수준에서 인정받을 것이다. 때로 일부 대역의 아마추어용도 분배 요구가 있으나 이들 대부분은 고대역이거나 가치가 덜한 주파수로서 이러한 경우는 상대적으로 흔하지 않다.

1.1.11 해상

해상용도는 해안으로부터 통신 가능 거리(일반적으로 약 30마일) 내에 있는 선박의 통신을 위한 것으로 보통 항구에서의 이용을 포함한다. 이 용도는 데이터 전송 수요 증가로 꾸준한 수요가 있으나, 일부는 상업 셀룰러 또는 위성 시스템을 이용하기도 한다. 해상 무선 주파수는 일반적으로 국제적 조화를 이룬다.

1.1.12 사업용 무전

사설 이동무전(PMR)으로도 알려진 사업용 무전은 택시와 같은 회사 또는 공항, 대학교, 사업장 등과 같은 곳에서 사용된다. 사업용 무전 시스템은 일반적으로 회사의 본부 건물에 설치된 송출장치와 차상 단말 또는 개인 휴대 단말로 구성된다. 이 시스템은 저비용과 단순성의 장점을 갖고 있다. 특히 전송의 '방송' 특성으로 인해 예를 들어 특정 위치 근처에서 이용 가능한 택시가 있는지를 문의하는 등의 용도로 사용될 수 있다. 사업용 무전은 점차적으로 셀룰러 시스템으로 교체될 것으로 오래 전부터 예상되었으나 수요가 거의 일정하고 심지어 일부국가에서는 점차적으로 증가하고 있다. 시스템은 보통 음성기반이지만 일부에서는 저속 데이터도 제공한다.

1.1.13 미지정 스펙트럼

마지막으로 일부 스펙트럼은 미지정으로서 경매 진행으로 지정이 유보된 상태거나 현재 용도를 결정할 수 없고 유보하는 것이 더 좋은 경우이다. 규제기관은 미지정 주파수를 최소화하는 것으로 목표로 하고 있는데, 이는 미사용 자원을 의미하기 때문이다. 반면에 미래를 위해 스펙트럼을 남겨두는 것은 미래를 위한 선택의 여지를 남겨 두는 것이며 이는 더 가치 있는 목적으로 사용될 수 있도록 한다.

1.2 왜 스펙트럼은 관리가 필요한가?

우리는 무선 스펙트럼이 다양한 용도로 사용되고 이들 용도의 수요는 변화하고 있으며 가변적이라는 것을 보았다. 게다가 무선 기반 서비스를 지원하는 기술은 진화하고, 이는 수요 압력을 완화시키기도 하지만 때로는 수요를 더욱 증가시키기도 한다. 이러한 변화로 인해 주파수 대역 이용의 관리가 필요하다. 또한 주파수를 관리 없이 자유롭게 이용하도록 하면 유해한 간섭을 유발시키거나, 서비스를 방해하고 경제에 상당히 부정적인 비용을 발생시킬 수 있다. 이러한 이유로 무선 스펙트럼은 ITU(UN 산하 기구)를 통한 국제적 수준과 국가적 수준에서 수십년간 신중하게 관리되었다.

스펙트럼(300 GHz 이하의 무선 주파수 대역)은 천연자원으로 볼 수 있는데, 그 가치는 (토지, 공기, 물과는 다르지만 석유와 가스와 마찬가지로) 대부분 인간의 인식범위 밖에 있었다. 비록 주어진 지역에서의 스펙트럼 총량은 일정하지만 그 활용을 구분하는 방법은 원칙적으로 무한하다. 이로 인해 스펙트럼의 공급은 (석유와 가스와 달리) 문제가 없다는 주장도 가능하다. 그러나 현실적인 관점에서 스펙트럼은 제한적이고 유한한데, 이는 현대의 무선 시스템은 특정 시간에서 어느 정도의 배타적 접근이 필요하기 때문이다. 무선 스펙트럼에 따라 전파 특성도 변하는데 이는 용도에 따라 적합한 대역이 다르다는 것을 의미한다.

스펙트럼의 존재가 인식된 대부분의 기간동안에도 스펙트럼의 중요성은 인식되지 못했고, 물리, 항공, 국방, 보안 분야의 전문가에게만 알려졌다. 1914-1918년의 세계 제1차대전 이후에는 라디오 방송에 사용되었고, 세계 제2차대전 이후 텔레비전 방송에 사용되었다. 스펙트럼의 중요성이 마지막으로 눈에 띄게 된 것은 이동통신의 확산으로서 초기에는 음성 형태였으나 현재는 데이터 이용이 증가하고 있다. 2015년 기준으로 약 70억 개의 이동통신 회선이 있으며, 이를 통해 세계적으로 약 35억 명이 이동통신망에 접속할 수 있다.

이동통신 산업이 발전되면 21세기에 접어드는 시기에 시행된 일련의 스펙트럼 면허 경매를 통해 정부는 스펙트럼의 가치를 깨닫기 시작했다. 2000년에 독일과 영국 정부가 3개의 이동통신 면허로 거둬들인 재정수입으로 인해 이동통신에 적합한 스펙트럼의 희소가치가 주목을 받게 되었다. 공공정책 입안자는 무선 음성 및 브로드밴드 서비스가 GDP성장에 얼마나 기여하는지도 인식하고 있다. 민간 부문의 경우 특히 미국에서, 사업자간 스펙트럼 거래를 통해 경매 수입과 함께 수십억 달러의 수익을 발생시킨다.

스펙트럼이 점차 희소해지자 이를 할당하는 방법도 발전했다. 약 한 세기 전에 스펙트럼 이용이 개방되어 사용자들이 일반적으로 간섭없이 사용 가능한 시기가 잠시 있었다. 그러나 여러 나라의 정부는 곧(특히 1914-1918년의 세계대전 기간에) 국방과 안전용도의 스펙트럼을 통제하기 시작했고, 몇 년 후에는 행정적 또는 '명령과 통제' 방법을 통해 다른 용도로 확장시켰다. 이 방법에서는 일반적으로 민간 또는 상업 용도로 스펙트럼을 이용하고자 하는 자가 매우 상세히 기술된 스펙트럼 면허를 받도록 하는데, 이 면허는 스펙트럼 이용 목적, 출력, 때로는 송출 장비의 위치 등을 세부적으로 정하고, 허가 기간은 보통 짧지만 갱신이 가능하다. 서비스 제공에 대한 경쟁이 있을 경우 정부는 어떤 이용자가 가장 적합한지 결정하기도 한다. 군과 같은 공공 부문의 이용자는 스펙트럼 이용 권한을 좀 더 쉽게 얻기도 하는데, 정부는 그들에게 우호적이며 동일 서비스를 제공하는 (그래서 동일한 스펙트럼을 요구하는) 경쟁 단체도 없기 때문이다.

이 방식은 혁신적 스펙트럼 이용에 대한 내재적 저항에도 불구하고 스펙트럼에 여유가 있던 시대에는 꽤 효과적인 스펙트럼 할당 방법이었다. 그러나 다른 자원이 그렇듯이 수요 증가로 인해 추가 자원과 다른 할당 방식을 찾게 되었다. 이것이 정확히 지난 10여년 동안 발생한 일이다. 전조 현상은 소위 '다가오는 스펙트럼 위기', 즉 모바일 브로드밴드 수요 증가 대응에 필요한 스펙트럼이 부족할 것이라는 전망에 대한 논의가 확산되는 것이었다. 이 문제에 대한 전망을 통해 스펙트럼 관리 분야에서 몇 가지 중요한 대응방안이 도출되었다.

1. 증가하는 수요에 대응한 용량 증대를 위해 더 높은 대역 즉, 3.5 GHz 대역을 시작으로 최근에는 60 GHz 비면허 대역과 같은 20 GHz 이상 대역을 발굴해야 한다는 것.
2. 전통적인 행정적 또는 '명령과 통제' 방식이 스펙트럼 부족과 기술발전 가속화의 시대에 스펙트럼을 가장 잘 이용할 수 있도록 하는 방법인지에 대한 의문 제기. 새로운 스펙트럼 할당 방식으로서 처음으로 완전한 형태로 개발된 방법인 스펙트럼 시장의 활용은 1959년에 로널드 코즈가 제안하였다. 그러나 스펙트럼 경매의 형태로 시장 원리가 도입되기까지는 30년이 걸렸다.
3. 스펙트럼 대역을 다수의 사용자와 다수의 용도가 공동으로 사용할 수 있는 방법을 찾는 것이 필요. 주파수 공동사용은 지난 10여년간 가장 두드러진 특징이다. 기술발전으로 인해 다수의 이용자가 동일 대역을 간섭없이(기존에는 전송시스템 상호간 간섭 유발) 이용하는 것이 가능해졌다. 공동사용은 스펙트럼이 풍부했던 시대에 스펙트럼 이용에서 특별한 지위를 가졌던 공공 부문의 과도한 스펙트럼 이용 문제를 해결하는 방법으로 고려되고 있다. 만약 공공부문 이용자가 그들의 스펙트럼 이용을 포기하도록 설득하는 것이 어려울 경우 공동사용은 좀 더 쉬운 방법이 될 수 있을 것이다. 그리고 스펙트럼 이용에 관한 데이터에 따르면, 공공부문 스펙트럼은 용량에 비해 저이용되고 있고 심지어 어떤 경우에는 이용이 집중되는 기간에도 그러한 특성을 보인다.

스펙트럼과 같은 투입을 위한 자원 할당의 기본적인 경제학적 원리는 대략적으로 동일한 기능적 특성을 가지는 대역(예를 들어 방송과 이동통신 서비스가 동일하게 가능한 대역)을 어느 두 이용자에게 배분할 경우, 각각의 서비스에 대한 추가적인 스펙트럼 할당으로 발생하는 (금전적으로 측정된) 사회적 이익의 변화가 동일하도록 하는 것이다. 따라서 만약 이동통신 서비스에 공급된 1 MHz의 스펙트럼이 연간 2백만 달러의 이익을 가져다주는 반면, 1 MHz의 방송용 스펙트럼을 회수했을 때 연간 1백만 달러의 이익을 감소시킨다면 이것은 방송에 많은 스펙트럼이 할당되어 있다는 것을 의미한다.

이 간단한 원리에는 약간의 논의가 필요하다. 첫째, 수요가 빠르게 변화하고 있고 스펙트럼 용도 전환에 많은 시간이 소요되기 때문에 위 조건을 만족하도록 스펙트럼 용도를 매 순간마다 지속적으로 전환하는 것은 비현실적이다. 실현 가능한 목표는 바람직한 관계를 거의 지속적으로 유지하는 것이다. 두 번째는 서비스 제공을 위한 스펙트럼 이용에 따른 혜택이 해당 서비스에 지불의사를 가진 개인 이용자의 의사만으로 이루어지지 않는다는 것이다. 광범위한 사회적 목표와 직접적인 소비자 이외의 다른 사람에게 발생하는 이익도 역시 고려되어야 한다. 세 번째는 위에서 언급된 조건은 우리가 어떤 서비스가 가능할지 알고 있다는 것을 가정한다는 것이다. 스펙트럼 관리의 또다른 핵심 목표는 새로운 서비스를 사용자에게 제공할 수 있는 환경을 조성하는데에 있다.

다음 장에서 논의될 데이터에 따르면 스펙트럼의 GDP에 대한 간접적 기여가 더 크다는 것을 알 수 있다. 스펙트럼이 존재하지 않을 때 우리의 형편이 얼마나 나빠질지 질문하는 것은 물, 기름, 가스 또는 다른 천연자원 없을 때 우리 형편이 얼마나 나빠질지 질문하는 것과 같다. 스펙트럼이 없어질 가능성은 없다. 그러나 다음에 논의된 바와 같이 스펙트럼의 GDP 기여가 약 3%를 차지한다는 것은 적절한 스펙트럼 관리가 매우 중요하다는 것을 알려준다. 그러므로 만약 현행의 아마도 비효율적인 스펙트럼 관리 체제로 위에서 인용한 수치가 가능하다면 비효율성의 단계적 개선에 따른 효과는 얼마나 될 것인가? 그러나 효율적 할당의 달성을 논의하는 것은 비현실적이며, 차라리 현행 체계는 어떤 의미에서 삼선(third best)책이고, 차선(second best)의 결과를 위해 시장 기반 제도를 기반으로 더 많은 유연성의 허용을 통해 개선될 수 있다.

1.3 국가의 스펙트럼 규제

스펙트럼은 대체로 국가 차원에서 관리된다. 다음 절에서 논의될 국제기구 또는 협약이 있지만, 스펙트럼 이용 면허를 부여하고 관련 법규 위반 시 기소할 수 있는 법적 권한은 변함없이 국가의 정부가 가지고 있다. 각 국가의 정부는 스펙트럼 관리를 담당하는 국가 규제기관(NRA: National Regulatory Authority)을 지정한다. 때로는 필요한 권한이 관련 정부에 부여되기도 한다. (스펙트럼 용도의 넓은 범위를 고려할 때 어떤 부처가 적합한지 불명확해지기도 한다) 다른 경우로서 영국 Ofcom과 같은 독립 규제기관을 설립하여 상당한 자율권을 법적으로 보장하는 경우도 있다[4].

NRA의 업무 범위 또한 다양하다. 순수하게 스펙트럼 관리를 담당하는 경우도 있고, 방송, 전기통신과 같은 다른 영역도 관장하는 융합형 규제기관 형태일 수 있다. 융합형 규제를 옹호하는 근거는 만약 그렇지 않다면, 예를 들어 방송사업자의 경우 스펙트럼 이용을 줄이도록 하는 요구와 함께, 더 많은 콘텐츠와 넓은 서비스 커버리지를 요구하는 서로 상충된 규제를 하는 문제가 있을 수 있다. 두 가지의 정책을 하나의 기관에서 관할하면 일관성 있는 정책결정이 가능하고 관련 사항 전반에 대한 고려가 가능하게 된다.

NRA의 기능은 크게 다음과 같이 구분된다.

- 스펙트럼의 용도의 결정과 변경
- 재배치된 스펙트럼의 할당
- 기존 스펙트럼의 소유권과 용도 변경 권한부여
- 비면허 스펙트럼의 관리
- 스펙트럼 이용 감독 및 간섭 문제의 해결
- 미래 전망에 관한 연구수행 및 이에 적응하기 위한 스펙트럼 분배
- 국제 포럼 참여

다음에서 각 항목을 간략히 소개한다. 그리고 전체적으로 이들이 이 책 전체의 내용을 구성한다.

스펙트럼의 용도 결정과 변경. 스펙트럼 대역은 방송업무와 같이 특정 용도로 분배된다. 최적의 분배 방식은 시간에 따라 변하는데, 이는 새로운 응용 서비스가 등장하거나 효율성이 우수하고 다른 이용방식을 사용하는 새로운 기술이 등장하기 때문이다. 일부 사업자는 서비스 제공을 위한 기술방식을 면허조건에 의해 변경(예를 들어 2G 이동통신 기술에서 4G 기술로 변경)할 수 있는 권한을 부여받을 수 있다. 스펙트럼 거래 시장을 통해서 용도 자체를 바꿀 수도 있다. 즉, 특정 이용자 그룹(예를 들어 방송사업자)이 다른 그룹(예를 들어 이동통신 사업자)에게 스펙트럼을 매각할 수 있다. 이러한 변경이 미래에 얼마나 가능할지는 다음에 논의하겠지만 현재로서는 대부분의 용도변경에는 상당한 규제의 개입이 필요하다. 예를 들어 최근 유럽에서 800 MHz 대역용도를 방송에서 이동통신으로 변경하

는 과정에서, 먼저 유럽 전역에 걸친 합의가 있었고,[5] 방송 주파수의 광범위한 재조정이 있었으며, 국가별로는 방송 송출 주파수의 이동과 필요시 방송 수신 장비(TV, 셋탑 박스 등)의 주파수 조정 지원이 수행되었다. 또한 일부 국가에서는 무선 마이크의 이전을 위해 정부 관리 하에 해당 비용을 보상하기도 했다[6].

재배치된 스펙트럼의 할당. 일단 스펙트럼이 재배치되어 비워지게 되면(일부 대역이라도) 규제기관은 해당 대역의 용도를 결정해야 한다. 첫 번째 핵심 결정사항은 면허 여부에 관한 것이다. 비면허인 경우 접속 관련 규칙이 마련되어야 하고, 면허인 경우 배정 방식(일반적으로 경매)이 정의되어야 한다. 경매는 상당한 작업이 수반되는 사항으로 이 책의 상당 부분이 경매 관련 이슈에 할애되어 있다. 경매를 위해 규제기관은 일반적으로 기술적 면허조건 마련을 위한 기술자, 법적 틀을 만들기 위한 법률가, 경매 규칙 설계를 위한 경제학자로 팀을 구성한다. 이 팀의 규모는 큰 나라의 경우 직접 고용인과 자문단을 포함해 100명 이상이 되기도 한다.

소유권과 기존 스펙트럼 이용 변경권한 부여. 스펙트럼 소유권이 시장에 의해 변경되는 경우가 있다. 이를 거래라고 부르기도 하며, 면허권을 특정인이 다른 자에게 매각하는 것을 의미한다. 다양한 방식이 가능해서 임대, 전면 또는 부분 매각이 가능하다. 스펙트럼의 용도가 바뀔 수 있는지 여부도 중요한 사항이다. 이 이슈는 후속 장에서 자세히 다룰 것이다. 이를 가능하게 하기 위해 규제기관은 일반적으로 적절한 규제를 만들어야 하지만 모든 국가가 그렇지는 않다. 거래 관련 규제를 마련할 때 발생 가능한 간섭 문제 또는 경쟁 관련 문제와 관련해 거래가 적절한지를 검토하기도 한다.

비면허 스펙트럼의 관리. 비면허 스펙트럼은 주기적인 관리가 필요할 수 있다. 여기에는 신기술 도입 또는 혼잡에 따른 접속 규칙 변경이 포함될 수 있다.

스펙트럼 이용 감독 및 간섭 문제의 해결. 규제기관의 핵심 임무는 이용자가 '유해한 간섭'을 받지 않도록 하는 것이다. '유해한 간섭'은 잘못 정의된 용어이지만[7], 이용자는 허가받은 사용이 간섭으로 인해 중단될 경우 이를 규제기관에게 보고하고, 불법 이용을 조사하고 중단을 요청한다. 규제기관은 일반적으로 감시국과 방향탐지 기능을 갖춘 차량을 이용한 현장 단속을 통해 불요(unwanted) 발사를 추적할 수 있다. 이들 팀은 때로 하루 24시간 동안 운영되는데 이는 항공관제 시스템과 같은 서비스에 미치는 간섭은 인명안전 문제를 일으킬 수 있기 때문이다. 간섭원이 발견된 장소에서 단속 팀은 건물에 진입하고 장비를 압수할 수 있는 권한이 있으며, 경찰과 협력하여 적절한 조치를 취할 수 있다. 간섭의 빈번한 원인으로는 VHF 라디오 방송 대역에서의 해적(pirate) 라디오 송출이 있다.[6]

---

[5] CEPT가 수행하였다[5].

전송장비를 찾는 것은 비교적 쉽지만 간섭 유발자가 스튜디오 장비와 인력을 다른 장소에 숨기고 수 시간 내에 전송설비를 재구축하는 것 역시 쉽다. 영국의 경우 30명에서 50명의 숙련된 기술자로 구성된 현장단속 팀을 운영한다.

미래전망에 대한 연구 및 스펙트럼 분배 적용. 이상적으로 스펙트럼 관리자는 신기술 및 응용에 10년을 앞서야 한다. 이는 특정 대역을 비우고 재할당하는데 약 10년이 걸리기 때문이다. 새로운 기술 허용에 대한 명확한 정책이 없으면 사업자는 사업자금을 조달받기가 어렵다. 따라서 규제기관이 혁신과 신기술 도입을 방해할 수 있게 된다. 이는 케이블을 대신해 단거리 초고속 전송을 가능케 하는 초광대역 기술(ultrawideband)에 부분적으로 해당된다.[7] 기술발전 전망을 앞서서 하는 것은 매우 어렵다. 그러나 규제기관이 연구와 자문을 통해 이해관계자와 협력하며 그들의 전략을 재검토하여 새로운 아이디어를 촉발시키고 이에 대한 지침을 제공하며 우수사례를 공유할 수 있다. 규제기관은 이와 같은 활동에 규모에 따라 백만에서 천만 달러의 예산지출이 필요할 수 있다. 이러한 지출은 때로 좋은 투자로 볼 수 있는데, 이는 경매를 통해 상당한 재정 수익을 창출할 수 있기 때문이다.

국제 포럼 참여. 다음에 자세히 논의하겠지만 많은 관련 국제기구가 있고 규제기관은 여기에 참여할 자원을 준비해야 하다. 여기에는 매우 복잡한 국제 스펙트럼 관리를 이해하고 있는 전문가도 포함된다.

마지막으로 규제 문화에 대해 언급할 필요가 있다. 규제기관이 위험 회피적이라는 것은 자연스럽고 일반적으로 타당하다. 장기간 지속되는 자산에 투자하는 회사는 규제의 확실성에 큰 가치를 부여한다. 때로는 현재 상태를 불안정하게 하여 발생하는 비용이 새로운 방식으로 인한 이익보다 훨씬 클 수 있다. 그래서 규제기관은 시간을 맞추기 위해 품질을 희생시키기도 하는 민간 사업 부분과 달리, 시간과 비용의 한도를 맞추기 보다 분석의 확실성을 추구하면서 작업을 느리게 추진하는 경향이 있다.

그러나 앞에서 제안한 바와 같이 스펙트럼 문제에 대해서는 규제기관이 사업가 정신을 가지려고 해야 하며 벤처 투자자보다 더 앞설 수 있는 준비가 되어야 한다. 자연적인 위험 회피가 억제되지 않는다면 과도해지기 마련이고 국가에 해가 되기도 한다. 이러한 결과를 막기 위해 NRA는 혁신을 지지하고 새로운 아이디어를 제안하며 보수적인 이해관계자의 반대에 맞서 새로운 아이디어를 발굴하고자 하는 위원회나 직원을 조직 내에 두어야 한다.

---

6 Ofcom의 해적 전송 해결에 관한 지침을 참고[8]

7 UWB는 저전력으로 매우 넓은 스펙트럼을 이용하는 기술이다. 간섭을 유발하지 않고 사용할 수 있는 실제 전력 수준은 논란의 여지가 많으며, 규제 관련 기관, 단체가 이를 해결하고 UWB를 가능하게 하는 규칙을 통과시키는데 10여년이 걸렸다. 그 단계에 이르는 동안 해당 기술을 개척한 모든 스타트업 회사는 자금 부족으로 더 이상 존재하지 않게 되었다.

이들은 조용한 삶을 희생하고 새로운 아이디어를 위해 위험을 감수하고자 하는 특별한 사람들이며, 규제기관은 이러한 인재를 찾고 육성하는데 노력해야 한다.

관료주의와 혁신, 중요한 국가 자원의 신중한 관리와 새로운 응용의 시도 사이에서 올바른 균형을 이루는 것이 규제기관의 가장 중요한 과제이다.

1.4 국제적 스펙트럼 규제

전파는 국경에 관계없이 전달되므로 국가간의 간섭을 막기 위해 스펙트럼 이용에 대한 국제적 조정이 필요하다. 왜냐하면 특히 대부분의 국가는 육상에 국경을 가지고 있고 외딴 섬이 아니기 때문이다.

약 200여개 국가가 회원국으로 참여하는 국제전기통신연합(ITU)의 핵심 역할은 글로벌 차원에서 스펙트럼 이용을 관리하는 것이다. ITU는 국제연합의 특별 기구로서 스위스 제네바에 본부를 두고 있다. ITU는 국가 규제기관을 관할하는 국제 규제기구가 아니다. 국제적 규제와 협력은 이들 ITU회원국 국가별 규제기관의 통제 하에서 만들어지기 때문이다. 이러한 규칙은 ITU의 전파통신 사무국이 관할하며, 규칙의 준수는 국가를 규제하는 제재라기보다 선의에 기반한다. 스펙트럼 관리에 있어 ITU의 목적은 특히 주파수가 위성을 포함한 전파통신 업무를 위해 합리적이고 공평하며 경제적으로 이용되도록 하며, 전파통신 관련 연구를 수행하고 권고를 채택하는 것이다.

ITU 세계전파통신회의(WRC)는 4년마다 개최된다. 회의의 가장 중요한 임무 중 하나는 전파 스펙트럼, 정지 및 비정지 위성궤도를 관할하는 국제 조약인 전파규칙(Radio Regulation)을 검토하고 필요시 개정하는 것이다. 일반적으로 한 대역은 하나 또는 그 이상의 일차 업무로 분배되고, 이차업무로도 분배된다. 일차 업무는 이차 업무로 인한 간섭으로부터 보호받지만 반대의 경우는 그렇지 않다. 이들 분배는 세개의 ITU 지역에 따라 다르다.

- **제1지역**: 유럽, 아프리카, 이라크를 포함하는 페르시아만 서쪽의 중동 지역, 구 소비에트 연방 및 몽고
- **제2지역**: 미주, 그린란드, 태평양 군도의 서쪽 일부
- **제3지역**: 아시아에서 구 소비에트 연방에 해당하지 않는 지역과 동쪽 및 이란, 대부분의 오세아니아주

가장 중요한 결정은 세계전파통신회의에서 이루어지고 세부 결정은 3개 지역의 지역전파통신회의에서 이루어진다. 그러나 이러한 지역전파통신회의에서 전파규칙을 개정하는 것은 불가능하고 WRC에서 승인되어야 한다. 회의의 최종 의정서는 협약 당사 국가에만 구

속력이 있다. 전파 규칙에 따라 개별 국가는 스펙트럼 이용에 관해 추가적인 제한을 둘 수 있고 이는 주파수 분배표에 기록된다.

최근에 이루어진 세계 및 지역전파통신회의의 주요 결정사항은 다음과 같다.

- 2004년 제네바에서 열린 지역 전파통신회의에서는 디지털 지상파 방송을 위해 지상파 방송 주파수를 재분배했다. 이 결정은 1961년 스톡홀름에서 합의된 기존의 아날로그 주파수 분배계획을 대체하게 되었다.
- 2012년 제네바에서 개최된 세계전파통신회의에서는 방송업무용으로 분배된 700 MHz 대역을 몇 개 지역에서 이동업무용으로 변경할 수 있도록 합의하였다.

두 번째 사례에서 흥미로운 부분은 결정이 ITU의 일반적인 수준에 비해 신속히 이루어지고 논란이 많지 않았다는 점이다. 일반적으로 신규 이슈가 등장하고 의제화되어 회의에서 최종 결정되는데 최대 10년이 소요되기도 한다. 그러나 스펙트럼 이용기술의 발전으로 빠른 속도로 진행되기도 한다. 이러한 문제로 인해 ITU의 절차를 좀 더 신속히 진행시키자는 의견이 제기되기도 한다.

스펙트럼 관리에서 중요한 지역 기구는 유럽 연합(EU)인데, 회원국들은 ITU 회의에 관한 공통 정책에 일반적으로 동의한다. 현재 EU 스펙트럼 정책의 세 가지 주요 목표는 상호운용성과 무선장비의 규모의 경제를 위해 스펙트럼 이용조건에 조화를 이루는 것, 스펙트럼의 이용효율을 개선하는 것, 가용 스펙트럼, 스펙트럼 이용현황, 이용계획 등에 관한 정보의 수준을 개선시키는 것이다. 이에 따라 2012년에 유럽의 기관(의회, 총리 협의회, 집행위원회)은 공동으로 Radio Spectrum Policy Programme(RSPP)을 발족하였다. 여기서는 다음 단계의 스펙트럼 정책을 위한 로드맵을 정한다. 유럽 디지털 아젠다의 핵심 실천사항으로서 고속(4G) 무선 브로드밴드를 위한 스펙트럼 요구사항에 초점을 두면서, 안전에 필수적인 국방, 응급, 지구 관측 수요뿐만 아니라 미디어, 교통, 연구, 환경보호 및 에너지와 같은 분야의 수요도 고려한다.

2013년에는 이동통신 서비스 단일 시장 형성을 위해 국가 개별 이동통신 시장에서 탈피하고자 하는 제안이 논의되었다. 2013년의 유럽 집행위원회가 제안에서는 경매 시기 동기화를 포함해 EU에서의 스펙트럼 할당 절차 변경이 제안되었다.

어떤 방식으로든 스펙트럼 관리와 연관된 국제기구는 매우 많다. 예를 들어 NATO와 같은 군사동맹의 경우 회원국간의 군사용 스펙트럼 이용을 조정하며, 전파천문 관련 단체의 경우 자신의 스펙트럼 이용을 유지하고 가능하면 그 범위를 확장하려고 한다.

이 책에서 논의되는 주제와 관련하여 핵심 이슈는 국제 무대가 스펙트럼 관리 방법에 얼마나 중요한 영향을 미치고 그에 따라 얼마나 효율적인 결과를 만들어 내는지에 관한 것이다. 이 질문에 대한 답은 스펙트럼을 사용하는 국가와 그 사용 특성 모두에 따라 달라진다. 확실히 호주와 같이 인접한 국가가 없는 큰 국가는 작고 육지로 둘러싸인 룩셈부르크와 같은 국가보다 국제적 측면의 제약을 덜 받는다. 마찬가지로 비정지궤도 위성 서비스는 그 범위와 규제가 국제적이나 소규모 택시 회사가 운영하는 통신 시스템은 지역적이다. 요약하자면, 우리의 논의 주제에서 알 수 있듯이 국제적 제약은 많은 영역에서 크지 않으며, 국가 또는 유럽연합과 같은 연방 체제 하의 지역적 수준에서 이루어지는 스펙트럼 관리 의사결정이 시장원리 적용 수준이나 스펙트럼 공동사용에 더 결정적인 영향을 미친다는 것은 분명하다.

1.5 국가 및 지역 간의 차이

세계의 모든 국가는 민주적으로 스펙트럼을 부여받아, 동일한 주파수 분배표에 따라 분배, 할당할 수 있다. 그러나 그 이용은 매우 다르다. 이러한 사실은 여러 국가의 모바일 브로드밴드 확산에 관한 UN 브로드밴드위원회의 자료에서 알 수 있다[9].

최상위 수준에 해당하는 국가는 확산 정도가 인구 100명 중 70명 이상이며, 일부 국가는 100명에 이르기도 한다. 이러한 국가에는 아시아(싱가폴, 일본, 한국, 홍콩 등), 북유럽(핀란드, 스웨덴 등) 및 미국 등의 선진국이 포함된다. 하위 국가로는 아프리카의 많은 나라와 아시아 일부 국가가 있으며 이들 국가의 확산율은 사실상 영이다.

개발도상국의 모바일 음성 서비스 확산은 매우 고무적이며, 특히 통신기술의 이용이 일반적으로 경제와 일부 생산자 그룹에 혜택을 준다는 것을 보여주는 연구결과가 증가하고 있다.[8] 모바일 데이터 서비스도 가까운 미래에 비슷한 영향을 줄 것이다.

이러한 국가와 지역에 따른 차이 때문에 완전히 다른 스펙트럼 관리 체제가 필요한 것인가? 고정통신 네트워크, 모바일 또는 무선 서비스가 없는 나라에서는 인프라를 잘 갖춘 나라에 비해 해당 부문을 개발하고 경제적 혜택을 실현하는 것이 훨씬 더 중요하다. 동시에 개발도상국은 모바일 데이터가 더 많이 확산된 국가에 비해 스펙트럼 부족이 심각하지 않을 수 있으나, 선진국과 같이 국방 분야를 비롯한 공공 부문에 상당한 양의 스펙트럼을 할당했을 수 있다.

개발도상국의 재정 상황은 스펙트럼 정책과 상당히 밀접한 관계에 있다. 개발도상국은 세입 증대 방법이 제한된 경우가 많다. 이러한 상황에서 이동통신 사업자는 매력적인 세원이 될 수 있는데, 일부 국가의 경우 다양한 세금과 수수료가 이동전화 소유 비용의 40%를 차지하기도 한다[10]. 직접적으로 말하면, 스펙트럼 경매 결과는 정부 수입에 상당한 기여

---

[8] 13장을 참고

를 하고, 이러한 수입 증대를 위해 스펙트럼 공급을 제한하는 유인이 생길 수 있다. 어떤 정부도 세수 증대라는 목표에 완전히 무관심할 수 없으나, 이는 사회의 자유경쟁 제한, 비용 증가, 모바일 서비스 질 저하 및 미래 세수 기반에 대한 심각한 훼손을 대가로 얻은 것이다.

이러한 점을 고려할 때 개발도상국과 선진국간 스펙트럼 관리 체계의 특정 속성이 다른 명백한 이유는 없다. 특히 스펙트럼은 서비스 제공을 위한 시장에서 면허 또는 공유의 형태로 사용 가능해야 한다. 인정해야 할 점은 경매에서 스펙트럼과 서비스 시장의 경쟁이 적절한 경우 스펙트럼 가격이 낮아지고 서비스 비용은 감소하여 경제에 유리하다는 것이다. 스펙트럼 관리체계는 기존 서비스간의 효율적인 스펙트럼 배분과 새로운 서비스의 촉진이라는 장기 목표를 모두 만족시켜야 한다. 공공 부문의 통제되고 효율적인 스펙트럼 사용은 매우 바람직하다. 마지막으로 개발도상국의 스펙트럼 규제기관은 스펙트럼 관리에 있어 혁신적일 필요는 없으나 다른 나라에서 검증된 새로운 성공적인 접근방식에 대해서는 '빠른 추격자'가 되고 그렇지 않는 방식은 '무시할' 수 있는 준비가 되어야 한다.

1.6 세계, 지역 또는 국가의 스펙트럼 관리

지금까지 여러 지역 수준의 기구에 의한 다층적인 스펙트럼 규제 체계를 살펴보았다. 규제의 세계에서 이는 전혀 예외적인 것이 아니다[11]. 그럼에도 불구하고 효율적 체계의 근간을 구성하는 어떤 원리를 찾을 수 있다.

이러한 원리 중 중요한 한 가지는 간섭이다. 다음 2장에서 자세히 논의되겠지만, 지역적으로 인접한 스펙트럼 이용자가 송신한 신호는 다른 이용자에게 간섭을 일으킬 수 있으며, 이는 이용자의 일부 또는 전체에 혼신을 일으킬 수 있다. 이러한 결과를 피하기 위해서는 조정이 필요한데, 이는 다음에서 논의될 몇 가지 방법을 통해 가능하다. 그러나 이런 종류의 간섭은 스필오버(spillover)효과 또는 외부효과의 중요한 종류로서 규제 권한 행사시 반드시 고려되어야 한다.

스펙트럼 규제 측면에서 이것이 의미하는 바는 환경에 따라 다르다. 지역 택시 회사가 사용하는 자가 이동 무선이 다른 나라의 유사한 서비스에 간섭을 줄 가능성은 매우 낮다. 반면에 고출력으로 전송하는 지상파 방송은 국경을 쉽게 넘어갈 수 있다. 유럽의 경우 1961년 스톡홀름에서 아날로그 지상파 방송의 국가간 상호조정을 위해 복잡한 국제 협정을 체결했고 이는 2006년 제네바에서 디지털 지상파 방송을 위한 새로운 협정으로 대체되었다. 위성방송의 경우 지역 수준의 조정으로는 불충분하고 국제적 수준의 접근이 필요하다.

이를 통해 상위 수준의 스펙트럼 관리 필요성은 관련 기술의 커버리지 지역에 따라 변한다고 할 수 있다. 커버리지는 주파수와도 일부 관련이 있으나, 작은 커버리지를 갖는 높은 대역의 경우 항상 그렇지는 않다. 예를 들어 10 GHz 이상 대역은 지상 시스템에서는 일반적으로 커버리지가 작지만 위성용으로 이용될 수 있다. 어떤 대역은 작은 커버리지의 서비스에 사용될 수 있으나 넓은 커버리지용으로 용도가 변경될 수 있으며, 그 반대도 가능하다. 서비스에 따라 관리의 수준을 구별하는 범위가 명확히 있으나, 현재 위성과 비위성이 분리된 것과 같이 매우 간단한 접근 방식이 도입되지 않으면 관리 수준을 명확하게 구별하는 것은 현실적으로 복잡하다.

두 번째 핵심 고려사항은 규모의 경제 또는 비경제이다. 이는 다양한 수준에서 작동한다. 기술 연구 또는 국제회의 대표와 같은 스펙트럼 관리 활동을 공유하는 것은 효율적일 수 있으며, 이는 국가 상위의 스펙트럼 규제기관을 형성할 수 있다. 예를 들어 CEPT는 모든 유럽의 규제기관을 대표해 많은 연구를 수행하며, 국가의 규제기관이 독립적으로 개별 연구를 수행하는데 소요되는 비용을 절감한다.

더 중요한 것은 상호 조정을 통한 의사결정이 스펙트럼 이용과 관련된 후속부문 시장에 효율적인 결과를 이끌어낼 수 있다는 것이다. 따라서 스펙트럼 면허부여가 중앙 집중적으로 또는 심지어 동시에 수행된다면 넓은 지역에 걸쳐 새로운 서비스의 도입이나 개발을 수월하게 할 수 있을 것이다. 미국이 무선 분야의 혁신을 주도하는데 성공적인 것은 3억 인구로 구성된 단일 시장에 기인한다고 볼 수 있다.

주파수 조화는 송수신 장비 생산에 있어 규모의 경제를 가능하게 하고 이로 인해 비용과 이용자 가격을 절감할 수 있게 한다. 그러나 서비스가 이미 널리 확산된 경우 이러한 논리의 당위성은 다소 떨어진다. 전세계에서 약 50억 개의 SIM 카드가 모바일 기기에서 사용되고 있고, 대부분은 매우 적은 비용만으로도 다중대역을 이용할 수 있다. 생산의 효율적 규모는 많은 대역에서 현실화되었다. 게다가 서비스 사업자는 당연하지만, 널리 사용되지 않는 대역에서는 그에 상응하는 이익이 없다면 서비스를 제공하지 않을 수도 있다. 특정 대역 이용을 위한 장비의 가격이 높다면 사업자들은 경쟁논리에 의해 투자를 꺼리게 될 것이다.

국토가 작고 특히 여러 국경에 접한 나라의 경우에는 다국가간 스펙트럼 관리가 더 중요해진다. 중부 유럽의 일부 국가는 최고 9개의 국가와 인접해 있고 이로 인해 국가간 조정 필요성이 높고, 국경간 완충 지역을 두기 위해 많은 스펙트럼이 미사용 상태로 있어야 할 수 있다. 반면에 호주는 국경이 거의 없고 다른 국가와 충분히 격리되어 있어 인접 국가를 고려하지 않는 정책 개발이 가능하다. 미국의 경우 2개의 주요 국경(멕시코, 캐나다)이 있으나 인구 밀집지역과 충분히 떨어져 있고 완충 지대의 크기는 전체 국토 면적에서 매우 작은 부분을 차지한다. 그러므로 다국가간 스펙트럼 관리는 호주나 미국에 비해 유럽에서 더 많은 혜택을 기대할 수 있다.

혁신의 문제는 중요하다. 분명히 미국은 유럽과 유사한 인구와 크기를 가진 통합 스펙트럼 시장이다. 미국은 새로운 스펙트럼 관리기술 도입에 있어 매우 혁신적이고 최초로 UWB, TV 유휴대역 등을 허용하였으며 새로운 경매 기법을 개척하고 있다. 이는 혁신이 크기가 아니라 문화와 규제 구조에 의해 제한된다는 것을 말해준다. 그래서 유럽 집행위원회가 주도하는 스펙트럼 관리는 협소하고 과도하게 관료주의적이어서 영국 Ofcom은 도입했으나 유럽 국가에서는 그렇지 못한 혁신이 억제된다는 우려가 있다. 그 대신 아래에서 언급했듯이 필요에 따라 CEPT와 임시 작업그룹[9]을 구성해 덜 엄격한 방식으로 조정을 진행하고 있다.

이는 다음과 같은 사항을 시사한다.

1. 국토가 크거나 국경이 거의 없으며 거대한 자체 시장을 가진 국가는 다국가 차원의 스펙트럼 관리를 통해 얻는 이익이 크지 않으며 국가 차원의 관리를 지속해야 한다. 이러한 국가들로는 미국과 아마도 중국, 인도가 포함될 수 있을 것이다.
2. 국토가 크고 국경이 거의 없으나 자체 시장이 작은 경우 국제적 스펙트럼 관리가 필요할 수 있으나, 이는 특정 서비스에 국한될 수 있으며, 기존의 지역적 또는 글로벌 스펙트럼 관리 기구로도 실현 가능하다. 호주가 이러한 국가에 해당한다.
3. 국토가 작고 많은 국경이 있으며 자체 시장이 작은 국가의 경우 지역적 스펙트럼 관리를 통한 이익이 클 수 있다. 이것이 특정 대역이나 서비스에만 해당될 수도 있지만, 이를 명확히 정의하는 것은 어렵고 다국가 스펙트럼 관리로 직접 이행하는 것이 바람직할 수 있다.

이론적으로는 세 번째 부류에 속하는 국가의 규제기관이 지역적 스펙트럼 관리기구를 만드는 것이 좋겠지만 현실적으로 이러한 접근방식은 다루기 어려운 문제와 만나기도 한다. 현 체제를 유지하고자 하는 강한 세력이 있으며 단지 일부만이 지역적 관리를 지지하기 때문이다.

이 문제는 특히 유럽에서 많은 논의가 있었다. 이는 부분적으로 유럽 국가가 일반적으로 작고 서로 밀집되어 있으며, 일정 수준의 연방주의에 입각한 유럽 연합의 28개 국가간에 광범위한 긴장관계가 존재하기 때문이다. 유럽에서는 1987년 GSM 훈령의 성공으로 많은 혜택이 있었다고 일반적으로 인식되고 있는데 이는 GSM의 성공과 유럽의 전기통신 산업의 성장에 기여했기 때문이다. 그러나 그 이후에 성공보다 더 많은 실패사례가 있었다. 예를 들어 ERMES 무선호출 서비스에 관한 훈령의 경우 주파수만 차지하고 서비스는 제공되지 않았다. 최근의 초광대역(UWB) 훈령의 경우 너무 엄격해 확산에 장애가 되고 있다.

[9] 예를 들어 Geneva 2006 그룹의 경우 디지털 전환 후 유럽의 UHF TV 전송을 조정하기 위해 구성되었다.

그 결과 최근 몇 년의 훈령에는 구속력이 거의 없다. 예를 들어 전 유럽에 확산될 준비가 된 TV 유휴대역의 경우 구속력이 없다.

EC는 기술 중립적인 스펙트럼 면허발급과 분배와 공개 경쟁 및 장비 이동의 자유를 보장하는 권고를 채택한 바 있다. 이는 RSPG, RSC와 같은 EC 설립 기구가 개발한 결과물이다. 그러나 국가 규제기관은 해당 권고가 자국에 적합한 경우에만 이를 따르는 경향이 있고, EC 작업의 결과물이 CEPT의 결과물보다 유럽 전역에서 더 높은 수준의 조화를 이룰 것이라는 근거도 없다. EC와 CEPT의 관계 또한 문제가 많다. EC는 CEPT가 기술 조직의 역할을 하기를 원하는 반면, 유럽연합 회원국 외의 많은 회원국이 참여하고 있는 CEPT는 자치권을 유지하고자 한다. EU의 집행 기구인 유럽집행위원회(EC)는 소위 '연결된 대륙'이라는 제안을 발표했다. 이 제안에서는 단일 디지털 시장을 설정하고 EC의 권한을 확대해 스펙트럼 면허발급을 조정할 수 있도록 하는 제안이 포함되었다. 그러나 2015년까지 스펙트럼 관련 사항을 포함한 많은 제안이 (다시 회복할 수도 있지만) 효력을 잃었다.

이 상황은 분명히 EC가 존재하지 않았을 때보다 오히려 시간을 지연시키고 불확실성을 가중시키는 결과를 초래했다. 국가 규제기관은 EC가 법령을 제정하기 전에 새로운 아이디어로 앞서 나가기를 원하지 않는데, 국가 규제기관이 만든 규제를 수정하거나 심지어 다시 되돌려야 할 수 있기 때문이다. EU의 의사결정 속도는 가장 느린 규제기관과 비슷하고 이는 혁신을 저해하기도 한다.

유럽은 지난 20년간 무선 시스템에서의 기술 리더십을 상당히 상실했다. 이것에 규제가 얼마나 기여했는지 알 수 없지만 가장 강한 회사는 현재 미국에 있으며 미국의 규제는 본질적으로 연방적이지 않다.

범 유럽 규제기구가 적절한 권한과 독립성을 가지고 공공 서비스보다는 혁신 성향을 가진 인원으로 구성된다면 오늘날보다 전반적으로 유럽 전역에 좀더 혁신적인 결과를 도출할 수 있다. 그러나 앞서 언급한 바와 같이 현행 유럽의 구조와 접근방식은 혁신을 촉진하기보다 제한하는 경향이 있다.

1.7 성공과 문제

스펙트럼 관리는 100년 넘게 수행되었다. 예를 들어 영국의 국회법은 1903년에 처음 제정되었다. 그러나 이에 불구하고 많은 작업이 진행 중에 있는데, 이는 기술변화, 스펙트럼 수요 증가, 세계 인구통계 변화와 같은 측면에 기인한다. 우리는 지금까지 잘 해온 일과 남아 있는 문제, 도전과제를 살펴보면서 이 도입을 위한 장을 마무리하고자 한다.

잘 해온 일은 다음과 같다.

- **안정성의 제공**. 느리게 변화하는 규제의 특성은 의견수렴 방식과 장기간의 스펙트럼 면허와 함께 사업체가 10년 또는 그 이상의 투자금 회수 기간이 필요한 고비용의 국가 네트워크를 구축할 수 있도록 했다.
- **간섭으로부터의 자유**. 스펙트럼 이용자가 심각한 간섭을 받는 경우는 거의 없다. 간섭이 발생한다면 해적 라디오 방송국과 같이 고의적인 경향이 있다. 그렇지 않다면 위험회피 지향적인 스펙트럼 이용 관련 법으로 인해 간섭 발생 가능성이 매우 낮아지게 되었다.[10]
- **개방적이고 의견수렴 기반의 작업**. 규제기관은 일반적으로 매우 개방적이고 투명한 방식으로 작업한다. 이로 인해 정책결정을 모두 이해할 수 있고 예측하지 못한 문제를 피할 수 있다.
- **경매에 의한 스펙트럼 할당**. 경매는 1980년대 후반부터 희소한 스펙트럼을 할당하기 위한 방법으로서 이용이 증가되었다. 경매 금액에 대한 논란과 유찰 등의 실패가 가끔 발생하지만, 투명성과 초기 효율성 측면에서 일반적으로 잘 운영되고 있다.

그러나 다음과 같은 문제점과 도전과제가 있다.

- **이용의 신속한 전환**. 안정성과 의견수렴에 기반한 정책결정 방식은 변화하는 수요에 신속하게 대응할 수 없다. 이는 모바일 데이터 폭증으로 분명해졌는데, 10년, 20년이 아닌 1년, 2년 단위의 변화를 필요로 하기 때문이다. 이는 바람직한 서비스의 등장을 저해하고, 진행 중인 네트워크 구축으로 인해 비효율적인 정책이 도출될 수 있으며, 스타트업과 사업가들의 스펙트럼 이용 신규 솔루션 개발을 어렵게 할 수 있다[13].
- **시장 메커니즘의 개선**. 느린 정책 대응을 해결하는 방법 중 하나는 결정을 시장에서 하도록 하는 것인데, 거래와 같은 방법으로 소유과 용도의 신속한 변화가 가능하다. 그러나 이 방법은 10여년 전에 도입된 이래로 널리 확산되지 못 했다. 여기에는 다양한 이유가 있을 수 있으나, 규제기관은 국제적 시장을 활성화하고, 유연성을 개선하며, 오늘날 적용되고 있는 '재배치 및 경매' 방식의 중단 의사를 명확히 하기 위해 더 많은 작업을 할 수 있다.
- **혁신성 제고**. 혁신은 새로운 아이디어의 실행 및 생산성 개선에 가장 중요하다. 스펙트럼 이용 서비스에서의 혁신뿐만 아니라 스펙트럼 관리에서도 가능한 혁신이 많이 있는데, 스펙트럼의 공동사용, 동적 스펙트럼 할당, 진보된 모델링 도구 등을 들 수

---

10 일부는 성공이라기보다 실패라고 주장할 수 있으며, 개선된 관리방식을 이용하면 스펙트럼 이용의 극대화와 간섭 최소화 사이의 최적 지점을 찾기 때문에 약간의 간섭이 발생할 수 있다고 주장할 수 있다.

있다. 그러나 규제기관이 이를 찾거나 도입할 유인은 거의 없으며, 새로운 방식이 위험을 동반한다는 점에서 의지를 저하시킨다. 그 결과 규제에서의 혁신 속도는 몇 가지 예외를 제외하고는 느리고, 서비스 부문의 혁신에 따른 수요를 만족시키지 못 하는 것으로 보인다.

- **국가와 국제 규제간의 적절한 균형**. 앞서 논의한 바와 같이 스펙트럼과 관련한 입법 행위는 국가 차원에서 이루어지는 경향이 있다. 그러나 전파는 국경을 자유롭게 넘을 수 있고, 규모의 경제, 국경간 장비의 로밍을 위해 스펙트럼 이용에 관한 국제조화의 요구가 지속적으로 증가하고 있다. 또한 거래를 위한 스펙트럼 시장도 한 국가에 국한하는 것이 아니라 지역에 걸쳐 소유하는 것을 허용하는 국제적인 스펙트럼 시장을 통해 더 잘 작동할 수 있다. 그러나 규제기관은 스펙트럼 관리 권한을 유럽 집행위원회와 같은 기구에 집중시키는 것에 반대하는 경향이 있다. 국가의 주권을 포기하는 것에 대한 우려는 정당하지만 규제기관은 적극적으로 합리적인 입장을 찾을 필요가 있다.
- **민간과 공공부문 수요의 적절한 균형**. 역사적으로 공공부문은 스펙트럼을 손쉽게 이용할 수 있었으나 민간 부문의 수요가 증가하더라도 이를 포기하려 하지 않는다. 규제기관은 이를 바로잡으려고 노력해왔으나 강제적 권한이 부족하고 공공 부문이 시장 영역 노출을 우려해 그렇게 하기는 어렵다. 이는 명확한 해결방법이 없는 문제로 남아 있다.
- **경쟁 문제와 스펙트럼 이용과의 균형**. 경쟁과 스펙트럼 효율성은 긴장 관계에 있다. 기술적 관점에서 가장 효율적인 스펙트럼 이용은 셀룰러 서비스와 같이 특정 서비스에 단일 네트워크가 있는 것이다. 그러나 네트워크 경쟁은 혁신을 촉진하고 가격을 낮추며 소비자 선택과 서비스 품질을 향상시켰다. 스펙트럼 효율성과 경쟁간의 적절한 균형을 찾는 것은 어렵고, 균형점은 서비스 제공의 경제적 환경에 따라 지속적으로 변한다.
- **최적 스펙트럼 이용을 위한 다양한 부문과의 협업**. 네트워크는 고정 및 이동 요소들로 구성된 복잡한 개체이다. 스펙트럼은 작은 셀에서 좀 더 효율적으로 사용될 수 있지만, 이것이 비용 효율적이기 위해서는 광범위하게 사용 가능한 저비용 백홀이 필수적이다. 영국의 Ofcom과 같이 고정과 이동 네트워크를 모두 관리하는 규제기관은 전기통신의 경제적 가치를 극대화하는 전체적 접근의 일환으로 고정 사업자가 원활한 백홀 접속을 제공하도록 요구할 수 있다. 그러나 현재 규제는 좁은 시야에서 기존 방식으로 이루어지는 경향이 있다.

지금까지 잘 작동해오던 접근방식이 다른 분야에서 문제를 일으키는 단점이 있다는 것은 명백하다. 스펙트럼 관리는 많은 모순된 요구사항 사이의 균형점을 찾는 것이고 완벽한 해답은 불가능할 것이다. 대신에 규제기관은 모순된 요구간의 최선의 균형을 찾도록 노력해야 하고, 요구의 변화에 따라 이를 지속적으로 검토해야 한다.

참고문헌

[1] Ofcom, "Spectrum Attribution Metrics"(December 2013).

[2] R.Thanki, "The Economic Significance of Licence-Exempt Spectrum to the Future of the Internet"(March 2012).

[3] FCC, "Auctions Summary," at http://wireless.fcc.gov/auctions/default.htm? job = auctions_ all.

[4] www.legislation.gov.uk/ukpga/2003/21/contents for the Communications Act.

[5] www.erodocdb.dk/docs/doc98/official/pdf/CEPTRep031.pdf.

[6] Ofcom, "Digital Dividend: Clearingthe 800 MHz Band," at http://stakeholders.ofcom.org.uk/binaries/consultations/800mhz/statement/clearing.pdf.

[7] ITU definition at http://life.itu.int/radioclub/rr/art01.htm.

[8] http://consumers.ofcom.org.uk/tv-radio/radio/tackling-pirate-radio.

[9] Broad band Commission, "The State of Broad band 2014: Broad band for All," ITU/UNESCO, pp. 98-99.

[10] M. Cave, "How Strong Is the Case for the Fiscal Exceptionalism of the Telecommunications Sector?" (2012) 2 *International Journal of Management and Network Economics* 322.

[11] R. Baldwin, M. Cave, and M. Lodge, *Understanding Regulation*, Oxford University Press, 2011, Part5.

[12] http://ec.europa.eu/digital-agenda/en/connected-continent-single-telecom-market-growth-jobs.

[13] J. Hausman, "Valuing the Effect of Regulation on New Servicesin Telecommunications" (1997), *Brookings Papers on Economic Activities, Microeconomics*, pp. 1-37.

02

기술적 문제

2.1 개요

전파 스펙트럼을 관리하는 가장 근본적인 이유는 이용자간의 간섭을 방지하거나 최소한 간섭을 관리 가능하도록 하여 전파 스펙트럼의 용량을 최적화하는 것이다. 이 장은 간섭이 발생하는 원인과 간섭에 의한 영향을 경감시키는 기제를 이해하는데 필요한 배경 지식을 제공한다. 이는 이 책 나머지의 스펙트럼 관리 관련 논의를 이해하는데 가장 기본적인 사항이다.

이 장에서는 전파 신호의 특징과 송신기에서 수신기로 어떻게 전달되는지, 수신기에서 간섭이 생기는 방식과 기술적으로 이를 어떻게 회피하는지에 대해 개괄적으로 다룬다.

2.2 전파 신호의 전송

2.2.1 전파 신호의 정의

전파신호는 안테나로부터 전자기파가 방사하는 것이다. 전자기파는 전파에서 가시광선, X선까지의 광범위한 주파수에 걸쳐 있다. 전파는 일반적으로 10 kHz에서 300 GHz 범위에 있는 것으로 본다. 전파는 전기적 신호가 신호를 방사할 수 있는 도체를 통과하면서 발생한다. 안테나는 이러한 목적으로 설계되었으나 케이블도 적절하게 차폐되지 않으면 불요 방사를 할 수 있으며, 심지어 반도체 칩도 불요신호를 방사할 수 있다.

2.2.2 신호의 구성요소: 전력, 대역폭, 마스크(mask)

신호는 가장 간단하게 전력, 대역폭, 주파수의 3개 핵심 요소로 구성된다. 전력은 안테나로부터 방사되는 에너지의 총합으로 일반적으로 Watt로 표시된다. 대역폭은 신호의 주파수 성분의 넓이로서 Hertz로 표시되며, 중심 주파수는 송신기가 정보를 전송하지 않는 경우(비변조)의 주파수로서 역시 Hertz로 표시된다. 예를 들어 GSM 단말기는 대역폭이 200 kHz인 900 MHz의 중심 주파수에서 1 W의 전력을 송신한다.

예상할 수 있듯이 각 파라미터는 세부적으로 구별된다. 어떤 기기의 안테나는 모든 방향으로 동일한 에너지를 방사하고(무지향성 안테나), 특정 방향으로 에너지를 집중시킬 수 있다(지향성 안테나). 전자는 방 안의 전구와 같고 후자는 회중전등과 같다. 지향성 안테나는 빔의 방향으로 수신된 에너지를 증가시키고 다른 방향은 감소시킨다. 특정 전력으로 허가를 받은 송신기가 지향성 안테나를 사용하여 해당 전력을 특정 방향으로 증가시키는 것을 막기 위해 송신전력의 기준을 등가등방복사전력(EIRP)으로 규정하기도 한다. 이는 무지향성 또는 등방성 안테나를 설치할 경우 수신가능한 전력을 의미한다. 따라서 이득이 10(또는 10 dB로 표시)인 지향성 안테나가 사용되고 1 W EIRP로 허가되었다면 해당 송신기는 1 W보다 10 dB 작은 100 mW만 안테나에 전달할 수 있다.

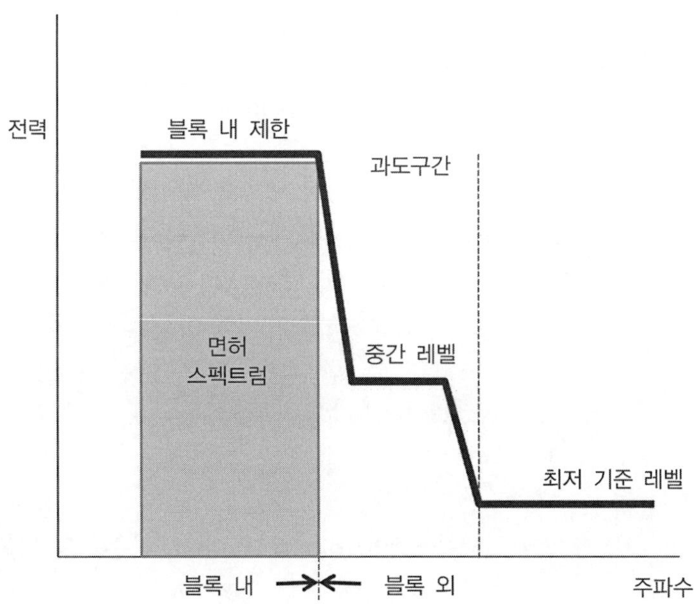

그림 2-1 이상적인 스펙트럼 마스크

다음은 대역폭이다. 전파 신호는 그림 2-1과 같은 직각 블록으로 생각하는 것이 가장 간단하다. 이 블록은 이상적인 송신 특성을 보여주는데, 전체 대역폭에 걸쳐 동일한 전력레벨을 유지하고 대역폭 바깥 부분에서 바로 영으로 줄어든다. 이 경우 대역폭 측정은 매우 간단하다. 그러나 실제로 이러한 형태의 신호를 만드는 것은 불가능하다. 매우 복잡한 필터가 필요하기 때문이다. 실제 전파송신은 그림 2-2의 형태와 유사하다.

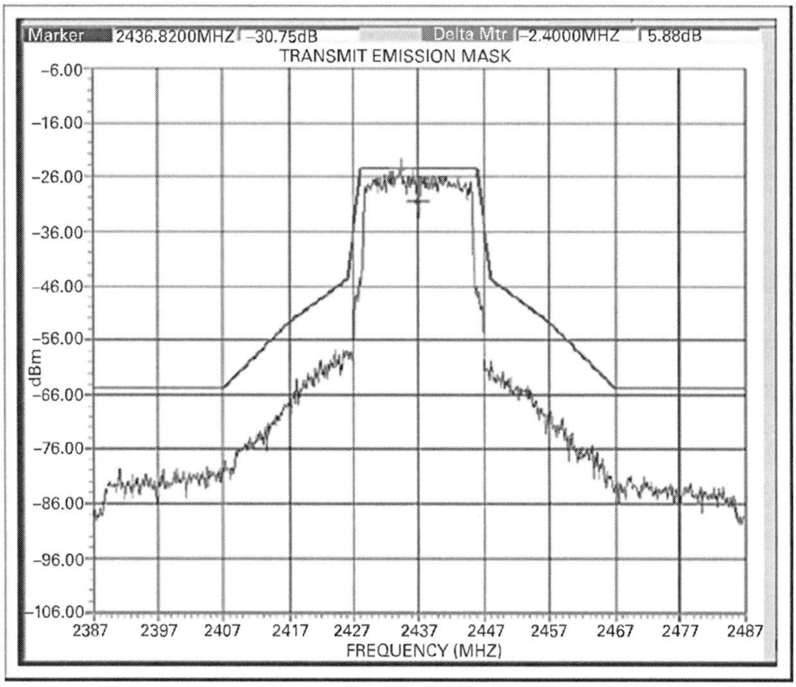

그림 2-2 허용 마스크 범위(위쪽 선) 내에 있는 실제 송신기 방사(아래쪽 선)

여기서 위 부분의 실선은 규제기관이 허가한 방사 수준을 나타낸다. 이것은 직각 형태가 아니며, 실제로 항상 그렇듯이 중앙 부분 바깥 영역에서 약간의 방사를 허용한다. 아래 부분의 실선은 실제 기기에 의한 방사를 나타내며 제한 범위 내에 있는 것을 볼 수 있다.

데시벨 또는 dB는 전력의 지수적 표현이며, dB로 표현된 상대 전력은

$$\text{power}(\text{dB}) = 10\log_{10}(P_1/P_0)$$

이다.

결과적으로 −3 dB는 1/2의 전력이며, −6 dB는 1/4의 전력, −10 dB는 1/10의 전력을 의미한다.

이러한 신호의 대역폭은 일반적으로 최대 전력에서 3 dB 낮은 지점으로 정한다. 이 경우 최대 전력은 −26 dBm(dBm은 1 mW에 대한 상대적인 전력이다. 즉 P_0=1 mW)이고, 신호가 −29 dBm으로 줄어드는 지점에서 중앙 부분의 넓이가 대역폭에 해당한다. 여기서는

20 MHz에 약간 못 미친다.

위 부분의 실선은 스펙트럼 마스크라고 부르는데, 주파수에 따른 허용 방사레벨을 나타낸다. 그림 2-1에서와 같이 블록내 제한, 중간 레벨, 최저 기준 레벨로 구분된다. 일반적으로 블록내 부분이 해당 이용자에게 허가된 스펙트럼이나, 중간 및 최저 기준 레벨은 다른 사용자 소유의 스펙트럼일 수 있다. 따라서 이 영역에서의 방사는 경제적으로 구현 가능한 수준에서 최대한 작아야 한다.

전력과 대역폭의 조합은 신호를 통해 얼마나 많은 정보가 전달될 수 있는지를 정의한다. 섀논의 법칙은 가장 기본적인 관계를 표현하는데, 주어진 평균 신호전력 S의 신호가 전력이 N인 AWGN(부가백색잡음) 채널을 통하여 전달될 때 전송가능한 정보 전송율의 이론적 상한인 채널 용량 C는

$$C = B\log_2(1 + S/N)\text{이며,}$$

여기서

- C는 채널 용량(초당 비트)
- B는 채널 대역폭(Herz)
- S는 대역폭을 통한 평균 수신신호 전력(W)
- N은 대역폭 내의 평균 잡음 또는 간섭전력(W)
- S/N은 신호에 대한 가우시안 잡음 간섭의 비로서 신호대 잡음비(SNR)

를 의미한다.

따라서 대체적으로 전달된 정보는 대역폭에 비례하고, 신호 전력의 로그 값에 비례해서 증가한다고 할 수 있다. 많은 시스템에서 규제 또는 경제적인 고출력 발생의 현실적 어려움으로 인해 전력이 제한됨에 따라 대역폭이 핵심적인 변수가 된다. 이것이 이동통신에서 고속 전송이 필요할수록 더 많은 대역폭을 필요로하게 되는 이유이다. 그러나 정해진 양의 대역폭만 있고(1 GHz 이하에선 정의대로 1 GHz(1,000 MHz)만 존재한다), 여러 시스템으로부터 이에 대한 수요 압력이 존재한다.

섀논의 법칙이 채널 단위 기준으로 적용된다는 점이 중요하다. 예를 들어 신호를 벽에 반사시켜 다중 채널을 만들어 이용하는 기술이 있는데, 이는 동일 스펙트럼으로 한개 이상의 섀논 채널을 동시에 지원할 수 있다는 것을 의미한다.

2.2.3 문제점: 상호변조, 스퓨리어스 및 하모닉스

위와 같이 무선기기는 전송신호를 넓은 대역에 걸쳐 송신하는 것과 동시에 중심 주파수에서 일정 정도 떨어진 주파수에서 협대역의 강한 신호를 발생시킬 수 있다. 이를 일반적으로 '스퓨리어스 방사'라 하며, 이것의 발생을 억제하는 것이 무선기기 설계자의 과제이기도 하다. 스퓨리어스에는 크게 하모닉스와 상호변조 두가지가 있다.

하모닉스는 원하는 주파수의 정수 배에 해당하는 주파수에서 발생한다. 가장 강한 것은 낮은 정수배의 주파수로서 2차 하모닉스의 경우 캐리어 주파수의 2배가 된다. 예를 들어 900 MHz에서 동작하는 GSM 송신기의 설계가 제대로 되지 않으면 1,800 MHz에서도 신호가 발생한다. 이것의 가장 큰 원인은 캐리어 주파수에서 완벽한 정현파를 만드는 것이 매우 어렵기 때문이다. 정현파의 왜곡으로 인해 해당 주파수의 정수배에 해당하는 고주파가 중첩되어 나타난다. (왜냐하면 모든 신호는 정현파의 조합으로 표현되기 때문이다.) 2차 및 3차 하모닉스는 특히 처리가 어렵다. 긍정적인 점은 이들 신호가 원하는 신호 주파수로부터 멀리 떨어져 있기 때문에 송신기 출력단의 필터를 통해 상당부분 감소될 수 있다는 것이다.

더 큰 문제는 상호변조이다. 다른 두 개의 신호가 혼합(mix)될 때 발생하는데, 만약 f_1과 f_2의 두 주파수가 혼합과정을 거치면 $(2f_1 - f_2)$, $(2f_2 - 2f_1)$의 신호가 발생한다. 만약 f_1, f_2가 서로 가깝게 있다면 상호변조 주파수는 원하는 주파수와 매우 근접하게 되는데, 이는 필터로 제거하기도 매우 어려워 특별히 어려운 문제가 된다.

상호변조는 때로 두 개의 떨어져 있는 송신기에 의해 발생하기도 한다. 예를 들어 두개의 셀룰러 사업자가 동일한 철탑에 안테나를 설치하는 경우에 각 송신 신호가 혼합되어 상호변조를 일으킬 수 있다. 이는 철탑에 부주의하게 설치된 볼트에서 발생하거나, 수신장비 자체에서도 발생할 수 있다. (2.4.1절에서 다룬다.)

일반적으로 잘 설계된 무선기기의 경우 스퓨리어스 방사문제는 불요방사보다 덜 하다.

2.3 신호는 어떻게 전파하는가?

2.3.1 자유공간에서의 전파

무선신호가 발생하면 안테나로부터 연못의 파문과 같은 방식으로 바깥쪽으로 진행한다[2]. 그러나 신호는 3차원 공간으로 진행하기 때문에 방해하는 물체가 없는 한(소위 자유공간) 실제로 구의 표면으로서 방사한다. 구의 표면 넓이는 반지름의 제곱에 비례하고 전력은 표면에 걸쳐 균등하게 분포하게 된다. 그러므로 수신 전력은 송신기로부터의 거리의 제곱에 비례해 감소한다. 같은 현상이 태양으로부터의 빛에도 일어나는데, 수신지점의 제곱 미터 면적당 전력은 거리의 제곱에 따라 감소한다. 수신전력은 감지가 불가할 정도로 매우 작아지지만 영이 되지는 않는다.

자유공간은 이상적인 환경으로서 실제 무선 시스템에서 일어나는 상황은 아니다. 첫째로, 안테나가 모든 방향으로 방사하는 이상적인 방사체가 아니다. 실제로 도넛 모양의 방사패턴을 갖는 일반적인 다이폴 안테나는 주위의 모든 방향으로 동일하게 방사하지만 위와 아래 방향으로는 방사가 거의 없다. 두 번째로, 대지에서 건물에 이르는 모든 종류의 사물이 전파 경로에 존재한다. 마지막으로 신호가 대기에 흡수될 수 있다. 이는 수신 신호 레벨이 자유공간에서보다 작아질 수 있다는 것을 의미한다. 즉 자유공간을 가정한 예측치는 수신 신호레벨의 최대값이다. 이것이 맞지 않는 예외적인 경우가 있으나(예를 들어 금속터널 통과) 이는 매우 드물다.

2.3.2 주파수에 따라 다른 특성을 갖는다.

실제로 수신된 신호의 양은 송신 신호의 중심 주파수에도 좌우되는데, 그 이유는 두 가지로서 안테나 크기와 흡수이다.

최적 안테나의 크기는 전파 신호의 파장과 관련 있는데, 실제로 1/2 파장이다. 이 크기의 안테나는 다른 안테나에 비해 보다 많은 무선 신호를 전기 에너지로 전환한다. 다음으로 파장은 다음 공식과 같이 주파수와 역수 관계에 있다.

$$V = f * \lambda$$

여기서 V는 빛의 속도, f는 주파수, λ는 파장을 의미한다. 따라서 높은 주파수는 짧은 파장을 갖게되고 최적 안테나 크기도 작아진다. 그러나 전파 에너지의 크기는 안테나에 입사되는 '파면'의 비율에 비례한다. 만약 안테나 크기가 절반이면 파면과 신호도 절반으로 줄어든다. 따라서 최적의 안테는 주파수가 높아질수록 더 작은 신호만 수신한다. 이 문제는 여러 개의 작은 안테나에 수신된 신호를 결합하는 방법으로 해결할 수 있는데, 비용이 증가하고 여러 개의 수신기가 필요하다.

게다가 주파수가 높을수록 신호가 대기나 물체에 더 많이 흡수되는 경향이 있으며, 장애물 주위로 회절되지 않는다. 따라서 실제로 높은 주파수는 도달거리가 짧다.

그 결과 낮은 주파수가 더 선호되는데 그 이유는 더 멀리 전파되기 때문이다. 그러나 낮은 대역은 가용 대역폭이 작다. (1 GHz 이하에는 1,000 MHz가 있지만 1 GHz와 10 GHz 사이에는 9,000 MHz가 있다) 대부분의 무선 서비스는 가능한 많은 대역폭을 요구한다. 최상의 구간은 흔히 전파특성이 우수하고 상당한 가용 스펙트럼이 있는 가운데 부분이다.

이 구간(sweet spot)은 흔히 대략 300 MHz에서 3 GHz 사이라 할 수 있다. 하방 한계인 300 MHz는 앞서 언급한 1/2 파장에 의한 안테나 크기가 휴대기기에 설치하기에는 너무 크게 되는 지점이다. 이 sweet spot은 그림 2-3에서 알 수 있다.

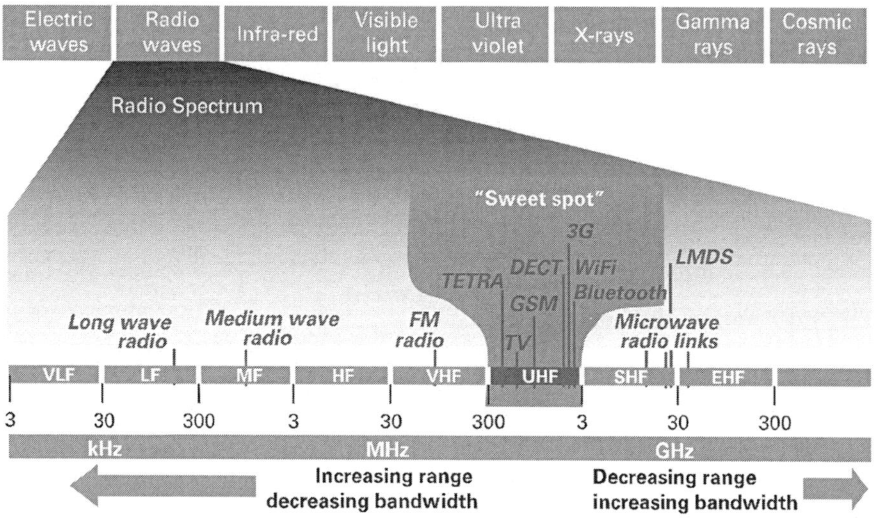

그림 2-3 무선 스펙트럼과 sweet spot. 자료: [3]

2.3.3 실제 세계에서의 전파: 하타(Hata) 모델

실제 신호전파는 훨씬 더 복잡해서 수백 미터 이상의 거리에 대한 정확한 예측이 거의 불가능하다. 신호는 지표면과 상호작용하고 물체에 반사되고 통과하며 흡수, 회절하며 다중 경로를 통해 목적지까지 도달한다.

무선 시스템 설계시 전파는 다음의 세 가지 요소로 구성되는 것으로 고려한다.

- 특정 지역의 평균 신호레벨(약 50 m × 50 m의 면적)
- 건물과 같은 장애물에 의한 신호 변동 현상으로 일반적으로 slow fading[1]으로 알려짐
- 목적지까지 신호가 도달하는 다중 경로에 의한 신호변동으로 상호 상쇄 또는 강화하는 현상으로 fast fading[2]으로 알려짐

[1] "Slow"라고 부르는 이유는 걷는 중인 이동통신 이용자가 건물 그림자를 통과하는데 수 초가 걸리지만 무선 시스템에서 이 시간은 긴 시간이어서 시스템의 적응과 비교해 변화가 느리기 때문이다.

[2] "Fast"라고 부르는 이유는 페이드 사이의 거리가 약 한 파장 정도로 이동통신용 주파수에서 일반적으로 10 – 30 cm이다. 이용자는 이 정도 거리는 1초 이내에 움직일 수 있다.

Slow fading, fast fading 모두 정확히 모델링할 수 없으며 여러 번의 측정을 통한 확률적 분포가 알려져 있다.[3] 따라서 무선 시스템은 일반적으로 정상동작이 가능한 최소 신호 레벨이 있는데, slow 및 fast fading을 고려해 마진을 둔다. 스펙트럼 관리 측면에서는 일반적으로 평균 신호 레벨로 충분하다. (비록 다음에서 살펴볼 예외는 존재한다.) 평균 신호레벨은 여러 측정실험을 통해 개발된 실험적 모델을 기반으로 예측할 수 있다. 가장 널리 사용되는 모델은 하타 모델로서 일본 엔지니어의 이름에서 유래한다[4].

도심지역을 위한 하타 모델은 다음과 같이 표현된다.

$$L_U = 69.55 + 26.1\log_{10}f - 138.2\log_{10}h_B - C + [44.9 - 6.55\log_{10}h_B] * \log_{10}d$$

소형 또는 중형 규모 도시의 경우

$$C_H = 0.8 + (1.1\log_{10}f - 0.7) * h_M - 1.56\log_{10}f \text{이며,}$$

여기서

L_U = 도심지역의 경로손실. 단위: 데시벨(dB)

h_B = 기지국 안테나의 높이. 단위: 미터(m)

h_M = 이동국 안테나의 높이. 단위: 미터(m)

f = 전송 주파수. 단위: 메가헤르츠(MHz)

C_H = 안테나 높이 보정 계수

d = 기지국과 이동국간의 거리. 단위: 킬로미터(km)

를 의미한다.

다양한 밀집도의 도시 및 부도심 환경을 위한 보정 계수가 있다.

다음으로 수식의 각 항을 살펴보면, 먼저 69.55는 안테나로부터 1 km 떨어진 지점에서의 예상 경로손실이다(이 모델은 송신기로부터 1 km 이상 거리에서 유효하다). 다음의 주파수 관련 항은 전에 설명한 바와 같이 주파수가 높아질수록 증가하는 전파손실을 나타낸다. 다음의 기지국 높이 관련 항은 높은 철탑의 신호가 더 멀리 전파한다는 것을 보여준다. 그리고 건물 밀집도를 위한 보정 계수가 있다. 마지막으로 거리와 관련된 항이 있다. 만약 자유공간 경로손실이 적용된다면 이는 d^2이 될 것이고 로그로 표현하면 $20\log_{10}d$가 된다. 기지국 높이 관련 항에서 10 m 경우 38.5, 100 m의 경우 32가 된다. 이는 d^3인 경우와 d^4

[3] Slow fading은 일반적으로 평균이 영이고 표준편차가 약 6 dB인 log-Normal 분포로 모델링할 수 있다. Fast fading은 일반적으로 Rayleigh 분포로 모델링한다.

인 경우의 중간 값으로서 신호가 실제 환경에서는 자유공간보다 전파도달 거리가 짧다는 것을 알 수 있다.

하타 모델은 추정치이다. 스펙트럼 관리자가 허가된 송신기에서 얼마나 멀리 신호가 전달하는지 알고자 할 경우 이는 좋은 시작점이 된다. 그러나 네트워크를 구축하는 이동통신 사업자가 망 구축시 이용하는 전파모델 패키지에서는 각 기지국별로 주변 지형, 신호 전파 경로상에 존재하는 장애물(건물, 산림, 목초지, 물 등), 송수신기 파라미터 등이 고려된다.

2.3.4 건물

건물로 인해 무선신호 모델의 복잡성이 가중된다. 신호가 건물 안 또는 밖으로 도달하는 정도를 건물 침투 손실이라고 하는데, 이는 건물의 재질, 창문의 크기, 금속성 물질 코팅여부, 수신 신호의 입사각 등과 같은 요인에 따라 달라진다. 각 건물에 대한 해당 정보가 거의 없기 때문에 추정치를 사용한다. 건물 침투 손실은 평균이 약 12 dB이고 분산이 약 5 dB인 log-Normal 분포로 모델링된다. 이는 건물 내부의 신호가 외부에 비해 평균 12 dB 더 약하다는 것을 의미한다. 그러나 1%의 확률로 27 dB 더 약할 수 있다(평균에서 3σ 수준).

건물 내의 전파는 Wi-Fi와 같은 시스템의 관심사항이 될 수 있다. 이것도 마찬가지로 예측이 매우 어려워서, 건축 재료, 내부 벽, 바닥, 가구 배치(특히 파일 캐비넷과 같은 큰 철재 구조물), 심지어 신호가 창문 밖으로 나가는 정도, 인근 건물 반사, 다른 창문을 통한 반사 등에 따라 달라진다. 대략적으로 신호 경로상의 내부 벽, 바닥의 수를 고려해 모델링한다. 손실 파라미터는 건물의 형식(사무용, 거주용 등)에 따른 통상적인 값이거나 실제 측정값이 될 수 있다. 건물 침투 손실은 건물 외부에 있는 송신기로 건물 내부에 서비스를 제공하는 셀룰러 시스템에는 문제가 되지만, 건물 내부에서 동작하는 시스템과 외부에서 동작하는 시스템 간의 장애물 역할을 해 일정 수준의 스펙트럼 공동사용을 가능하게 한다.

2.3.5 최소 결합 손실(Minimum Coupling Loss)

MCL은 스펙트럼 관리에 있어 중요한 파라미터 중 하나이다. 이것은 송신기와 수신기 사이에 발생하는 최소 전파손실로서 한 시스템과 다른 시스템 간의 간섭을 고려할 때 중요하다. 예를 들어 이동통신 단말기 신호가 인접 대역을 사용하는 텔레비전 수상기로 전달되는 상황을 고려할 수 있는데, 여기서 MCL은 이동통신 단말 신호가 최대 간섭을 일으키는 최소 손실량이다. 스펙트럼 관리자는 이동통신 단말기의 전력 레벨을 유해한 간섭을 일으키지 않는 수준으로 정할 수 있다.

이 방식은 보수적이라는 문제가 있는데, MCL이 실제 상황에서 거의 발생하지 않고 이 수준으로 수신기를 보호하는 것은 과도하기 때문이다. 이는 다른 서비스의 스펙트럼 사용을 제한하고 그래서 국가가 희소 자원 활용에 따른 혜택을 누릴 수 없게 한다.

MCL 계산을 위해 먼저 상황에 대한 기하학적 정의가 필요하다. 예를 들어 이동통신 단말기가 TV 수신기와 동일한 방에 있다고 가정할 수 있다. 이들은 장애물 없이 1 m 만큼 가까워질 수 있는데, MCL은 안테나로부터 1 m 떨어진 지점의 자유공간 손실이 된다(약 32 dB). 대신에 이동통신 단말기가 거리 바깥에 있고 TV 안테나가 지붕에 설치될 수 있는데, 이때 중요한 특성은 다음과 같다.

- 단말기로부터 지붕 안테나와의 거리
- 단말기 방향으로 지붕 안테나의 이득
- 단말기 안테나와 지붕 안테나의 편파 불일치에 따른 손실
- 지붕과 실내 TV수신기간 케이블 손실

각 특성은 MCL 계산 시 고려될 수 있다(이 경우 약 52 dB).

MCL 계산은 전파 예측보다 훨씬 간단한데, 두 기기가 너무 가까워 자유공간 전파모델을 적용하기 때문이다. 그러나 대표적인 배치를 정의하는 것이 어려우며, 판단을 필요로 한다. 위의 사례와 같이 발생 가능한 두 가지 경우에서 20 dB의 차이가 쉽게 발생한다. 이는 엄청난 차이로 이동통신 단말의 경우 최악의 경우 100 m, 최대 3 km 거리에 해당한다.

MCL에 확률적 방식을 적용할 수 있는데, 말하자면 이동통신 단말기와 안테나간 거리의 확률적 분포를 사용하는 것이다. MCL 분포를 통해 최악의 상황에 해당하는 값이 아닌 최악의 상황을 일으키는 1%의 경우에 해당하는 값을 택할 수 있다.

2.3.6 기상 및 예외적 상황: 덕팅(ducting) 및 계절적 변동

예측이 정확하더라도 시간에 따라 변할 수 있다. 짧은 기간의 변동은 송수신기 사이에 버스가 멈추는 간단한 이유로 발생할 수 있다. 다른 변동은 계절적이다. 예를 들어 잎이 있는 나무는 없는 나무보다 무선 전파를 더 많이 흡수하는데 여름에 더 큰 전파손실을 일으킨다. 마지막으로 특정 주파수와 특정 형태의 전송에서 덕팅으로 알려진 현상이 발생하는데, 위로 향하여 진행하는 신호가 대기 층에 갇혀 상층 불연속면에서 아래 면으로 반사하고 다시 반대로 반사하는 것이 반복하면서 일정 거리를 진행하는 것이다[5]. 덕팅은 TV 전송용 주파수와 TV에서 흔히 사용되는 높은 송신 사이트에서 주로 발생한다. 이로 인해 TV 신호는 어떤 경우 수백 킬로미터까지 도달하기도 하며, 예상치 못한 간섭을 일으키기도

한다. 덕팅은 크고 안정된 고기압 지역에서 발생하는 경향이 있다. 따라서 방송사는 이를 고려하여 수신기 설계 시 추가적인 여유를 주기도 한다.

2.4 간섭의 원리

2.4.1 개요

간섭은 원하지 않는 무선 신호가 원하는 신호와 결합하여 신호의 질을 저하시키는 경우에 발생한다. 간섭의 정도는 다양해서 원하는 신호에 대한 영향이 미미한 경우에서 부터 신호를 더 이상 수신할 수 없는 완전한 간섭에 이른다. 스펙트럼 관리 측면에서 후자를 유해 간섭이라 부른다. 그러나 어느 정도 수준이 유해한지에 대한 정량적 정의는 없다.

핵심적인 것은 간섭은 수신기에만 발생한다는 것이다. 송신기는 간섭의 영향을 받지 않는다. 심지어 다수의 무선 전파가 존재하더라도 수신기가 없다면 간섭 영향이 없다.

그림 2-4와 같이 간섭을 일으키는 원인은 다양하다. 이 그림에는 3개의 스펙트럼 이용자가 있다. 상단의 두 이용자는 모두 같은 스펙트럼을 사용하지만 다른 지역에 있다. 이 경우 한 이용자가 다른 이용자에 주는 간섭을 동일 채널 간섭이라 부른다. 하단의 이용자는 상단 왼쪽의 이용자와 같은 위치에 있으나 이들 이용자는 인접한 주파수 F1과 F2를 사용한다. 송신기의 불완전성과 인접채널 방사로 인해 상단 이용자는 F2 주파수에 약간의 간섭을 일으키는데, 이를 인접 채널 누설이라 한다. 또한 F2에서 동작하는 이용자의 수신기는 필터 불완전성으로 인해 F1 신호를 모두 제거할 수 없어 일부가 수신기에 간섭으로 남게되는데, 이를 인접 채널 선택도라 한다. 마지막으로 이 그림에는 나와 있지 않지만, 잘못 설계된 수신기는 간섭 유도 문제를 일으킬 수 있다. 예를 들어 간섭이 수신기 증폭기에 과부하를 주어 오작동을 일으킬 수 있다.

이 모든 간섭유발 원인이 동시에 발생할 수 있다. 특히 동일 지역 사용자의 수신기에 인접 채널 누설과 인접 채널 선택도 간섭이 모두 발생할 수 있다. 이 두 효과는 서로 보강되어 전체 간섭을 증가시킨다.

스펙트럼 관리의 목적이 간섭을 완전히 제거하는 것이 아니다. 무선 신호는 무한히 진행하기 때문에 이것은 불가능하다. 셀룰러 시스템의 경우 시스템 내에서 일어나는 간섭에 대해 정밀하게 설정한 수준으로 네트워크를 설계한다. 이 수준에서 네트워크 용량이 최적화되는데, 상대적으로 높은 수준의 전력 송신이 가능하고 간섭이 현저하더라도 수신성능의 상당한 저하가 발생하지 않기 때문이다. 스펙트럼 관리자의 목적도 이와 유사해야 한다. 즉 간섭을 인지가능한 수준 이하까지 허용하는 것이다.

아래에서는 각 간섭의 형태에 대해 좀더 자세하게 논의한다.

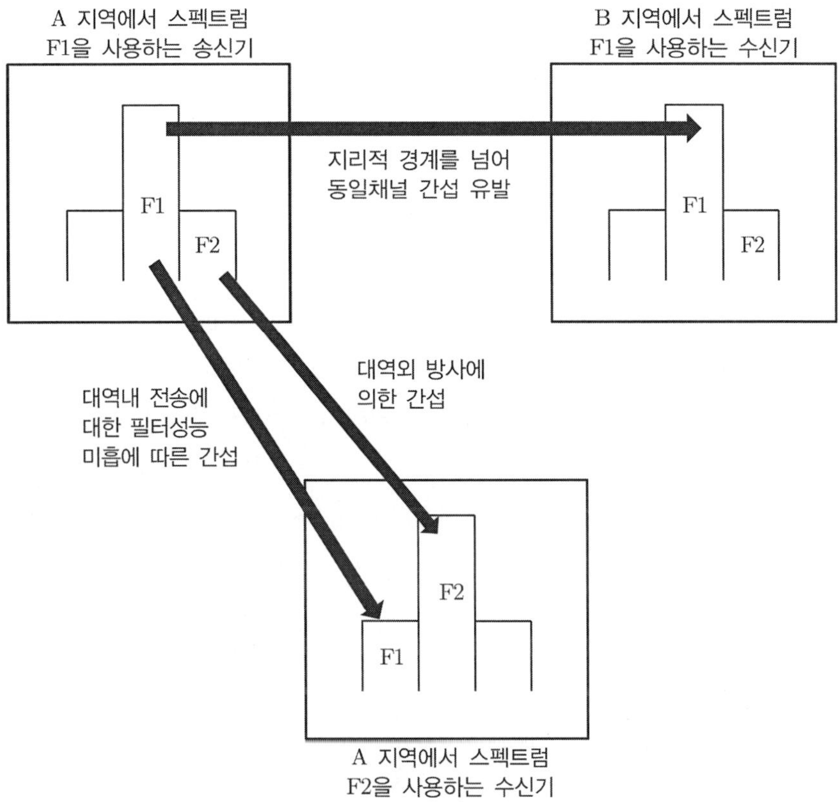

그림 2-4 간섭 발생 원리

2.4.2 동일채널 간섭

무선 신호의 강도는 송신기로부터의 거리에 따라 감소한다. 한 송신기로부터 멀리 떨어지게 되면 동일 주파수는 다른 송신기에서 재사용될 수 있다. 이들 송신기간의 거리는 그 사이에서 다른 송신기의 신호가 수신될 수 없도록 정해야 한다. 이러한 중간 영역을 보호 영역이라 한다. 이상적으로 이 영역은 매우 작다. 그러나 실제로는 전파 예측의 어려움을 고려하더라도 이 보호 영역의 크기는 상당히 커서 규제기관은 각 송신기로부터의 신호가 다른 송신기의 서비스 영역에 도달하기까지 충분히 감소된다고 확신할 수 있다. 여기에는 명백히 간섭 회피와 주파수의 최대 활용 사이에서 판단의 문제가 있다.

어떤 경우에 동일 채널이 한 국가에서 이용된다. 예를 들어 규제기관은 사업용 무전기 이용 허가를 송신기마다 부여한다. 해당 국가의 한 지역에 있는 택시회사가 충분히 떨어져 있다면 다른 지역에 있는 다른 회사와 동일한 주파수를 허가 받을 수 있다. 동일 채널 이용은 국경 사이에서도 이루어진다. 이 경우 무선 신호가 국경을 넘어갈 수 있기 때문에 두 국가의 규제기관은 협력해서 국경지역에 보호 영역을 허용하는 면허를 부여하거나 각 면허 소지자가 협력해서 간섭을 회피하도록 한다.

2.4.3 인접 채널 누설

그림 2-2와 같이 송신기로부터의 신호가 인접 채널로 누설되는 것을 인접 채널 누설(ACL)이라 한다. 이 신호의 크기는 일반적으로 원하는 신호보다 매우 낮은 레벨을 갖는데, 통상적으로 면허에서는 ACL이 원하는 신호보다 40 – 50 dB 작도록 규정하고 있다. 그래서 허용된 송신이 1 W(30 dBm)인 경우 인접 채널 신호는 약 0.1 mW(–10 dBm) 이하여야 한다. 이 신호는 송수신기간 전파 손실에 의해 추가적으로 감쇄되는데, 최소인 경우 최소 결합손실로서 40 – 50 dB가 정도가 된다. 따라서 결과적으로 허용된 송신 전력보다 약 80 – 100 dB가 줄어들게 된다. 그러나 무선기기는 보통 송신 신호 레벨보다 약 130 dB 낮은 신호도 복호가 가능해서 이 정도의 낮은 신호 레벨도 간섭을 일으킬 수 있다.

다른 종류의 간섭과 같이, 규제기관은 약간의 ACL을 허용해야 한다. 그렇게 하지 않으면 송신기 비용이 매우 높아지게 된다. 때로 표준화 기구가 ACL을 정한다. 3GPP의 경우 3G, 4G 송신기의 대역외 방사 허용 한도를 정한다. 그러나 이러한 표준화 기구는 동일한 시스템 간의 간섭에 대한 최적 값을 정한다. (예를 들어 4G 네트워크에서 인접대역의 4G 네트워크에 대한 간섭) 이 수준은 인접 대역에서 다른 기술이 사용되는 경우 최적 값이 아닐 수 있다. 이런 경우에 규제 측면에서 일반적으로 보호대역이 설정된다. 보호대역은 미사용 스펙트럼으로서 다른 이용자간의 완충 역할을 한다. 보호 영역과 같이 이러한 대역은 사용 가능한 스펙트럼의 효율성을 낮추기 때문에 바람직하지는 않다.

인접 채널 누설의 영향은 인접 이용자와 관련이 매우 높다. 예를 들어 양쪽이 모두 셀룰러 네트워크이고, 모두 주파수 분할 다중방식(FDD)을 사용하는 경우 인접 사용자의 전송은 양쪽 모두 기지국이거나 모두 단말기가 될 수 있다. 기지국의 경우를 고려하면, 한 네트워크(네트워크 A라 하자)의 단말이 네트워크 B의 기지국과 매우 가까워지기는 어렵다(일반적으로 기지국은 높은 곳에 위치하기 때문이다). 이는 MCL이 커지고 B의 ACL 영향은 감소한다는 것을 의미한다. 모든 네트워크가 시분할 다중방식(TDD)인 경우와 비교해보자. TDD에서는 B의 단말기가 수신하는 동안에 A의 단말기가 인접 주파수로 송신할 수 있다. 이들 단말기는 복잡한 열차 안에서와 같이 서로 매우 근접할 수 있다. 이런 경우 간섭 영향은 훨씬 심각해진다. 간섭 영향이 절대적인 수준은 아니지만 기술방식과 면허 보유자에 따라 달라질 수 있어 기술 중립적 스펙트럼 관리가 더 어렵게 된다. 이 주제는 10.2절에서 다시 논의한다.

2.4.4 인접 채널 선택도

무선 수신기의 안테나는 전 대역에 걸쳐 인근에 있는 모든 무선 신호를 수신한다. 그러나 수신기는 원하는 신호에만 관심이 있다. 다른 모든 신호는 원하는 신호를 복호하기 전에 제거되어야 한다. 이를 위해 수신기는 다양한 기술의 필터를 이용한다. 완벽한 필터는 원하는 신호를 감쇄없이 통과시키는 대신 다른 신호는 상당 수준으로 감쇄시켜 영향이 없도록 한다. 이런 필터를 벽돌모양(Brick wall) 필터라 하는데, 필터 특성이 주파수 영역에서 수직 벽돌 벽을 가진 건물과 같은 직각 모양이기 때문이다.

이러한 필터는 현실에서 구현 가능하나, 약간의 불완전성을 갖는다. 즉, 원하는 신호를 약간 감쇄시키고 원하지 않는 신호(특히 인접 대역)의 일부를 통과시킨다. 성능이 우수한 필터는 구현에 더 많은 부품이 필요하거나 극단적인 경우에 저온 초전도체를 사용할 수도 있으나 불필요한 비용이 추가될 수 있다. 따라서 제조사는 일반적으로 수신기를 실제 동작하는데 충분할 정도로 구현한다.

수신기는 인접 채널 선택도(ACS)라는 성능 지표를 갖는다. 이는 수신기가 간섭이 발생하기 전까지 견딜 수 있는 인접 채널의 신호 레벨이다. 통상적으로 30 dB인데, 이는 인접 채널의 신호레벨이 원하는 신호보다 30 dB(1,000배) 더 클 수 있으나, 수신기 필터를 거친 후에는 강도가 유해하지 않는 수준으로 낮아진다는 것을 의미한다. 그러나 MCL이 작은 경우 문제가 될 수 있다. −80 dBm 정도의 작은 신호를 복호할 수 있는 TV 수상기를 생각해보자. 만약 30 dB의 ACS를 가정하면, 인접 대역에서 약 −50 dBm의 신호를 견딜 수 있다는 것을 의미한다. 그러나 만약 인접대역에서 100 mW(20 dBm)의 이동통신 단말기가 이용되고 MCL이 같은 건물에서 40 dB라 하면, 단말기로부터의 신호는 TV 수상기에서 −20 dBm이 되어 수신기가 견딜 수 있는 수준보다 훨씬 크게 된다.

스펙트럼 관리기관은 매우 높은 ACS 성능을 갖는 수신기를 선호할 수 있다. 기기 제조사는 스펙트럼 관리기관이 인접 대역에 높은 수준의 간섭을 유발할 수 있는 면허를 부여하지 않기를 바란다. 현재로서는 제조사가 우세한데, 규제기관이 수신기 표준을 강제하기가 어렵기 때문이다. 그러나 이 주제에 대한 많은 논의가 진행되고 있으며 미래에는 상황이 변할 수 있다. 이에 관해 10.3절에서 논의한다.

간섭은 두 가지의 복합적 원인 또는 하나의 우세한 원인에 의해 발생한다. 예를 들어 송신기의 ACL이 원하는 신호보다 50 dB 낮다면, 송신 전력이 1 W, MCL이 40 dB인 경우 해당 대역 간섭의 크기는 −60 dBm이 된다. 만약 수신기의 ACS가 마찬가지로 50 dB이면 동일한 −60 dBm의 신호가 수신되고 이를 합산한 총 간섭량은 −57 dBm이 된다. 그러나 만약 수신기의 ACS가 40 dB에 불과하다면 이로 인한 간섭이 우세하게 되어 송신기의

ACL은 영향을 주지 않게 된다. 완벽한 환경에서 규제기관은 이 두 가지 원인이 대략적으로 같아지도록 하는 것을 목표로 한다.

2.4.5 블록킹 및 수신기 문제

수신기 설계 미흡으로 인한 문제도 있다. 중요한 문제로 블로킹이 있는데, 이는 약간 떨어진 주파수에 매우 강한 신호가 존재하는 경우에 발생한다. 일반적으로 수신기 필터는 이 신호를 제거한다. 그러나 신호가 너무 강해 저잡음증폭기와 같은 필터 앞에 있는 부품에 과부하가 걸리면 결과적으로 수신기 성능이 저하된다. TV 수신 시 건물 지붕 밑과 같이 안테나 근처에 증폭기가 설치된 경우에 특히 문제가 될 수 있다. 이런 외장형 증폭기는 일반적으로 필터 성능이 제한적이어서 모든 TV 채널을 증폭해 시청자가 원하는 채널을 선택할 수 있도록 한다. TV 대역 내에 강한 간섭신호가 있는 경우 이 증폭기에 의해 신호가 너무 강해져서 TV 내부의 증폭기에 과부하가 걸릴 수 있다. 이를 해결하기 위해 수신기 설계시 주의가 필요하다.

일부 수신기는 특정 채널의 간섭에 민감할 수 있다. 예를 들어 많은 수신기가 원하는 신호의 주파수를 고정된 중간 주파수로 변환시키는데, 이 변환은 믹서에 의해 이루어지고, 해당 중간 주파수에서 정교한 필터 구현이 가능해 유리하다. 믹서는 실제로 중간 주파수에서 동일 간격만큼 높고, 낮은 두 개의 다른 신호를 중간 주파수로 변환시킨다. 동일한 주파수 간격 중 하나에는 원하는 신호가 있으나, 다른 주파수에 간섭신호가 있는 경우 해당 신호도 중간 주파수로 변환되어 간섭을 일으키게 되는데, 이는 특히 해결이 어려운 문제이다. 많은 TV 수신기가 유사한 방식을 사용하고 있는데 그 결과 'n+9' 간섭, 즉 원하는 채널로 부터 9개 채널(유럽의 경우 72 MHz)만큼 이격된 채널의 신호에 민감하게 된다.

2.4.6 특별한 경우: AGC 및 유사기능

마지막으로 특별한 설계방식에 의해 예상치 못한 간섭이 발생하기도 한다. 최근의 경우는 비TV 송신(셀룰러와 사물통신과 같은 TV 유휴대역 기기)과 TV 수신기간 간섭이다.
대부분의 수신기에는 수신 신호가 강할 때 이득을 낮추는 방식으로 증폭기 이득을 조절하는 회로가 있다. 이를 통해 복호 회로에 거의 일정한 신호 레벨을 유지할 수 있게 되는데, 이를 자동이득제어(AGC)라 한다. AGC 설계 파라미터 중 반응 속도가 있다. 반응속도가 너무 느리면 신호 레벨이 허용오차를 넘어설 수 있고, 너무 빠르면 중요하지 않은 짧은 변동에 반응하려할 수 있다. 최근까지 TV 대역은 TV 신호를 위해 거의 배타적으로 사용되었다. TV신호는 전력이 거의 일정하며 환경이 느리게 변해 저속 AGC가 적합했다. 그러나 LTE와 같은 시스템은 전송량이 빠르게 변하는데, 이렇게 순간적으로 전송량이 증가하는 신호에 대해 AGC가 늦게 반응하고 전송이 끝난 후에도 계속 반응하여 다음 전송이 시작되는 시점에 원 상태로 되돌아온다. 지속적으로 변화하는 이득으로 인해 TV 수신기가 오작동할 수 있다. 그래서 수신기가 인접 채널의 일정한 간섭 신호를 견디는 것은 가능하나 급격히 변화하는 신호는 견딜 수 없게 된다. 최근 TV는 이에 대응가능하도록 설계되고 있으나, 교체하는데 10년 이상이 걸릴 수 있는 구형 수신기도 많이 존재한다.

다른 예상치 못한 간섭은 넓은 범위의 다양한 기술과 이용자가 스펙트럼을 공유하기 때문에 발생한다.

2.5 간섭 내성

2.5.1 개요

간섭은 모든 무선 시스템에서 발생한다. 인공적인 전송이 없어도 열 잡음, 태양 전파 효과에 의해서도 발생한다. 전기기기부터 다른 간섭 무선신호 방사에 이르기까지 원하지 않는 방사가 존재한다. 그래서 모든 시스템은 일정 수준의 간섭을 견딜 수 있어야 하고, 더 많이 견딜수록 망 구축 유연성과 스펙트럼 효율성을 증가시킬 수 있다.

시스템 설계자가 간섭에 대한 민감도를 낮추는 방법은 여러 가지가 있다. 앞서 다양한 간섭원인을 설명하면서 다양한 방법을 언급했고 이 절에서는 추가 사항을 설명한다.

2.5.2 개선된 수신기

간섭 영향이 수신기의 ACS에 의해 좌우되는 경우 수신기 성능 개선으로 간섭문제 해결에 많은 도움을 줄 수 있다. 이것이 미국에서 GPS 인접 대역에서 광대역 시스템을 구축하려는 LightSquared사의 제안과 관련된 이슈가 발생한 이유이다(10.3.2 절 참고). Ofcom 연구에 따르면 약 1달러의 비용 추가로 대부분의 수신기에서 약 6 dB의 ACS 성능을 개선할 수 있다[6]. 이는 다른 시스템의 주파수 사용 가능성을 크게 향상시킬 수 있게 한다. 그러나 많은 수신기 제조사는 수신기 성능을 떨어뜨리는 경제성을 더 추구한다.

2.5.3 주파수 도약 및 다른 동적 접근방식

다른 방법으로 간섭을 회피할 수 있다. 간섭은 몇 채널 근처에 있을 수 있고 기기가 움직일수록 빠르게 변할 수 있다. 예를 들어 이동전화가 TV에 미치는 간섭은 이동전화가 집 근처를 이동하면서 시시각각 변할 수 있는데, 데이터 복구와 중지가 수기적으로 반복된다.

만약 기기가 복수의 채널을 사용할 수 있다면 그들 사이를 지속적으로 이동할 수 있다. 만약 한 채널에 간섭이 있다면 그 효과는 짧은 시간에만 있고 오류 정정 시스템으로 처리 가능하다. 블루투스 시스템은 이 방식으로 2.4 GHz 비면허 주파수 대역에서 간섭을 극복한다.

시스템이 동작 방식을 적응시키는 것도 가능하다. 예를 들어 간섭이 있는 경우 더 많은 간섭을 견딜 수 있도록 데이터 전송율을 낮출 수 있다. 더 발전된 시스템은 MIMO라는 다중 안테나 시스템을 사용하는데, 지향성을 간섭원에서 멀어지도록 조정하고 간섭원 방향으로는 널(null)을 생성해 간섭 영향을 훨씬 더 감소시킨다.

2.5.4 계획의 어려움: at800 사례

이러한 모든 변수들을 고려하면 간섭과 용량을 최적화하여 면허 시스템을 계획하는 것이 거의 불가능에 가깝게 된다. 이것이 얼마나 어려운지 최근 영국의 사례를 통해 알 수 있다. LTE 또는 4G 이동통신 시스템이 TV 전송대역 근처에서 구축되고 있었다. 모델링 작업을 통해 TV 수신기의 인접 대역 신호 필터링 성능 미흡으로 TV 수신에 간섭이 발생할 것으로 예측되었다[7]. 많은 자문과 연구 후에 영국 규제기관인 Ofcom은 약 230만 가구, 인구의 10% 정도가 영향을 받을 것으로 결론지었다. 그 결과 시청자 교육, 필터 제공, 실패 시 시청가구 방문 및 대책 수립 등을 위해 'at800'이라고 하는 1억 8천만 파운드 규모의 사업을 시행했다.

처리 절차가 제대로 기능하는지 점검하기 위해 시범사업을 시행했으나 이 시범 사업에서 해당 문제를 제기하는 시청자는 거의 없었다. 결과적으로 Ofcom은 영향이 예상되는 가구 수를 230만 가구에서 당초 예상치의 5% 수준인 5만 가구로 낮춰 잡았다. 심지어 이 수치도 꽤 높았다. 분명히 모델링 작업은 너무 비관적이었고, 일반적으로 적용되더라도 안전하게 사용 가능한 것보다 훨씬 적은 스펙트럼만 이용하는 결과가 초래될 것이다.

이것이 어떻게 사례가 될 수 있는가? 모델링이 잘못된 분석은 여전히 있으나 이것은 보수적 가정에 보수적 가정이 추가되는 일반적인 문제로 보인다. 개별 가정은 합리적이나 이들이 합쳐질 경우 발생 확률은 매우 낮아지게 된다. 또한 상당한 영향을 미치는 미세한 요소가 있을 수 있다. 예를 들어 간섭이 가장 문제가 되는 지역은 TV 신호 레벨이 낮은 지역이다. 그러나 이런 지역의 시청자는 지상파 방송의 신뢰성이 낮아 이미 케이블이나 위성과 같은 다른 플랫폼을 사용할 것이다. 이 경우 해당 시청자는 간섭을 전혀 인지하지 못하게 된다.

이 사례는 모델이 실제 상황을 완전하게 반영할 수 없으며, 수 많은 실험과 경험 축적에 따른 지속적인 송신 레벨 조정이 더 나은 방법이 될 수 있다는 것을 강하게 시사한다.

2.6 규제의 필요성

2.6.1 간섭을 피할 수 없는 지점

이 장의 전반에 걸쳐 규제기관의 역할이 언급되었다. 만약 간섭이 없고 전송하고자 하는 모든 이용자를 수용할 수 있다면 규제는 불필요할 것이다. 관청에서의 번거로운 행정절차 없이 원하는 일을 할 수 있을 것이다. 일반적인 견해는 우리가 이런 상황과는 동떨어진 상태이며 규제가 없으면 경쟁적 이용자들 사이에 엄청난 간섭이 발생하게 되고 이로 인해 스펙트럼의 가치가 떨어지게 된다는 것이다. 이런 현실에서 규제기관의 임무는 무선 스펙트럼에서 최대의 경제적 가치를 얻을 수 있도록 간섭을 관리하는 것이다.

어떤 이는 2.4 GHz와 같은 비면허 대역에서 규제기관이 스펙트럼 이용을 통제하지 않지만 기기가 간섭 없이 잘 동작하고 상당한 경제적 가치와 혁신을 창출한다고 주장할 수 있다. 공동사용 대역을 8장에서 검토할 것이지만, 일반적으로 규제기관은 주파수 대역의 이용규칙을 설정하지, 개별 사용자에게 면허를 주지는 않는다. 이용규칙에는 간섭 신호가 멀리 나가지 않도록 전력 제한을 낮게 설정하는 것이 포함된다. (이것이 Wi-Fi 기기의 통신 범위가 이동통신보다 훨씬 작은 이유이다.) 높은 주파수와 낮은 송출 전력과의 조합, 그리고 실내에서 주로 사용되어 다른 사용자와 격리된다는 것은 간섭 가능성이 작다는 것을 의미한다. 만약 주파수 도약과 같은 설계 방식도 사용된다면 결과적으로 시스템은 잘 작동할 것이다. (물론 점점 더 Wi-Fi 혼잡이 문제가 되고 있긴 하다.)

그러나 이런 자유방임주의적 접근방식은 시스템이 커지고 간섭 가능성이 증가함에 따라 붕괴하게 된다. 이는 또한 선행 투자의 정당성을 확보하기 위해 장기간의 간섭 없는 이용의 확실성을 필요로하는 대규모의 고비용 네트워크에서는 문제가 될 수 있다. 이것이 TV 방송과 이동통신과 같은 네트워크가 면허를 받아 가까운 미래까지 존재할 것으로 예상되는 이유이다.

그래서 규제기관의 역할은 이러한 사업자에게 간섭을 최소화하면서 과도하게 복잡한 장비 또는 불필요하게 큰 보호대역을 필요로하지 않는 허용 송신전력, 송신 마스크 등을 포함하는 면허를 부여하는 것이다.

2.6.2 최적 규제의 어려움

이 장을 요약하자면, 송신기는 전력, 대역폭, 인접채널 누설 등의 파라미터를 갖는 무선 신호를 발생시킨다. 이 신호는 복잡한 환경을 거쳐 수신기에 도달한다. 이 신호를 원하는 수신기도 있고 다른 신호를 수신하고자 하는 수신기도 있다. 다른 신호를 수신하는 수신기에 대해서는 송신이 간섭으로 작용하는데, 그 이유는 채널 내의 ACL, 수신기가 제대로 필터링하지 못 하는 인접 채널 방사 등이 있다. 이 간섭의 유해 여부는 여러 파라미터에 의해 결정되는데 이들 중 일부는 규제기관의 통제범위를 벗어난다.

이러한 모든 점들로 인해 모든 간섭이 인지 가능한 수준 이하이며 모든 스펙트럼을 완전히 사용하는 '최적의 규제'는 불가능하다는 것이 분명해진다. 규제기관이 이러한 완벽한 규제를 목표로 삼더라도 어떤 경우에는 간섭을 과대평가해 보수적으로 스펙트럼을 이용할 수 있고, 과소평가해 시스템이 유해한 간섭영향을 받게 될 수도 있다. 대부분의 규제기관은 후자가 전자보다 심각한 문제라고 판단한다. 왜냐하면 적어도 많은 민원과 해당 사실에 대한 조사를 할 수 있기 때문이다. 따라서 규제기관은 보수적인 허가를 통해 최적의 규제에 비해 다소 낮은 수준을 목표로 삼게 된다.

어떻게 이 문제를 해결할지가 이 책 나머지 부분의 주제이다.

참고문헌

[1] C. Elwood Shannon, "A Mathematical Theory of Communication"(July–October1948) 27 *Bell Systems Technical Journal* 379.

[2] C. Haslett, *Essentials of Radio Wave Propagation,* Cambridge University Press, 2007.

[3] Ofcom, "Spectrum Frame work Review"(June2005), at http://stakeholders.ofcom.org.uk/binaries/consultations/sfr/statement/sfr_statement.

[4] http://en.wikipedia.org/wiki/Hata_model_for_urban_areas or any text on propagation.

[5] www.radartutorial.eu/07.waves/wa17.en.html for more detailed explanation.

[6] Ofcom, "Study of Current and Future Receiver Performance"; see http://stakeholders.ofcom.org.uk/market-data-research/other/technology-research/research/spectrum-liberalisation/receiver.

[7] http://stakeholders.ofcom.org.uk/binaries/consultations/dtt/annexes/lte-800-mhz.pdf.

[8] www.fiercewireless.com/europe/story/uk-industry-group-reports-minimal-lte- interference-digital-tv/2013-04-05.

03

경제학적 문제 – 스펙트럼 경제학의 기초

무선 스펙트럼은 모든 현대 경제에 매우 중요한 자원이다. 특히 세계적으로 점점 더 많은 이동통신 응용이 도입되면서 무선 스펙트럼을 이용한 서비스의 중요성은 최근 현저하게 증가했다. 따라서 이동통신, 방송과 같이 개인의 스펙트럼 이용에 따른 편익 또는 국방과 같이 공익적 이용으로 집단의 편익을 극대화하는 방식을 통해, 중요성이 등대하고 있는 이 자원의 효과적 배분이 중요해지고 있다.

이 장의 목적은 스펙트럼의 효율적 이용에 필요한 사항을 설명하고, 특히 시장 또는 가격 형식의 메커니즘을 기반으로 하는 스펙트럼 관리 방식이 이 목표의 달성에 어떻게 도움을 줄 수 있는지를 살펴보는 것이다.

3.1 경제적 자원으로서 스펙트럼의 특성

스펙트럼은 특정 지역의 주어진 대역에서 사용 가능한 총량에 물리적 한계가 있다는 점에서 유한한 자원으로 볼 수 있다. 이런 점에서 스펙트럼은 위치는 정해져 있지만 생산 능력은 기술에 의존하는 토지와 비유될 수 있다. 무선 스펙트럼은 특정 용도에 대해 어느 정도 대체 가능한 범위가 있지만, 표 3-1과 같이 용도에 따라 적합한 대역이 달라 비균질적인 특성을 갖는다.

스펙트럼은 원유나 가스와 달리 저장이 불가능하다. 즉 한 대역이 특정 기간동안 미사용되더라도 사용 기회가 다시 복원되지는 않는다. 마찬가지로 소진될 수도 없다. 즉 고갈되거나 소모될 수 없는 것이다. 현존 지역에서 사용되어야 하고 그렇지 않으면 사용이 불가능하다. 즉 수입 또는 수출이 불가능하다. 다음의 두 가지 방법으로 스펙트럼으로부터 더 많을 것을 얻을 수 있다. 먼저 미사용 대역을 사용하는 것으로서, 토지에서와 마찬가지로 '외연적 한계'(extensive margin)라 할 수 있다. 비료가 사용된 토지와 같이 스펙트럼은 압축기술 등을 통해 더욱 효율적으로 될 수 있는데, 이는 소위 '집약적 한계'(intensive margin)로 효율성을 높이는 것이다.

표 3-2는 스펙트럼이 토지, 원유, 물과 어떻게 여러 측면에서 비교될 수 있는지를 보여준다. 스펙트럼의 핵심적인 특징은 1장에서도 설명한 바와 같이 간섭으로 인해 스펙트럼 사용자가 매우 복잡한 방식으로 다른 사용자와 간섭을 일으킬 수 있다는 것이다.

▽ 표 3-1 대역과 용도

대역	주파수	서비스(예)	대략적인 사용시작 시점
MF	300 kHz – 3 MHz	AM 라디오	1920년대
HF	3 MHz – 30 MHz	단파 라디오	1930년대
VHF	30 MHz – 300 MHz	FM 라디오, TV 방송	1940년대
UHF	300 MHz – 3 GHz	TV 방송, 무선전화, Wi-Fi, Wi-Max, 무선호출, 위성 라디오	1950년대
SHF	3 GHz – 30 GHz	고정 M/W링크, Wi-Fi, 무선전화, 위성 TV, 무선 광통신	1950년대 1970년대
EHF	30 GHz – 300 GHz	단거리 무선 데이터 링크, 원격 탐지	1990년대

▽ 표 3-2 다른 천연자원의 특성

	스펙트럼	토지	원유	물
자원이 변하는가?	○	○	×	×
희소한가?	○	○	○	○
생산성이 증가할 수 있는가?	○	○	○	×
갱신할 수 있는가?	○	△	×	○
나중 이용을 위해 저장 가능한가?	×	×	○	○
수출 가능한가?	×	×	○	○
거래 가능한가?	○	○	○	○

자료: [1]

이런 특성 중 일부는 스펙트럼 관리 단계를 상당히 간소화시킨다. 예를 들어 스펙트럼은 저장 불가능하기 때문에 어떻게 저장하고 나중에 사용할지에 대한 고민이 필요없다. 따라서 원유와 같이 현재 사용할지 아니면 가치 있는 나중의 사용을 위해 남겨둘지에 여부에 관한 문제가 없다. 한편 인접 스펙트럼 이용자에게 미칠 수 있는 간섭에 따라 이용자 상호 간 보호가 필수적이다.[1] 만약 이 조건이 만족되지 않으면 스펙트럼은 간섭으로 인해 완전히 쓸모없게 된다.

3.2 스펙트럼의 효율적 할당이란?

스펙트럼 할당에 관한 문제는 실제로 매우 복잡하다. 즉 많은 여러 대역에 대해 수요가 변동적이고, 증가가 예측 불가능하며, 새로운 용도가 지속적으로 생기는 상황에서, 알려지거나 알려지지 않은 다양한 잠재적 용도로 할당해야 하는 것이다.

여기에서는 스펙트럼의 효율적인 할당에 관해 매우 단순화한 사례를 통해 논의한다. 이 사례는 단일 대역에 두 용도를 할당하는 것으로, 여기서 다른 대역은 고려하지 않고 두 용도에 대한 수요는 알려져 있으며 일정한 것으로 가정한다.

이 상황은 그림 3–1에 나타나 있다. 할당 가능한 스펙트럼 양은 수평 축에 해당한다. 이 축의 한 지점은 서비스 1과 서비스 2의 할당량을 나타낸다. 따라서 왼쪽 끝 지점은 서비스 1용으로 100% 사용되고 서비스 2용으로는 0%가 이용된다. 두 서비스는 예를 들어 이동통신과 TV방송이 될 수 있다.

왼쪽 수직 축에서 시작된 곡선은 서비스 1에 대한 한계 효용을 나타낸다. 여기서 나타내고자 하는 바는 다음과 같다. 서비스 1에 할당된 작은 양의 스펙트럼으로 인해 예를 들어 약간의 이동통신 통화가 가능하게 되고 이 통화는 소비자에게 상당한 금전적 효용을 만들어 낸다. 이는 이러한 통화에 대한 높은 지불의사로 확인된다. (이런 통화는 긴급 전화 또는 중요한 사업과 관련된 전화일 것이다.) 더 많은 스펙트럼이 할당될수록 이러한 통화의 추가적 또는 한계 효용은 감소하고 마침내 영으로 감소할 것이다.[2]

1 비슷한 문제가 토지 관리에서도 발생하는데, 예를 들어 화학 공장의 경우 주거용 토지와 같은 인접한 다른 용도의 토지 이용 시 간섭을 유발할 수 있다.

2 여기에서 이동통신의 네트워크 효과는 무시한다.

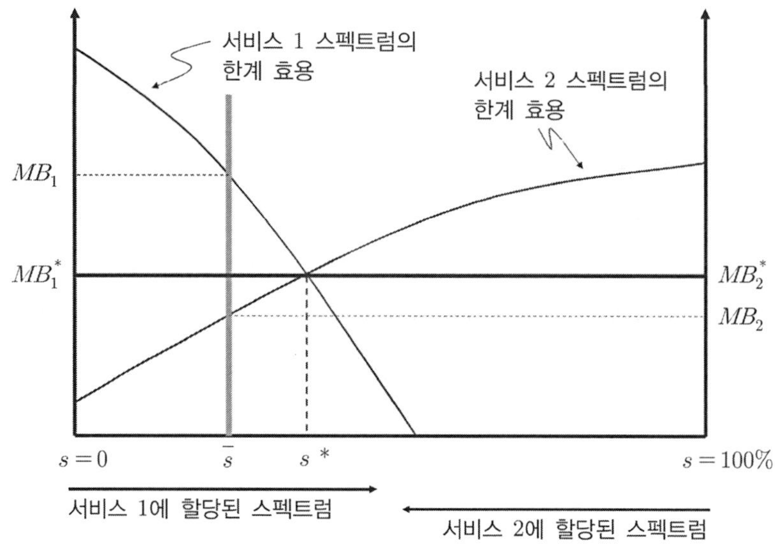

그림 3-1 스펙트럼의 효율적인 할당

마찬가지로 오른쪽 수직 축에서 시작된 곡선은 서비스 2에 대한 한계 효용을 나타낸다. 만약 서비스 2가 예를 들어 TV방송이라면, 곡선의 감소하는 모양은 최초 TV 채널에 의한 시청자의 효용은 높지만, 추가 채널에 의한 추가적인 또는 한계 효용은 채널이 증가할수록 감소하는 것을 보여준다(서비스 2에 할당된 스펙트럼 양은 오른쪽에서 왼쪽으로 이동할수록 증가한다).

이 두 서비스간에 스펙트럼을 어떻게 할당해야 할까? 경제학 연구결과에 따르면, 효율적인 자원 할당은 한계 효용이 같은 경우에 달성된다. 즉 효율적인 할당 지점은 수평 축 상의 s^*로서, 두 개의 한계 효용 곡선이 교차하는, 즉 각 서비스의 한계 효용이 같아지는 지점이다. 이 지점에서 서비스 1의 스펙트럼 한 단위를 서비스 2에 재할당해도 전체 효용에 영향을 미치지 않는다. 반면에 예를 들어 $\bar{s}$ 지점에서는 서비스 1의 한계 효용이 서비스 2보다 커지게 되어 스펙트럼을 서비스 1로 재할당하는 것이 전체 효용을 증가시킨다.

이런 방식으로 효율적 스펙트럼 할당을 만족하는 조건을 확인할 수 있다. 다음으로는 현실적인 복잡한 문제를 고려하고, 어떻게 대안적인 스펙트럼 관리 방식을 통해 최적점에 도달할 수 있는지에 대해 고려할 것이다.

3.3 문제에 대한 현실적인 기술

지금까지 우리는 단순화된 경우만을 고려했다. 즉 대체가 불가능한 한 스펙트럼 대역과 두 사용자 그리고 불변하는 한계 효용 곡선이 알려진 상황이다. 현실에서의 문제는 다음과 같은 이유로 훨씬 복잡하다.

- 많은 주파수 대역이 존재하며 그 이용은 글로벌, 지역 또는 국가적으로 제정된 규제가 반영되어 있다. 이러한 다양성으로 인해 효율적 할당 문제는 더욱 복잡해지게 된다.
- 단일 대역에서 다양한 잠재 용도가 가능하다. 그러므로 300 MHz와 3 GHz 사이의 가치가 높은 대역은 이동통신, 텔리비전 방송, 레이다 등 많은 다양한 용도로 사용 가능하다.
- 대역간 대체가 가능하다. 예를 들어 이동통신은 300 MHz와 3 GHz의 주파수 범위에서 제공될 수 있으나 그들이 완벽하게 대체 가능한 것은 아니다. 주파수는 전파특성, 건물 투과성 등이 다르기 때문에 대역간의 대체 가능성을 고려한다는 것은 각 대역의 할당 문제에서 대체 대역의 특성에 대한 고려 역시 필요하다는 것을 의미한다.
- 효용 곡선이 일반적으로 알려져 있지 않다. 효용 곡선은 근본적으로 두 가지 요소에 의존하는데, 스펙트럼 이용 서비스 제공량에 따른 최종 이용자의 지불의사와 고려 중인 스펙트럼을 서비스 제공에 필요한 다른 투입으로 대체할 수 있는 수준이다.[3]
- 효용 곡선은 항상 변한다. 서비스 수요 또는 생산비용이 변화할 때 마다 효용 곡선도 변한다. 완전히 새로운 서비스의 등장은 훨씬 파괴적이다. ICT 세계에서 이런 일은 급속히 진행되고 서비스는 비교적 짧은 기간 내에 광범위하게 확산된다. 새로운 서비스는 기존 서비스를 대체하기도 한다. 이러한 점은 심각한 문제가 되는데, 그 이유는 스펙트럼 할당이 전통적으로 매우 신중하고 심지어 느리게 진행되고, 기존 대역을 다른 용도로 전환하기 전에 비우는 작업이 필요하기 때문이다. 그러므로 스펙트럼의 효율적인 스펙트럼 할당을 위해서는 어느 정도의 미래 예측이 필요하고, 예상치 못한 상황에 대처할 수 있도록 충분한 유연성을 허용해야 한다.

스펙트럼 이용자가 상대적으로 적고, 가용 주파수 대역으로 신규 수요를 수용할 수 있었던 과거에는 할당 문제가 중앙집중적 방식을 통해 적절하고 효율적으로 해결될 수 있다고 여겨졌다. 그러나 현실 세계에서 그 일을 수행하기 위해서는 방대한 양의 정보 수집과 처리가 필요하다. 따라서 정책 방향이 분산적이고 위임된 할당방식으로 점진적으로 이동하는 것은 자연스러운 것이다. 먼저 스펙트럼 이용에 대한 다양한 해석에 대해 좀 더 자세히 논의한다.

---

3 첫 번째는 스펙트럼이 투입으로서 그 자체로 요구되는 것이 아니라 스펙트럼을 이용하는 서비스로부터 수요가 창출되기 때문에 발생한다. 두 번째 고려사항은 대체제가 존재하는 상황에서의 가격은 특정 용도로 사용되는 스펙트럼 가치의 상한 역할을 한다는 것을 의미한다.

3.4 광범위한 스펙트럼 접근방식

최근 몇 년 동안 알려진 사실은 스펙트럼을 이용자에게 할당하기 전에 '스펙트럼 접근'이 의미하는 바를 결정할 필요가 있다는 것이다. 전통적으로 스펙트럼 접근이란 사전에 정해진 시간동안 특정 대역을 특정한 지역에서 배타적인 권리를 운영자가 갖는 것을 의미했다. 그러나 스펙트럼 접근 방식의 범위는 이보다 항상 넓었으며, 스펙트럼 공동사용이라는 새로운 방법의 등장으로 급속히 확장되고 있다.

그림 3-2는 스펙트럼 접근 권한 설정에 있어 가장 특징적인 대안을 보여준다.

공적 공유 사적 공유 동적 스펙트럼 접근	**규칙 기반**
수직적 공동 사용 (예: white space, underlay)	**면허 및 규칙 기반**
면허/허가 공유 배타적 공유 접근	**면허 기반**

그림 3-2 스펙트럼 이용 방식의 분류

그림의 상단의 공적 공유는 특정 규칙을 만족하는 모든 이용자에게 접근이 개방된 형태이다. 회사나 단체로부터 허가를 받은 사용자에게 접속을 개방하는 사적 공유 유형이 있으며, 동적 스펙트럼 접근은 혼잡을 고려할 수 있는 새로운 방식이다. 가장 하단의 배타적 면허, 특정 기간(또는 무기한) 동안 사용자가 특정 지역에서 특정 대역을 경쟁 없이 이용할 수 있도록 한다. 중간은 특별한 권한을 가진 사용자와 이차 접근 권한을 가진 사용자가 조합된 유형에 해당한다.

공적 또는 사적 공유와 배타적 면허 두 극단의 사이에 있는 다양한 주파수 공유 방식을 요약하면 다음과 같다.

- 사적 공유에서는 자가 운영자에게 배타적 면허가 주어지고 특정 이용자(예를 들어 특정 기기를 구입한 사람들)가 스펙트럼에 접근하는 방식으로서, 자격을 갖춘 모든 사용자는 실시간 혼잡 방지 없이 접근 권한을 갖는다. 따라서 간섭 유무는 전송 전력 레벨과 같은 이용 규칙에 따라 달라진다.
- 동적 스펙트럼 접근에서는 자격을 갖춘 모든 이용자가 스펙트럼 접근을 원하지만 먼저 어떤 주파수가 간섭이 없는지를 확인해야 한다. 즉 간섭을 회피할 수 있는 실시간 관리체계가 필요하다.

- 수직적 공유에서 면허권자는 일반적으로 접근 우선권을 가지며, 해당 면허에 간섭을 주지 않고 이용자 상호간에도 간섭을 주지 않도록 하는 규칙을 따르는 이용자를 수용할 수 있다.
- 공유 접근에서는 두 개 이상의 면허권자가 있을 수 있으며, 이들은 우선권 부여 등을 통해 지역적 또는 시간적으로 공유 접근할 수 있다.

3.5 대안적 스펙트럼 분배, 지정 방법

역사적으로 경제적 자원을 할당하는 다양한 방법에 대한 연구가 있었다. 한 극단은 모든 의사결정을 집중시키고, 생산자에게 생산과 투입에 대해 명령하는 것이다. 이는 가정에 소비 제화와 용역을 직접 배분하는 것과 같다. 다른 극단은 모든 자원 할당이 중앙의 지시 없이 시장에서 이루어지도록 하는 것이다.

전반적인 경제 수준에서 대부분의 국가는 이 양 극단을 선택하지 않는다. 따라서 시장 경제에서도 정부는 세입 세출의 결정, 공공 서비스, 자원 이용에 관한 지시 또는 영향력 행사를 위한 규제권한을 유지함으로써 자원 배분에 관한 의사결정을 수행한다. 마찬가지로 현대 경제체제의 현실적 운영에 있어 정부가 모든 분배 결정을 통제하는 것은 불가능하다는 것이 입증되었다. 대부분은 일정 수준에서 생산자와 소비자에게 위임한다.

동일한 혼합 관리체제가 다른 천연 자원에도 적용된다. 원유과 가스는 추출과 생산, 종종 과세의 측면에서 규제를 받거나 때로는 공기업이 소유하기도 하나, 일반적으로는 시장을 통해 분배된다. 토지의 경우 허가되는 용도가 토지계획 법에 의해 제한되나 일반적으로 자유보유, 임대보유 등의 다양한 형태로 거래된다. 매우 흔하게 명령과 통제에 의해 배분되는 천연자원으로는 강 또는 지하 대수층에서 추출되는 생수가 있다. 많은 국가에서 취수권은 명령과 통제에 의해 공공 수도 공급 또는 발전 회사에 배분된다. 다른 국가의 경우 특히 물 공급이 부족한 나라는 물 시장이 작동한다.

스펙트럼의 경우 분배가 토지에 비해 매우 과도하게 직접 명령과 통제에 의존하고 있다. ITU가 국제적 조율을 통해 관여하는 이유는 큰 비용이 발생할 수 있는 간섭을 최소화하고, 기기 제조사에게 확실성을 제공함으로써 위험을 관리하는 것이다. 결과적으로 초창기 그리고 무선 기반의 개인 통신이 폭발적으로 성장하기 전에 ITU는 여러 스펙트럼 대역에 대한 용도 분배 권고를 통해 300 MHz – 3 GHz 범위에 있는 일련의 대역이 방송, 국방 관련 용도로 이용되도록 했다. 대부분 국가의 정부는 ITU의 권고를 충실히 따르고 있고, 이 대역 범위 내에서 이용자에게 면허를 발급하며, 면허 내용에는 일반적으로 허용 가능한 장비, 출력 전력 레벨 등 제공 서비스에 대한 세부 규격이 포함된다.

스펙트럼 할당 문제에 관한 이전 논의의 측면에서 보면, 명령과 통제에 의한 효과적인 스펙트럼 할당을 위해서 스펙트럼 규제기관은 다양한 스펙트럼 이용분야의 현재와 미래 효용을 알고 있거나 마치 그러한 것처럼 행동해야 하나, 이것은 확실히 어려운 요구이다. 따라서 왜 명령과 통제가 지배적인 방법이었는지를 묻는 것이 적절하다.

스펙트럼 관리가 다른 투입과 비교해서 비교적 높은 수준의 집중화가 이루어진 것이 가능한 이유로는 다음이 포함된다.

- 투입의 높은 기술적 특성과 이를 활용하는데 필요한 기술
- 스펙트럼과 국가 안보와의 연계. 제1차세계대전 시기에 이는 스펙트럼 관리에 관한 공공 통제를 가정하도록 했고 이는 현재까지 지속되고 있다.
- 스펙트럼 이용자간 간섭 예방의 어려움. 사용 주파수 대역, 송신기의 장소와 출력을 정하는 명령과 통제 방식은 간섭 통제의 한 가지 방법이다.
- 무선통신 수요 확대 이전 스펙트럼 공급 부족의 결여. 이것이 아마도 핵심적일 텐데, 수요대비 공급이 충분해 스펙트럼 할당의 오류나 지연에 따른 비용이 감소되었기 때문이다.

그러나 최근의 발전으로 인해 예전의 방식은 도전에 직면하고 있다. 상황 변화의 주요 원인은 스펙트럼 수요 압박이 증가한다는 것인데, 이는 첫째로 모바일 음성 이용의 엄청난 성장과, 모바일 데이터 서비스의 최근 및 미래 성장률 전망 역시 크기 때문이다. 이러한 발전으로 인해 스펙트럼을 효율적으로 사용하고, 또한 새로운 수요 패턴에 빠르게 적응하는 것이 이전보다 더욱 중요하게 된다. 또 다른 중요한 요인은 빠른 기술 변화 속도로서 이로 인해 더 높은 수준에서 스펙트럼을 공유할 수 있는 기술에 기반한 새로운 스펙트럼 이용 방식을 이미 허용했거나 앞으로 허용할 것이라는 점이다.

명령과 통제 방식을 대신할 수 있는 가장 중요한 대안은 무엇일까?[4] 매우 일반적인 관점에서 통상적인 해답은 스펙트럼 시장을 이용하는 것이다. 본질적으로 이것은 할당 문제를 사업자나 간접적으로는 스펙트럼 기반 서비스를 이용하는 이용자에게로 전환시키는 것이다. 이는 스펙트럼을 팔고 사는 것이 가능한 시장을 만들거나, 생길 수 있도록 허용함으로써 가능하게 된다.

이러한 방식에서 사업자는 스펙트럼을 이용하여 제공하는 서비스의 비용과 최종 소비자의 수요를 기반으로 스펙트럼 전략을 수립할 것이다. 모든 사업자는 특정 대역이나 여러 대역을 시장 가격으로 사거나 팔기 위해 시장에 참여할 것이다. 만약 매수 희망자가 시장에서 매도 희망자를 찾았다면 시장 거래가 성립한 것이다. 이 절차는 각자의 판단에 의존해야 하는 사업자들에게 의사결정을 위임하여 이루어진다.

[4] 세 번째 대안으로 비면허 스펙트럼 또는 공유를 1.1.3절에서 언급했으며, 8장에서 좀 더 자세히 다룬다.

아래의 12장에서 논의하겠지만, 공공부문 스펙트럼 역시 별도로 전통적인 명령과 통제 방식에 의해 할당되거나, 공공과 민간 부문 스펙트럼 시장 참여자가 모두 참여하는 통합된 시장을 통해 서로 거래하는 것도 가능하다.

좀 더 일반적으로, 스펙트럼 관리자가 군, 국제적으로 사용하는 위성, 전국 단위의 이동통신 사업자, 지역 택시회사의 자가망 등의 스펙트럼에 대해 동일한 통제방식을 적용하여, 모두를 만족시킬 수 있는 방식을 도입하기를 원하지는 않을 것이다. 다른 대역에 대해서는 다른 접근방식이 필요하다.

다음의 Box 3–1에서 설명하듯이, 스펙트럼 시장에 관한 아이디어가 있은 지 50년 정도가 지났다. 이는 로널드 코즈(Ronald Coase)가 1959년에 출판한 논문에서 처음으로 상세히 설명되었다.

코즈의 연구 결과로, 스펙트럼은 일반적인 자산과 같은 재산권으로 발전될 수 있는 혜택을 받은 중요한 사례가 되었다. 그래서 뎀세츠(Demsetz)는 모든 주체에게 자산 접근 개방을 허용하는 방안에 반대하면서, 사적 소유권이 자산의 보호와 개선의 유인을 제공하기 때문에 사적 재산권 적용이 더 효율적이라고 주장했다[2]. 또한 자산을 더 효율적으로 사용할 수 있는 타인에 대한 양도를 허용함으로써 효율성이 개선될 수 있다고 주장한다. 소유권 모델에 대한 비교 분석은 배타적 소유권, 공유 소유권, 공공 소유권 및 접근 권한에 대한 주기적 경매로 확대되었다.

Box 3–1 스펙트럼 시장과 그 수용에 관한 코즈(Coase)의 1959년 아이디어

시카고 대학의 영국태생 경제학자 로널드 코즈(Ronald Coase)는 '연방통신위원회'라는 제목으로 1959년에 출판된 논문으로 1991년 노벨 경제학상을 수상했다. 논증 형식으로 법적 문제에 관심이 있는 경제학자가 채택한 이 논문은 당시 미국 통신 규제기관의 TV면허 부여방식으로서 전문가 선정 방식을 시장 체계로 전환하는 문제를 제기했다.

이 논문에 대한 반응은 적대적이었다. 일부 독자는 이를 농담으로 치부하기도 하고 일부는 문명의 종말을 예견하기도 했다. 몇몇은 논문의 출판을 반대하기도 했다. 현재의 시각으로는 모호하게 보이는 이유로 이 논문은 거의 공통적으로 격렬한 반응을 이끌어냈다.

스펙트럼 접근을 거래가 가능한 자산으로 보는 생각은 이후 25년간 현실화되지 않았으나, 처음 뉴질랜드에서 시행된 후 미국, 유럽 그리고 모든 곳에서 무선 면허 또는 스펙트럼의 경매가 시행되었다. 다음에서 알 수 있듯이 시장과 가격에 기반한 다양한 스펙트럼 할당기법이 모두 고르게 사용되고 있지는 않지만 이 아이디어는 모든 정책방향의 근저에 자리잡고 있다.

자료: R. Coase, "The Federal Communications Commission" (1959) 2 Journal of Law and Economics 1, available at www.eecs.berkeley.edu/~dtse/coase. pdf. R. Coase, "Comment on T W Hazlett, 'Assigning Property Rights to Radio Spectrum Users. Why Did FCC Spectrum Auctions Take 67 Years?'" (1998) 41 Journal of Law and Economics 577.

여기에서는 사적 재산권의 장점 또는 이에 반대하는 일반적인 주장을 따르기보다 스펙트럼 접근을 위한 특정 방식에 초점을 맞출 것이다. 이 방식은 전 절에서 보인 바와 같이 많은 기술적 선택지가 있는데, 최근 몇년 사이에 이들 중 많은 것(예를 들어 '유휴대역(white space)'과 주파수 공동사용의 다양한 형태들이 등장했다.

8장, 9장에서 스펙트럼 접근 방식에 대해 좀 더 자세히 다루겠지만, 여기서는 시장 또는 가격 기반 거래의 네 가지 형태 또는 측면을 간략히 검토한다.

- 경매: 스펙트럼 면허의 최초 할당에 사용된다. 비교선택 또는 선정심사를 통해 이동통신 또는 다른 스펙트럼 면허권자를 선택하는 대신, 스펙트럼 규제기관이 서비스 내용과 방법에 관한 요구사항에 따라 면허를 경매할 수 있다. 이 방식은 정부 재정수입 증대라는 부가적인 장점이 있으며, 면허는 가장 효율적인 사업자에게 부여될 것이다.
- 자유화(liberalization)는 면허에서 기술방식과 서비스 내용에 더 많은 선택권을 부여하는 것이다. 이 방식에서는 기술방식을 선택하거나(예를 들어 2G, 3G, 4G), 이를 이용해 제공하는 서비스를 선택하는 것도 가능할 수 있다. 후자에 관한 자유화는 10장에서도 논의되겠지만, 간섭 관리 문제를 유발할 수 있다.
- 스펙트럼 거래 또는 스펙트럼 면허를 위한 2차(재판매) 시장의 도입이 있다. 이 방식에서는 면허가 최초에 경매를 통해 부여될 뿐만 아니라 스펙트럼(또는 그 일부)이 면허가 유효한 기간동안 매매 또는 임대될 수 있다.
- 행정 가격: 직접적인 스펙트럼 할당에 수반되는 행정 가격을 부과한다.

3.5.1 경매

경매는 세계에 걸쳐 이동통신 면허를 부여하는 주요한 방식이 되었다. 지난 약 25년 동안, '심사(beauty contest)' 또는 비교심사절차로 알려진 기존 방식을 효과적으로 대체했는데, 여기서는 사전에 공개된 기준을 사용해 지원자를 평가하며[5] 면허는 금전적 지불 없이 할당된다.

경매에 대해서는 다음 4장과 5장에서 좀 더 자세히 논의될 것이다. 여기에서는 새로운 스펙트럼 할당에 있어 경매와 심사를 비교하는데 있어 몇 가지 중요한 점을 짚어 본다.

첫째, 금전적 지불이 없는 심사는 선택된 사업자에 대한 과도한 보상의 위험이 있다. 이는 사업자가 이동면허 입찰을 위해 얼마나 많은 자금 준비가 필요한지를 생각해보면 알 수 있다. 사업자는 면허 기간 동안의 연도별 면허취득 비용을 제외한 예상비용 대비 예상 매출의 초과분을 계산할 것이다. 이 흐름의 순 현재 가치는 적절한 이율을 적용한 연간

---

[5] Beauty contest는 현재도 여전히 이용되는데, 이동통신 사업자는 특정한 이유로 이 방식을 지지하기도 한다.

지불액을 차감하여 얻을 수 있다. 그 합계가 해당 회사가 입찰에 준비할 수 있는 최대 금액이 된다. 사업자는 더 적은 금액으로 경매에 참여하기를 희망하겠지만 경쟁이 치열해질수록 면허를 얻기 위한 비용은 해당 금액에 근접할 것이다.

반면 심사에서는 선택된 사업자가 해당 초과 이익 전부를 취할 수 있게 된다. 즉 경매는 면허와 관련된 소위 지대 또는 초과 이익의 상당 부분을 정부에게 이전하지만 심사에서는 지대가 사업자로 이전된다.

그러나 이러한 측면에서 경매의 위험성이 있다. 만약 이동통신과 같은 서비스가 가능한 스펙트럼이 풍부하고 해당 부문이 스펙트럼을 가장 효율적으로 이용한다면, 스펙트럼을 그 용도로 이용하는 것이 바람직하다. 그러나 정부가 스펙트럼 경매 수익을 증대시키기 위해 공급을 제한하는 상황이 발생할 수 있다. 즉, 정부가 경매가와 수익 증대를 위해 의도적인 부족현상을 만들 수 있다는 것이다.

이것은 극히 근시안적인 것이다. 왜냐하면 높은 스펙트럼 가격은 사업자의 높은 소비자 요금에 대한 기대를 근거로 하고 있기 때문이다. 그래서 스펙트럼 공급을 제한하는 것은 모바일 음성과 데이터 서비스 활성화를 저하시키고, 결국 국가 경제발전에 악영향을 미친다. 즉, 스펙트럼 공급이 인위적이지 않은 상황에서 경매 입찰자로부터 지대를 취하는 것은 바람직하다. 그러나 가용 스펙트럼을 인위적으로 제한하는 상황을 만들어 지대를 과도하게 취하는 것은 바람직하지 않다.

두 번째로, 심사가 각 신청자의 사업수행 능력을 평가하는 것이지만, 제출된 자료는 필연적으로 현재 또는 과거 사업실적에 대한 증명이라기 보다 미래 약속의 형태를 갖는다. 결과적으로 신청자는 심사 시점에 했던 약속을 나중에 지키지 않아도 된다는 기대에서 과도한 약속을 할 수 있게 된다. 그 결과 나중에 문제가 발생할 위험이 생긴다. 예를 들어 노르웨이는 심사 방식으로 4개의 3G 면허를 부여한 바 있다. 면허를 받은 사업자 중 하나인 Enitel은 파산했으며, 또다른 사업자인 Tele2는 망 구축 계획을 이행하지 못해 면허를 반납했다.

반면에 경매에서는 면허 부여 전에 낙찰 금액을 납부하도록 하여 경매 낙찰자로부터 약속된 금액을 납부 받는 것이 가능하다. 이러한 환경에서 경매가 경쟁적이라면 면허는 최고액 입찰자에게 돌아가고, 해당 입찰자가 가장 효율적인 사업자라고 기대하는 것이 합리적일 것이다. 이것은 효율성 있는 산업 창출과 정부의 재정수입 측면에서 매우 만족스러운 결과가 될 수 있다.

그러나 불행하게도 항상 이런 방식으로 동작하는 것은 아니다. 이것은 승자의 저주라고 알려진 현상으로 인해 발생한다. 사업자는 가장 효율적인 사업자이기 때문에 면허를 받았을 수도 있지만(좋은 이유), 가장 낙관적인 전망으로 인해 받았을 수도 있다(전망이 비현실적일 경우 나쁜 이유). 그러나 다음 4장과 5장에서 설명된 바와 같이 승자의 저주 문제를 해결하는 방식으로 경매를 설계할 수 있다.

세 번째로, 경매는 심사와 비교하여 할당 과정에 재량 개입여지가 적기 때문에 부패에 덜 취약하다.

네 번째로, 스펙트럼 면허의 경매는 반경쟁과 같은 부정적 결과를 초래할 수 있다. 지배적인 이동통신 사업자 또는 대기업 연합이 자금력을 이용해 그들이 필요로 하는 정도 이상의 스펙트럼을 취득함으로써 소규모 경쟁자의 스펙트럼 이용 기회를 박탈할 수 있다. (이는 단일 회사가 한 경매의 매입가능 스펙트럼 양 또는 총 보유량을 제한하는 스펙트럼 상한을 통해 방지할 수 있고 실제 시행되고 있다.) 또는 다수의 경쟁자 그룹이 상대방 경매에 입찰하지 않기로 공모하여 가격을 낮출 수도 있다.

이러한 위험과 함께 경매가 설계 미흡으로 인해 잘못된 방향으로 진행할 수 있는 추가적인 위험에도 불구하고, 경매는 현재 새로운 스펙트럼 면허 부여를 위한 기본적인 방식이다. Box 3-2에 찬성 주장과 반대 주장을 제시하였다.

3.5.2 스펙트럼 이용의 자유화

자유화를 통해 스펙트럼 면허권자에게 스펙트럼 이용에 더 많은 재량권을 부여할 수 있다. 두 가지 요소는 다음과 같다.

- **기술 중립성**: 면허권자가 서비스 제공에 필요한 기술방식(예: 2G, 3G, 4G 이동통신)을 선택할 수 있도록 한다.
- **서비스 중립성**: 면허권자가 제공할 서비스(예: 지상파TV, 4G 이동통신 등)를 결정할 수 있도록 한다.

기술 중립성은 이동통신 사업자가 고객 선호의 변화에 따라 보유 주파수 대역에서의 기술방식을 규제기관의 허가 없이 변경할 수 있도록 하는 것이다. 서비스는 변하지 않기 때문에 간섭 특성이 크게 변할 가능성은 적다.

기술중립성을 제한하여 최종 이용자에 어떤 혜택을 줄지 예상하기는 매우 어렵다. 특히, 2G 스펙트럼이 4G로 이전하는 것 처럼, 이는 근본적으로 확실한 기술발전을 막을 수도 있다.

Box 3–2 경매에 대한 찬성과 반대 주장

찬성 주장

- 적절하게 설계된 경매는 면허가 가장 효율적인 사업자에게 돌아가도록 한다. 왜냐하면 그들이 더 높은 입찰가를 제시할 수 있기 때문이다.
- 완전하게 경쟁적인 경매는 사업자의 추가 이익 창출을 제한하고 해당 이익을 정부로 전환시킨다.
- 잘 설계된 경매에서는 불순한 의도를 가진 사업자나 다른 부패한 입찰자가 조작하기 어렵다.

반대 주장

- 경매 수익을 증대시키기 위해 정부가 인위적으로 스펙트럼 공급을 제한하고 그로 인해 국가의 경제 발전에 악영향을 줄 수 있다.
- 가장 큰 사업자 또는 사업자 집단이 경쟁자를 배제하기 위해 가용 스펙트럼을 전부 매입할 수 있다.
- 입찰자가 경매가를 낮추기 위해 담합할 수 있다.

서비스 중립성의 경우 상황이 더욱 복잡하다. 만약 서비스 변경을 허용하는 방식으로 면허가 부여될 경우 완전히 새로운 간섭 관리 시스템이 도입되어야 할 수 있다. 전통적인 간섭관리는 주파수가 사용될 서비스, 기술 및 그에 따른 신호전파 특성, 전력 레벨에 관한 가정을 기반에 두고 있다. 이들 변수를 제어하는 파라미터는 컴퓨터 모델을 사용하여 인접 지역 또는 주파수와의 부적절한 간섭이 없도록 신중히 선택된다.

그러나 면허권자가 마음대로 스펙트럼 이용 서비스를 상이한 전파 특성과 전력을 사용하는 서비스로 변경할 수 있다면 그 시스템은 제대로 동작하지 않게 된다. 이런 상황에서는 대안을 찾을 필요가 있다. 그 중 하나가 스펙트럼 이용권(SUR: Spectrum Usage Rights)이다. 10.2절에 나와있듯이, 이는 스펙트럼 이용자가 인접 지역 또는 주파수에 줄 수 있는 간섭에 한도를 정하는 것이다. 이러한 새로운 간섭 관리 방식은 몇몇 국가에서 잘 동작하는 것으로 나타났지만 전통적인 방식보다는 훨씬 복잡하다. 이것이 서비스 중립성을 통한 자유화의 확산을 어렵게 하는 요인이다. 행정적 재개발과 같은 다른 방식은 스펙트럼을 이전하는데 사용되어야 한다.

3.5.3 스펙트럼 거래

대부분의 나라에서 토지는 여러가지 방법으로 거래 가능하다. 소유주는 분리 또는 합병가능하고 토지는 영구적으로 판매되거나 특정 기간 동안 임대될 수 있다. 경작 또는 사냥과 같은 이용권리는 분리되거나 함께 판매 가능하다. 스펙트럼 거래에서는 천연자원이라는 측면에서 토지에서 이미 존재하는 것과 같은 유연성이 허용되고 있다.

Box 3-3 자유화에 대한 찬성과 반대 주장

1. 기술중립성

찬성 주장

- 고객 요구에 대한 신속한 대응이 가능
- 공급비용 감소 기대

반대 주장

- 간섭문제 발생 가능
- 사업자에게 영향을 줄 수 있는 규제 권한 축소

2. 서비스 중립성

찬성 주장

- 스펙트럼 이용에 대한 선택의 폭 확대
- 스펙트럼 이용의 신속한 변경
- 서비스 경쟁 촉진

반대 주장

- 간섭 규제방식의 변경 초래 가능
- 사업자에게 영향을 줄 수 있는 규제 권한 축소

스펙트럼의 거래는 간섭 모니터링을 위해 어떤 방식으로든 등록이 필요하다. 이는 복잡하거나 단순한 방법으로 가능하다. 예를 들어 1990년대 스펙트럼 거래의 선구자인 과테말라의 경우, 매도자가 면허증에 서명하고 매수자가 스펙트럼 규제기관에 등록하면 효력이 발생한다. 다른 국가에서는 사전 승인이 필요할 수 있다.

스펙트럼 소유자의 등록 절차를 통해 특정 사업자가 스펙트럼 시장에서 지배적 지위를 가지고 있다는 사실이 드러날 수 있다. 앞서 언급한 바와 같이, 이동통신과 같은 특정 용도를 위한 주파수 대역은 서로 다른 대역간에 어느 정도의 대체가 가능하나 이는 불완전하다. 이러한 이유로 이동통신용 주파수 보유량을 제한하게 되면 스펙트럼 보유량 제한이 가장 가치 있는 1 GHz 이하 대역과 그렇지 않는 1 GHz 이상 대역에서 서로 다를 수 있다. 이 제한은 어떤 상황에서도 초과할 수 없는 절대적인 제한일 수도 있고 소프트 캡(Soft Cap)과 같이 경매 또는 거래 시 요청에 따라 제한을 초과할 수도 있다.

사업자가 스펙트럼을 거래할지 여부는 스펙트럼의 전반적인 희소성과 사업자간 상호의존성에 따라 결정된다. 사업자는 경쟁자에게 매각하는 것을 원하지 않을 수 있지만, 원하지 않는 스펙트럼을 자신의 시장 영역 외에 있는 사업자에게 매각하는 것을 원할 수도 있다. 거래에 관한 사례는 6장에서 좀 더 자세히 논의된다.

Box 3-4 스펙트럼 거래에 대한 찬성과 반대 주장

찬성 주장

- 스펙트럼의 면허권자와 사용자간의 이동이 규제기관 개입 없이 신속하게 이루어진다.
- 경쟁을 촉진시킬 수 있다.

반대 주장

- 절차 준비가 어렵다.
- 스펙트럼의 독점을 유발할 수 있다.
- 준비 비용을 상쇄할 정도의 규모로 거래가 발생하지 않을 수 있다.

3.5.4 행정 가격

명령과 통제의 스펙트럼 관리 방식에서 스펙트럼은 행정적 메커니즘에 의해 사용자에게 할당되고, 사용료는 행정 비용을 보전하기 위해 기술적 변수(예를 들어 전송 전력, 주파수 양, 사용지역 등)에 따라 부과된다. 이는 면허에 부과되는 비용이 해당 면허에 내재된 경제적 가치와 다르다는 것을 의미하며, 대부분의 경우 비용은 경제적 가치에 비해 낮게 책정된다.

앞서 살펴본 바와 같이, 이러한 방식에 대한 근본적인 대안은 스펙트럼 이용을 위한 1차 시장(경매 이용)과 거래 허용을 통한 2차 시장을 만드는 것이다. 2차 시장에서의 비용(특정 기간동안 스펙트럼 이용을 위해 지불한 총액)과 가치(잔여 유효기간 동안의 금전적 가치)는 대부분 국가에서의 토지와 같이 공급과 수요의 상호작용을 통해 정해진다.

그러나 단순한 행정적 할당과 스펙트럼 시장 사이의 중간 단계는 스펙트럼 규제기관이 현재와 가까운 미래에 예상되는 스펙트럼의 희소성을 반영해 가격을 산정하는 것이다. 이는 사용자로 하여금 스펙트럼을 경제적으로 사용하도록 하는 유인을 제공하지만, 반대로 가격이 영이거나 희소성을 무시하면 이러한 유인은 없어진다.

이 방식은 보통 스펙트럼에 대한 연간 요금(스펙트럼 가격)을 부과하기 위한 것이다. 이 가격을 합산하면 몇 년의 사업운영 기간 동안 스펙트럼 이용의 금전적 가치를 산출할 수 있다. 따라서 시장에서 결정된 가격과 규제기관이 설정한 행정적 가격을 비교할 수 있다.

시장 가격은 구매자가 그들이 구입하는 제품 또는 서비스에서 기대하는 어떤 특성에 대한 지불의사를 (동일하지는 않지만) 반영한다. 스펙트럼의 경우 그 자체가 욕구의 대상이라기보다 다른 서비스에 대한 투입으로서, 스펙트럼 면허(예를 들어 20년)에 대한 지불의사는 다음을 포함한다.

1. 면허 보유로 인해 보유자가 서비스를 제공하는데 소요되는 비용을 상쇄하는 수준
2. 면허의 보유로 인한 시장 지배력 증대를 통해 소유자가 얻을 수 있는 초과 이익
3. 사업자가 면허를 갱신할 수 있는 상황에서 면허권자가 행사할 수 있는 권리의 가치

앞에서 제시된 항목을 합산하면 일반적으로 최대 지불의사가 되지만, 어떤 매수자든지(예를 들어 스펙트럼 경매에서의 입찰자) 가능하다면 이 보다 적은 금액을 지불하려고 할 것이다. 즉 내재된 비용 및 수요 요인 뿐만 아니라 실제 시장에서 어떻게 동작하는지가 가격과 가치평가에 영향을 미칠 것이다.

3.5.4.1 기회비용에 의한 가격 산정

스펙트럼 규제기관은 스펙트럼의 행정 비용을 정할 때 여러 요소를 고려하여 산정할 수 있다. 예를 들어 단지 비용 절감 부분에만 집중할 수 있다. 즉 해당 스펙트럼 이용을 원하는 이동통신 사업자가 이 스펙트럼을 이용하지 못하고 차선의 스펙트럼을 이용해야만 한다면 서비스 제공에 필요한 비용이 얼마나 증가할 것인지를 고려하는 것이다.

이런 측정 방식은 스펙트럼의 소위 기회비용에 근거한 것이다. 스펙트럼 이용의 가치는 스펙트럼의 부재로 인해 발생하는 추가적인 비용을 근거로 산정될 수 있다. 예를 들어 이동통신 사업자가 적은 스펙트럼만 보유하고 있으면 결과적으로 더 많은 기지국을 설치가 필요하다.

이 금액은 경쟁적인 시장에서 나타날 수 있는 가격이 될 수도 있다. 그래서 이 방식을 따르는 행정 가격 설정은 시장 작동을 모방한 것이다. 이동통신 스펙트럼의 경쟁적 시장에서 800 MHz 대역의 1 MHz폭의 가격은 1년에 1,000만 달러로 1,800 MHz 대역보다 비싸다. 특정 조건에서 이는 1년에 1,000만 달러인 800 MHz 대역 1 MHz폭의 비스펙트럼 비용이 1,800 MHz 대역의 1 MHz폭보다 작다는 것을 의미한다.

기회비용 방법에 의한 행정적 가격 설정은 이러한 관계를 간단히 반대로 바꾼다. 기회비용 방식에서는 800 MHz와 1,800 MHz 대역의 MHz당 행정적 가격의 차이를 전자가 후자에 비해 절감하는 비용과 같아지도록 정한다. 7.3 – 7.5절에서 이런 방식의 경제학적 근거와 예시를 제시한다.

이 방식은 사업자가 스펙트럼을 사용하는 데 있어 유인을 제공할 수 있다. 이 방식은 또한 정부가 경매를 적용하지 않는 스펙트럼에 대해 시장 메커니즘으로 산출 가능한 희소가치를 파악할 수 있도록 한다. 따라서 스펙트럼이 초과 공급된 경우에는 기회비용이 영이 된다.

호주, 영국 등 몇몇 국가에서 기회비용으로 가격을 산출한 사례가 증가하고 있다. 초기에는 추정 방법이 정교하지 못했다. 이동통신용 주파수의 경우 더 많은 스펙트럼이 필요할 때 차선책은 저전력의 기지국을 추가로 구축하여 더 많은 주파수를 재사용하는 것이다. 최근에는 대체 대역을 이용하는데 중점을 두고 있다. 높은 주파수의 경우에는 고정 링크가 마이크로파 링크의 적절한 대안으로 고려되고 있다.

만약 이러한 종류의 분석을 통해 사용자간 주파수 할당이 잘못 되었다는 것이 밝혀진다면 이것이 정말 문제가 있는 것인지, 만약 그렇다면 어떤 해법이 최선인지를 고민해야 한다. 이는 의사결정 과정에서 필요한 부분이다. 왜냐하면 규제기관은 행정적 가격을 설정하는 것 뿐만 아니라 거래를 도입하거나, 만약 누가 가장 효율적인 스펙트럼 이용자인지 안다면 재배치를 시행할 수도 있다.

영국 규제기관인 Ofcom은 2009년에 행정적 가격에 대한 검토를 통해 특정 조건에서 효과적인 수단이 될 수 있으므로 확대 적용할 필요가 있다는 결론을 내렸다[3]. 2011년 호주의 규제기관인 ACMA는 적용을 확대하기로 결정했다[4].

위의 논의는 스펙트럼 가격을 산정하는 특정한 방법으로서 기회비용을 통한 방법에 초점을 두었으며, 일반적으로 시장 가격 또는 경매 결과를 대신해 사용된다.

3.5.4.2 비즈니스 모델 방식

기회비용에 의한 가격 설정은 요구되는 서비스를 제공하는 능력의 측면에서 대역간에 내재된 차이, 소위 스펙트럼의 희소가치를 파악하기 위해 설계되었다. 예를 들어 이동통신의 경우 낮은 주파수의 스펙트럼은 넓은 지역에 전송이 가능해 경제적인 기지국 구축이 가능하고, 높은 대역에 비해 건물 투과 능력도 우수하다. 그러나 그러한 대역을 이용할 경우 서비스 시장에서 독점력(또는 일반적으로 시장 지배력)을 가질 수 있으며, 이는 스펙트럼에 더 많은 가치를 부여한다. 일부 스펙트럼 규제기관은 이러한 요소를 스펙트럼 가격에 반영하기를 원한다[5].

이러한 측면으로 인해 가격설정과 가치평가 시 다양한 방식이 있을 수 있으며, 이를 '비즈니스 모델' 방식이라 부른다. 이 방식은 예를 들어 희소한 스펙트럼 이용을 통해 얻는 독점적 이익을 파악하는 데 활용된다. 또한 스펙트럼 경매 시 기초 가격을 설정하는데 활용될 수도 있다(3.5.1절 참고). 이 방식은 사업자가 스펙트럼 경매에 입찰하는 것이 얼마나 합리적인지 확인하는데 사용하는 방법을 모방한 것이다.

위의 3.5절에서 설명한 경매에서 스펙트럼 면허에 입찰하는 사업자를 생각해보자. 사업자는 예상 매출과 면허에 대해 발생되는 예상비용을 산정하고(스펙트럼 비용은 별도), 면허 취득에 필요한 금융비용을 고려해 스펙트럼 가치를 설정할 것이다. 물론 사업자는 이 전체 금액으로 입찰하기보다 일정 수준의 이익을 원할 것이다.

행정적 가격을 정하는 데 있어 스펙트럼 규제기관은 이러한 추정 절차를 따를 수 있고, 시장 지배력에 기반한 약간의 초과 이익을 허용하여 행정적 가격을 설정할 수 있다.

이 계산을 위해서 규제기관은 (기회비용 방식에서와 같이) 서비스 제공 비용뿐만 아니라 미래수익 전망이 필요하다. 이때 서비스 사업자간 경쟁 관계를 가정해야 한다.

그러나 이러한 작업을 정밀하게 수행하는 것은 어렵지만 근사적으로 하는 것은 가능한데, 약간의 초과 수익을 확보함과 동시에 스펙트럼 가격을 너무 높게 책정하여 미사용될 위험을 피할 수 있도록 가격을 책정하는 것도 가능하다.

스펙트럼 규제기관이 면허 종료 시점에 스펙트럼을 재경매하지 않고 기존 면허권자에게 경쟁적 경매 없는 면허 갱신으로 '우회'하기로 한 경우에 이 방식을 적용하는 것은 매우 당연하다. (사업자 변경에 따른 가입자 이용불편을 회피하기 위해 적용될 수 있다.)

이러한 종류의 가격 산정 또는 가치평가는 경쟁 수준이 명확하지 않는 상황에서 스펙트럼 경매를 위한 기초가격을 설정하는데 활용될 수 있다. (아래 5.4절을 참고) 이 경우에 분석자는 몇 개 사업자의 비즈니스 모델이 필요할 수 있다. 그런 다음에, 네 개의 면허가 있다고 하면, 낙찰받은 네 개 사업자가 경매에서 이겨야 할 다섯 번째 사업자의 지불의사를 분석한다.

3.5.5 요약

요약하자면, 스펙트럼 관리방법으로서 전통적인 명령과 통제방식과 경매와 시장의 사용 사이에 사업 및 공공 부문의 수요를 제한하는 방법으로서 행정적 방식을 통한 가격 결정 방식이 있다.

이러한 가격 설정을 위한 두 가지 방식이 논의되었다. 첫 번째 방식은 사업자의 비용에 미치는 영향을 통해 가격을 정하는 것이다. 이 방식은 특히 영국의 규제기관이 효과적으로 사용했다. 두 번째 방식은 스펙트럼 보유를 통해 확보하게 될 시장 지배력을 반영하는 방식으로 스펙트럼 경매 시 기초가격 설정에 도움을 준다.

Box 3-5 행정적 가격 설정에 대한 찬성과 반대 주장

찬성 주장

• 과도한 스펙트럼 보유를 막고 스펙트럼의 용도변경을 촉진
• 더 효율적으로 스펙트럼을 이용하도록 하는 유인을 제공
• 공공용 스펙트럼의 희소 가치를 측정

반대 주장

• 가격 산정방식을 적용하는 것이 어려울 수 있음
• 가격이 너무 높게 책정되면, 스펙트럼을 사용할 수 없게 됨
• 면허권자가 스펙트럼 이용을 줄이는 데 따른 혜택이 있어야만 기능을 발휘하므로 공공부문 스펙트럼 이용자에게는 적용이 불가능할 수 있음
• 가격 지불 주체의 강한 저항이 있을 수 있음

행정적 가격 설정 방식은 경매와 시장 메커니즘을 적용할 수 없는 환경에서 다른 방식과 결합해 스펙트럼 효율성을 제고하는데 사용될 수 있다. 공공부문 스펙트럼이 이 방법 적용에 적합한 분야이다. 12장에서는 공공부문 스펙트럼 가격산정의 이론과 실제에 관해 자세히 살펴본다.

스펙트럼 가격을 통해 원하는 효과를 얻기 위해서는 스펙트럼 이용자의 자발적인 스펙트럼 이용 제한으로 보상을 받도록 하는 것이 중요하다. 이는 스펙트럼 이용자가 스펙트럼 반납의사를 가지고 있을 때 필요한 요소이다. 또한 스펙트럼 가격을 너무 높지 않게 설정하는 것도 중요한데, 이 경우 스펙트럼을 전혀 사용하지 못하게 할 수 있기 때문이다.

3.6 결론

이 장에서는 스펙트럼 관리에서 시장과 가격을 기반으로 하는 다양한 방식을 살펴보았다. 가장 두드러지는 것은 이동통신용 면허 할당을 위해 경매를 광범위하게 사용한다는 것이다. 경매는 전 세계적으로 정착했으며 다음 4장과 5장에서 논의하겠지만, 점점 더 복잡한 형식의 경매가 사용되고 있다. 다른 규제기관은 더 나가서 기술방식과 서비스 내용을 사업자가 정할 수 있도록 재량권을 부여하기도 한다. 다음 단계는 서비스 제공 기간 중에 사업자 간의 면허 거래를 허용하는 것이다. 일부 국가에서는 명령과 통제 방식에서도 경제적인 스펙트럼 이용 유인을 제공하기 위해 행정적 가격을 부과하는 경우도 있다. 규제기관은 이러한 방식을 특정 용도나 대역에 적용하는 것을 고려해야 한다.

참고문헌

[1] ITU 2011, www.ictregulationtoolkit.org.

[2] H. Demsetz, "Why Regulate Utilities?" (1968) 11 (April) *Journal of Law and Economics* 55.

[3] Ofcom, "SRSP: The Revised Framework for Spectrum Pricing: Our Policy and Practice of Setting AIP Spectrum Fees" (December 2010), at http://stakeholders.ofcom.org.uk/binaries/consultations/srsp/statement/srsp-statement.pdf.

[4] www.acma.gov.au/~/media/Spectrum%20Transformation%20and%20Government/Report/pdf/ACMA%20Response%20to%20Submissions%20Opportunity%20Cost%20Pricing%20of%20Spectrum%20Public%20Consultation%20on%20Administrative%20Pricing%20for%20Spectrum%20Based%20on%20Opportunity%20Cost.PDF.

[5] Aegis and Plum Consulting, "Estimating the Commercial Trading Value of Spectrum: A Report for Ofcom" (2009), at http://stakeholders.ofcom.org.uk/binaries/research/technology-research/specestimate.pdf

Part 2

스펙트럼의 경제학적 관리

CHAPTER

04

경매를 통한 스펙트럼 할당

4.1 개요

경제학에서 경매는 일반적으로 구조설계로 알려진 분야의 일부이다. 후르비치(Huwicz)와 라이더(Reither)가 설명했듯이, 설계 문제에서 목적 함수는 주어져 있지만 그 구조는 알려져 있지 않다[1, p. 30]. 그러므로 설계 문제는 주어진 구조에서의 성과를 분석하는 전통적인 경제학 이론과 반대이다. 경매 설계 시 스펙트럼 관리기관은 설정한 목적을 달성하는데 있어 재량의 정도를 고려해야 한다. 이 장은 경매 설계의 여러 유형별 특징을 살펴본다. 경매에 관한 일반적인 설명은 [2, 3]이 유용하고, 스펙트럼 경매 설계와 관련해서는 특히 [4]를 참고하는 것이 좋다.

면허 할당에 있어 경매는 세계적으로 가장 중요한 스펙트럼 할당 절차로서 일차적으로 고려되는 지위에 있지만 1989년 이전에는 그렇지 않았다. 경매가 이렇게 널리 확산된 이유를 이해하기 위해서는 다른 절차가 가진 단점을 살펴보는 것이 좋을 것이다. 이에 관해서는 4.3절에서 논의된다.

4.2 경매의 유형과 효과

경매에서 먼저 제기되는 문제는 사적 가치의 성격을 갖는지 공공 가치의 성격을 갖는지에 관한 것으로 이 구분은 근본적인 문제가 된다.

사적 가치의 경우 각 입찰자는 어떤 물건의 가치를 매길 때 해당 물건이 소비를 통해 제공하는 가치를 기준으로 한다. 예를 들어 선친으로부터 물려받은 자산에 대한 입찰 수준을 정할 경우 금전적 고려보다는 감정적 기준을 따를 수 있다. 한 사람의 가치 평가가 다른 사람의 평가와 같을 이유는 없다.

반면 공공 가치 경매에서는 일반적으로 전적으로 또는 대체로 최종 소비 목적으로 사용되는 물건을 포함하지 않는다. 공공 가치 경매에서의 물건과 관련된 핵심적인 특징은 모든 입찰자가 해당 물건에 대한 객관적인 정보를 가지고 있는 경우 그 가치에 대해 동의할 수 있다는 것이다. 석유 추출이 가능한 토지가 좋은 예가 될 수 있다. 만약 해당 토지에 관심이 있는 모든 당사자가 동일한 지리 정보를 가지고 있고, 동일한 추출 기법을 사용하며, 석유에 대한 미래 가치를 동일하게 전망한다면, 그들은 모두 가치에 대해 동일한 믿음을 가질 수 있다. 즉 모든 입찰자에 대한 가치가 동일하다는 것이다[5].

실제로는 공공 가치 경매에서 모든 입찰자가 동일한 정보를 가질 가능성은 높지 않다. 이는 경매 설계의 핵심 문제인 승자의 저주를 유발하기도 한다. (Box 4-1 참조)

Box 4-1 경매와 승자의 저주

다음과 같은 가상의 사례를 생각해보자. 3명의 이해 관계자가 공공적 가치를 가진 자산에 입찰을 하는데, 각각은 해당 자산의 가치를 1억달러, 1.2억 달러, 1.4억 달러로 평가하고 있다. 각 이해 관계자의 가치평가에 차이가 있는 이유는 미래 개발 전망에 대한 가정이 다르기 때문이다.

이해 관계자들의 평균 가치는 1.2억 달러이다. 만약 누군가가 이해 관계자가 보유한 정보를 모은다면 이 평균 가치가 석유 추출의 기대 가치라고 볼 수 있을 것이다. 직관적으로 이러한 가치의 추정은 정확할 수 있는데, 이는 더 많은 정보를 사용했고, 통계학적으로 표현하자면, 표본의 크기가 클수록 더 효율적으로 가치를 평가할 수 있기 때문이다. 정부가 이 자산을 최고 입찰자에게 해당 입찰 금액으로 부여하는 밀봉입찰 방식으로 경매하는 경우를 가정해보자. 해당 자산을 1.4억 달러의 가치로 여기는 입찰자는 최고 금액으로 입찰할 것으로 예상하는 것이 합리적이지만, 입찰가 1.3억 달러로 경매를 치르고 싶은 생각도 있을 것이다.

만약 실제 가치가 1.2억 달러라면 낙찰자는 비싼 값으로 입찰한 것이 되며, 입찰자의 가치평가가 낙관적일수록 경매에서 승리할 가능성이 높아지게 된다. 이런 이유로 낙찰자는 승리를 축하하는 대신 경매가를 과도하게 지불했다는 우려를 할 수 있다. 이것이 '승자의 저주'로 알려진 현상의 사례로서, 이는 해당 자산의 가장 효율적인 이용자가 아닐 수 있는 낙찰자가 금전적 어려움에 처할 수 있다는 것을 의미한다. 상대 입찰자를 이 저주의 상황에 놓이게 하려는 불순한 의도를 가진 입찰자는 이를 피하기 위해 자신의 입찰가를 낮추기도 한다.

따라서 승자의 저주는 경매 설계에 있어 위험한 존재이다. 어떻게 이를 경감시킬 수 있을까? 한 가지 방법은 경매 과정에 입찰자들이 일정 수준의 정보교환을 할 수 있도록 하는 것이다. 물론 이 과정은 입찰자들간의 공모를 막을 수 있도록 신중한 설계가 필요하다. 이에 관해서는 아래 4.3절에서 자세히 논의된다.

실제 경매에서는 사적 가치와 공공적 가치 요소를 모두 갖는 경향이 있고, 이런 특징은 무선 스펙트럼도 다르지 않다. 무선 스펙트럼은 최종 소비재가 아니며, 상업적 영역(특히 전기통신업)에서 공공적 가치를 제공한다. 무선 스펙트럼을 이용하는 주체에 따라 산출물, 스펙트럼 이용 목적, 부여 형태가 다르기 때문에 사적 가치 요소를 가지기도 한다. 예를 들어 동일한 소비자를 대상으로 경쟁하는 이동통신 사업자들은 서로 다른 서비스 요금 전략을 가질 수 있다. 또한 비용 측면에서 사업자들은 네트워크 구성 방식과 운용 장비의 형식, 인력의 보유 기술이 다를 수도 있다. 이러한 요소들로 인해 무선 스펙트럼의 가치평가 요소의 상당부분은 공유하지만 완전히 동일하지는 않게 된다.

4.3 스펙트럼 면허 부여 방식의 설계

주파수 대역의 면허를 부여하고자 하는 스펙트럼 관리기관은 먼저 면허를 어떻게 가장 잘 부여할 것인지에 대한 정책적 과제에 직면하게 된다. 비록 오늘날 경매가 일반적인 출발점이기는 하지만 항상 그러한 것은 아니다. 그러므로 다음과 같은 몇 가지 방식이 고려될 수 있다.

1. 선착순
2. 추첨
3. 비교 선택(심사로 알려져 있음)
4. 경매

4.3.1 방식 1: 선착순

이 경우 스펙트럼 관리기관은 신청서가 제출되면 면허를 부여한다. 이 방식은 수요가 가용 면허 또는 주파수보다 상당히 적고 이러한 상태가 상당히 지속될 것으로 예상되는 경우에 잘 동작한다.[1] 다시 말해서 이 방식은 다른 가치 있는 활용처가 없기 때문에 무선 주파수의 한계 기회비용이 영인 상황에 적합할 수 있다. 그러나 주파수 대역에 대한 경쟁이 있는 경우 이 방식은 적합하지 않을 수 있으며 부패를 유발할 수도 있다.[2] 후자의 문제는 심각해서 공공 서비스 제공의 토대를 훼손하고 상당한 경제적 비효율을 초래한다. 가용 스펙트럼에 비해 수요가 클 경우에는 효율적인 면허 부여를 위해 다른 방식이 필요하다. 미국의

---

[1] 예를 들어, 특정 주파수 대역에 5개의 면허가 가능하고 관심 있는 주체가 3개라면, 이들 잠재적 면허권자는 언제든지 면허를 보유할 수 있다. 이 방식은 이러한 상황에서 가장 효과적이다.

[2] 부패 관련 사례로서 인도에서 2008년에 선착순 방식을 적용한 2G 주파수 할당을 들 수 있다. 이 사례에서 정부 관료가 면허 신청 날짜를 앞당기고 이러한 사실을 특정인에게만 알려 암묵적인 혜택을 주었고, 면허 할당 담당자가 할대 대가 일부를 착복한 바 있다[6].

경우 1980년대에 부패를 해소하고 주파수 면허의 경쟁적 수요에 대응하기 위해 선착순 방식에서 추첨방식으로 정책을 전환했다.

4.3.2 방식 2: 추첨

추첨방식에서 각 신청자는 동일한 승률을 갖는 무작위 추점을 통해 면허를 받는다. 따라서 이 방식에서는 무엇보다도 가장 높은 가치를 부여해서 가장 효율적으로 사용할 수 있는 사업자에게 면허를 부여하는 특징을 가지지 않는다.

그러나 면허의 재판매가 허용될 경우 투기를 초래할 수 있는데, 이는 상대적으로 낮은 가치를 지닌 사업자가 단독으로 면허를 취득해서 자체적인 경매를 통해 면허를 높은 가격으로 다시 판매할 수 있기 때문이다. 이 경우 효율성 증대는 가능하지만 경매 이익이 면허 발급자가 아닌 투기업자로 가게 된다.

이 방식에서는 서비스 제공이 지연되어 가입자에게 손실을 발생시킬 수 있는데, 1980년대 미국의 많은 할당 과정에서 나타난 특징이기도 하다.

1980년대 미국에서 시행된 추첨방식과 관련해 규제기관인 FCC는 1997년에 다음과 같이 밝혔다.

> 셀룰러 면허 취득을 위해 스펙트럼 공급자가 되기를 희망하는 거의 40만 개에 달하는 회사의 신청을 위한 "신청서 공장"이 우후죽순으로 생겨나고 광범위한 스펙트럼 투기업자가 셀룰러, 특수 이동무선 및 다른 서비스 면허 추첨에 참여해 당첨되었다. 많은 면허 당첨자는 일반 고객에게 대한 서비스 제공 의사 없이, 초과 이윤을 위해 면허권을 거래하려고 했고, FCC에 면허 거래를 위한 2차 시장이 생겨나게 되었다. 비록 추첨 자체는 신속하게 진행된다 하더라도, 2차 시장을 통해 해당 면허의 가치를 가장 높게 평가하는 사업자에게 면허를 다시 할당하고, 해당 면허들이 효율적으로 통합되는데까지는 수 년이 소요되었다.[3]

면허를 무작위로 부여하는 것이 아닌 다른 방법은 각 입찰자가 평가하는 스펙트럼의 가치가 경쟁 과정에서 밝혀지도록 하는 것이다. 비교선택(또는 청문)과 경매의 두 가지 방법이 고려될 수 있는데, 다음에는 이들에 대해 논의한다.

---

[3] http://wireless.fcc.gov/auctions/data/papersAndStudies/fc970353.pdf, 7을 참고

4.3.3 방식 3: 비교 선택

이 방식은 입찰 사업자가 무선 스펙트럼의 사용목적과 서비스 계획에 관한 상세한 자료를 제출하고, 때로 구두 청문을 통해 이루어진다. 따라서 할당 결정에 영향을 미치는 고려사항은 경매와 같이 면허에 대한 가격이 아니라 제공하고자 하는 서비스의 성격이 된다.[4] 방송의 경우 제공되는 프로그램의 범위와 질이 포함될 수 있다. 이동통신의 경우 서비스 제공 지역 커버리지가 포함될 수 있다. 이 방식은 면허 수익보다는 최고의 서비스 수준을 달성하는 것을 목표로 할 경우 합리적인 방법이나, 할당받은 신청자의 제공 서비스 수준이 불필요하게 높아지거나 만족하지 못 할 정도로 낮아지게 될 가능성이 있다는 위험이 있다.

그러나 비교 선택에 관한 가장 중요한 문제는 면허신청 사업자가 신청서를 제출할 때 진실해야 한다는 것이다. 신청자는 과도한 수준의 약속을 제안하면 입찰 성공 가능성이 높아질 수 있기 때문에 비현실적인 수준의 목표를 제시할 것이다. 원칙적으로 이는 약속 미이행시 벌칙을 부과하여 방지할 수 있다. 그러나 약속 이행여부는 면허 유효 기간이 일정 정도 지난 후에만 알 수 있고, 금전적 벌칙으로 인해 실적이 더욱 악화될 경우 면허 취소로 서비스가 중단될 가능성도 있다.

비교 선택은, 종합적 판단을 위해 개발된 평가 시스템이 아무리 구체적이라 하더라도, 일반적으로 품질에 대한 판단에 결국 의존하게 된다. 이는 부패나 편향성의 위험을 발생시킬 수 있다. 또한 이러한 특성은 법적 문제를 야기해 시간을 지연시키기도 한다.

비교선택 청문은 특정 상황에 적합할 수 있으나 문제는 심각하다. 스펙트럼 면허에 대한 대부분의 경쟁이 발생하는 이동통신 부문에서 비교선택은 규칙이라기보다 예외적인 경우가 되었다. 사업자는 면허 취득에 드는 상당한 비용을 절감하기 위해 비교선택을 선호하기도 한다. 그러나 면허 수익이 없기 때문에 정부는 비교선택을 채택하지 않는다.

4.3.4 방식 4: 경매

비교선택의 분명한 대안은 경매로서 사업자는 스펙트럼 이용 면허에 대한 금전적 입찰을 통해 경쟁한다.[5] 앞서 언급한 바와 같이 스펙트럼 경매에서 입찰자에 의한 가치평가는 일반적으로 인식되고 있는 시장 성장전망과 입찰자에게 특화된 요소(예를 들어 무선접속 네

---

4 비교선택 과정에서 제안서에는 제공 서비스의 특성뿐만 아니라 제공되는 금전적 크기도 포함될 수 있는데, 이를 때로 '메뉴(menu) 경매'라고 부른다[7].

5 경험적으로 대가 지불 시점은 매우 중요하다. 경매 직후에 지불하도록 하면 경매 참여자를 충분한 자금을 가진 사업자로 제한하게 된다. 그러나 분할 지급하도록 할 경우 사업 성과가 예상보다 안 좋으면 면허가 종료되면서 서비스도 중단될 수 있다. 취소불가능한 경매직후 지불은 스펙트럼 이용 비용이 매몰비용으로 전환되므로 사업자는 입찰가 상한을 설정할 때 이를 고려해야 한다. 단 면허 대가가 지불될 때 서비스 요금 설정에 이러한 사항이 반영되지 말아야 한다. (4.4절 참고)

트워크의 세부 토폴로지)에 의해 결정된다. 여기에도 역시 오류 가능성이 있다.

효율적인 할당을 위해서는 오류를 제외한 총 가치를 가장 높게 평가하는 입찰자에게 면허가 부여되어야 하고, 많은 경매 설계가 이를 목표로 삼고 있다. 경매 방식은 변할 수 있다. 어떤 방식에서는 한 번의 입찰만 가능한 반면 다른 방식에서는 시간에 따라 입찰가를 높일 수 있고 입찰가가 경매인이 공지한 최초 가격으로부터 시간에 따라 낮아질 수도 있다. 나중에 다양한 경매 방식에 대해 좀 더 자세히 다룰 것이다.

Box 4-1에서 논의한 바와 같이 승자의 저주는 경매에 의해 스펙트럼을 효율적으로 배분하는데 장애물이 될 수 있다. 즉, 최고가 입찰자가 면허의 가장 효율적인 사용자가 아니라 수익 전망을 가장 낙관적으로 해서 낙관적 오류를 가장 많이 한 사업자가 되는 것이다. 모든 입찰자가 입찰가를 일회 제출하면 최고가 입찰자에게 면허를 부여하고 해당 금액을 지불하도록 하는 경매 설계를 생각해 보자(최고가 밀봉 경매에 해당). 각 평가가치는 앞서 언급한 요소들로 구성되나, 결정적으로 각 입찰자는 자신의 정보에만 의존해야 하고 입찰자간 정보의 공유나 연합은 없다.

이와 달리 예술품 경매나 이베이 경매에서와 같이 공개 구두경매에서 일반적인, 오름 가격을 특징으로 하는 경매를 가정해 보자. 경매인은 기초 가격에서 시작하고 가격이 높아질수록 입찰자가 탈락한다. 입찰자의 포기는 중요한데, 이것이 생존 입찰자에게 정보를 제공하기 때문이다. 생존 입찰자는 다른 입찰자들이 평가한 가치 상한액이 연속적으로 공개되므로 추론이 가능하다.

다른 경매 방식은 참여자의 정보와 판단을 다른 방식으로 이용한다. 예를 들어 2차 가격 밀봉입찰 경매는 앞서 언급한 최고가 밀봉입찰 경매와 유사하게 진행되지만, 낙찰자는 자신의 입찰 금액이 아니라 두 번째 높은 입찰금액을 제시한 입찰자의 입찰 금액을 지불하게 된다. 다시 말해서 입찰자는 경매 승리 가능성이 자신의 입찰 금액에 의존하지만, 그들이 지불하는 금액은 다른 입찰자가 제시한 (낮은)금액에 의존한다는 것을 알고 경매에 참여한다.[6]

일반적으로 공통요인에 의해 가치가 평가될 때, 입찰자들이 예측가를 간접적으로 공유할 수 있도록 가격 공표를 시행해야 한다.

최고 입찰자에게 낙찰되는 잘 설계된 경매에서는 누가 낙찰자인지가 명백하므로 부패나 편향성의 여지를 없애거나 상당히 줄일 수 있다. 그러나 경매는 경매 조작 또는 입찰자 상호간의 경쟁을 피하기 위한 담합의 가능성이 있다. 예를 들어 가용 스펙트럼이 80 MHz 폭인 경매에서 4개의 이동통신 사업자가 각각 20 MHz 폭에만 입찰하기로 합의할 수 있다.

---

[6] 아래서 보겠지만, 2차 가격 밀봉입찰 방식은 입찰자가 자신의 평가가치에서 어떻게 입찰할지를 쉽게 결정하게 하기도 한다.

그 결과 가격은 규제기관이 정한 기초가격이 되고 이동통신 사업자는 수익을 높일 수 있게 된다. 이러한 형태의 공모를 어떻게 막을 수 있는지에 대해서는 5.4절에서 살펴본다.

마지막으로 스펙트럼 경매는 재분배 결과를 가져올 수 있다. 앞서 살펴본 바와 같이 추첨은 희소 자원을 무작위로 배분하고, 배분받은 당사자는 그들 자신이 자원을 활용하거나 자체 경매에 의한 재판매를 통해 희소성 수익을 취할 수 있다. 비교선택 절차에서 경쟁이 매우 심한 경우 경쟁자는 서비스 품질 향상을 위해 초과 수익을 과도하게 투자할 수 있으며, 경쟁이 덜 심한 경우에는 승자가 이익의 일부를 자신을 위해 사용할 수 있다.

잘 설계된 경매에서 경매 수익은 국가에게 돌아간다. 즉 재정부는 보통 정부 지출 목적 또는 통신 부문 관련 용도로 스펙트럼 희소성의 지대를 이용한다. 이는 특별히 효율적인 세수 증대의 형태인데, 그 이유는 세금이 노동력과 같은 생산적인 투입에 소득세로 부과되어 해당 투입이 정부의 세금증대로 영향을 받는 것이 아니라, 공급량이 일정한 천연자원의 희소 가치에 부과되는 것이기 때문이다. 그러나 이러한 효율성은 정부가 경매 수익 증대를 목적으로 독점자로서 행동하거나 의도적으로 스펙트럼 공급을 제한하고자 하는 유혹에 빠지지 않은 경우에만 유효하다. 즉, 경매는 정부와 입찰자 모두가 시장 지배력을 남용하지 않을 경우에만 스펙트럼을 효율적으로 배분할 수 있게 된다.

4.4 스펙트럼 경매 절차

앞서 언급한 바와 같이 1980년대 후반까지는 행정기관이 선착순 기반, 추첨, 비교선택 방식으로 면허를 할당했다. 1990년대 초반에 일부 국가에서 스펙트럼 경매를 채택했으며, 1990년 중반 미국의 이동통신 스펙트럼 경매에서 큰 경매 수익이 발생하자 세계적으로 주파수 권리 할당에 경매를 적용하는 것에 대한 관심이 커졌다. 1959년의 로널드 코즈를 비롯한 경매 옹호론자는 잘 설계된 경매는 행정적 절차보다 사회에 더 이롭다고 강력히 주장해왔다.[7] 경매의 우월성은 객관성과 투명성에 기인하는 것으로 널리 주장되었다.

경매에 반대하는 일반적인 주장은 입찰 가격이 필연적으로 스펙트럼 기반 서비스 대한 고객 지불 요금을 증가시키는 결과를 초래한다는 것이다. 잘 설계된 경매에서는 입찰자가 스펙트럼 대가를 선불로 지불하게 하는데, 이는 낙찰자가 스펙트럼 대가를 매몰비용으로 처리하도록 한다는 것을 의미한다. 경제이론에서 알 수 있듯이 매몰비용은 시장 가격에 영향을 미치지 않는다. 스펙트럼 경매 낙찰가는 서비스 요금에 대한 예상에 근거해 마련되는 것으로서, 미리 경매 비용이 지불되면 이것은 서비스 요금에 영향을 미치지 않는 매몰비용이 된다. 서비스 요금은 수요와 비용 전망, 해당 서비스 시장의 경쟁 수준에 따라 결정

7 Box 3-1 참고

된다. 이는 실험적 연구를 통해 알 수 있다. 미국에서 여러 지역별로 셀룰러 스펙트럼 경매가 시행된 후 이동통신 서비스 요금은 무선 스펙트럼만큼 크게 변하지 않았고 경매 가격과 이동통신 서비스 요금 사이에 통계적으로 유의미한 상관관계가 없었다[8]. 후속 연구에서도 이러한 사실을 확인할 수 있다[9].

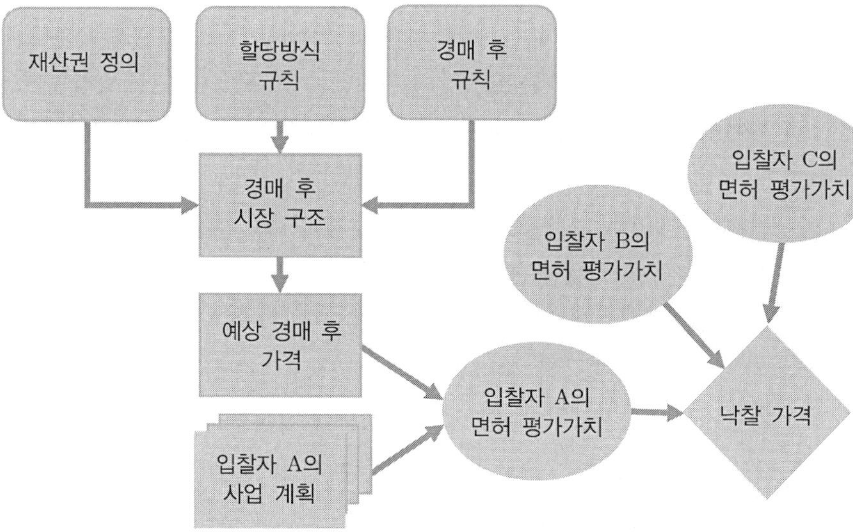

그림 4-1 스펙트럼 경매에서 최고 입찰가에 영향을 주는 요인

입찰 가격에 영향을 미치는 요인들이 그림 4-1에 도식적으로 설명되어 있다. 핵심적인 요인은 경매 후의 시장 구조 형태를 결정하는 변수이다. 예를 들어 시장에서의 여러 경쟁자는 면허 개수와 같이 경매에 적용된 할당 방식, 면허 기간과 같은 재산권으로서의 특징, 거래 허용여부와 같은 경매 후 규칙에 의해 영향을 받을 수 있다. 이러한 변수를 파악하고 경매 후 시장 경쟁 구조를 전망함으로써 입찰자는 사업 모델을 개발하고 최대 입찰 가격을 결정할 수 있다.

최대 입찰가격은 상호의존적일 수 있다. 입찰자 1의 평가가치는 입찰자 2의 평가가치에 영향을 받을 수 있고, 경매 도중에 변할 수 있는 할당 규칙에 의존할 수 있다. 당연히 모든 경매에서 경매 성과는 입찰자의 평가가치에 의해 결정된다. 그리고 잘 설계된 바람직한 경매에서 스펙트럼은 가장 가치를 높게 평가하는 입찰자에게 할당된다. 다음에 언급하겠지만 입찰자가 제시하는 최대 평가가치의 정도는 경매 방식에 따라 변할 수 있다.

4.5 경매 이론

무선 스펙트럼 경매는 역사적으로 하나의 판매자와 다수의 잠재적 구매자를 특징으로 한다. 판매자는 보통 정부기관이고 구매자는 보통 상업 법인으로 예를 들어 이동통신 회사, 방송사 등이 있다. 경매를 위한 스펙트럼은 때로 이전에 다른 용도로 사용되었다. 예를 들어 지상파 방송의 디지털 전환 이후 최근 상당량의 스펙트럼이 방송에서 이동통신으로 용도가 전환되었다. 한 사례로서 미국의 경우 이 전환이 유인 경매라는 새로운 방법으로 시행될 계획이다[10]. 이에 관해서는 다음 4.9절에서 자세히 다룬다.

일반적으로 스펙트럼 경매의 주요 형태로는 (i) 대화형 또는 공개 경매 (ii) 밀봉입찰 경매의 두 가지가 있다. 대화형 경매는 오름 또는 내림 입찰의 가격 공표 절차를 통해 입찰자가 경매인과 상호작용한다. 널리 사용되는 대화형 경매의 사례는 영국식 경매로서 입찰자는 남은 입찰자 수가 판매 물건의 개수와 같아질 때까지 입찰가를 올린다. 다른 대화형 경매 방식인 네덜란드식 경매에서는 경매인이 높은 가격에서 시작해 입찰자가 공표된 가격을 수용할 때까지 가격을 내린다.

밀봉입찰은 입찰자가 봉인된 입찰가를 전자적 방법 등을 통해 한 번만 제출하는 것이다. 밀봉입찰에서 낙찰자가 지불하는 가격은 최고가격 또는 차순위 가격 경매에 따라 결정된다. 최고가격 경매에서 낙찰자는 자신이 제출한 입찰 가격을 지불해야 하나, 차순위 가격 경매에서 낙찰자는 제출된 입찰가 중 두 번째로 높은 가격을 지불한다. 비크리(Vickrey)는 처음으로 이러한 여러 경매 방식을 이론적으로 평가했다[11].

경매이론은 여러 경매 방식들이 얼마나 효율적인지를 평가하는데 사용될 수 있다. 여기서 효율성은 경매가 물건을 가장 높게 평가하는 주체에게 할당하는 정도로 측정된다. 경매 이론은 경매에서의 최적 입찰 행동을 찾는 데 활용될 수 있다. 경매 이론가들은 특정 조건에서 경매인이 기대할 수 있는 수익은 여러 경매 방식에서 동일하다는 것을 밝힌 바 있다 [2, 11]. 수익 등가 정리(revenue equivalence theorem)로 알려진 이 결과는 실제 경매 설계나 스펙트럼 관리 정책과 상당한 관련이 있다. (Box 4-2 참고)

Box 4-2 수익 등가 정리(RET)

경매이론에서 가장 유명한 결과는 수익 등가 정리로서 윌리엄 비크리가 1961년에 처음 발표했다 [11]. 이 정리에 의하면 특정 조건에서 경매인은 다양한 표준적인 경매 설계로부터 동일한 수익을 기대할 수 있다. 이 정리는 경매 대상이 순수하게 사적 가치를 갖거나(경매인의 미적 취향과 같은 입찰자의 선호에만 근거), 입찰자에게 동일하지는 않지만 공공적 가치를 갖더라도(스펙트럼과 같이 생산 과정의 투입인 경우) 동일하게 적용된다.

이 경매설계는 다음을 포함한다.

1. 최고가 밀봉입찰: 경매물건은 최고가 입찰자에게 해당 입찰가로 낙찰한다.
2. 2차가격 밀봉입찰: 경매물건은 최고가 입찰자에게 두 번째로 높은 입찰가로 낙찰한다.

이는 처음에 역설적으로 보이나, 잠재적 구입자의 입찰이 경매 규칙을 따른다는 점을 고려할 필요가 있다. 즉 입찰자는 그들이 두 번째 높은 가격을 지불한다면 더 높은 가격으로 입찰할 수 있도록 대담해진다는 것이다.

다른 유사한 경매 설계에서도 동일한 수익을 낸다.

3. 오름경매: 입찰자는 단일 입찰자만 남을 때까지 연속적으로 경매가를 올린다.
4. 내림경매: 경매자가 경매 물건이 팔릴 때까지 가격을 낮춘다.

이 정리는 다음과 같이 덜 알려진 경매에서도 동일하게 적용된다.

5. 전체지불 경매: 물건은 최고 입찰에게 돌아가나 모든 입찰자가 금액을 지불한다.

이 정리가 유효하기 위해 만족해야할 조건은 부분적으로 기술적이다. 예를 들어 각 입찰자가 지니는 물건에 대한 가치는 특정한 분포로부터 도출되어야 하고, 입찰자의 최저 평가가치는 지불을 안 하는 것이다. 입찰자 역시 '등가 입찰 전략'을 취해야 한다.

다른 요구조건은 좀 더 직관적인 것으로서 입찰자는 위험 중립적이어야 한다는 것이다. 즉 입찰자는 X달러의 수익과 동일한 확률의 0달러 또는 2X달러의 수익에 대해 동일한 입장을 가져야 한다. 이 가정이 완화될 경우 RET의 유효성이 약화된다. 이차 가격 밀봉 입찰 경매에서 입찰자는 위험성에 대한 성향과 관계없이 자신의 평가가치를 입찰한다.[8] 그러나 최고가 경매의 경우 위험 회피 성향의 입찰자는 경매 실패 위험 회피를 위해 입찰가를 높일 것이다. 왜냐하면 해당 입찰자는 경매에서 확실한 승리를 위해 예상되는 초과 수익을 희생하려고 하기 때문이다. 따라서 위험 회피 성향에 따라 두 경매의 예상 수익이 다르게 되므로 수익 등가 결과에 위배된다.

RET는 비현실적인 가정에 의존하고 있어 이를 포함한 다른 고려사항들은 이 장의 나머지 부분과 그 다음에서 알 수 있듯이 경매 설계에 더 집중하는 역설적인 결과를 낳게 된다. 그러나 RET는 경매 수익과 성과에 영향을 미치는 요인을 확인하고 경매 설계에 대한 지침을 제공하는데 많은 도움을 주었다.

일반적으로 경매의 기대 수익에 영향을 미치는 핵심 요인은 구매자와 판매자의 위험 성향과 물건의 가치에 관해 입찰자가 가진 정보의 유형과 관련이 있다. 실제 경매에서는 입

8 이는 다음과 같이 볼 수 있다. 만약 사업자가 실제 가치보다 큰 금액을 입찰한다면 이차 입찰가가 이 가격에 근접하더라도 실제 가치를 초과하는 금액을 지불해야 하며, 만약 실제 가치보다 적은 금액을 입찰한 경우 다른 입찰자가 실제 평가가치 보다 적은 금액으로 낙찰 받을 수 있게 된다.

찰자 사이에 상당한 다양성이 존재하고(예를 들어 기존 이동통신 사업자와 신규 사업자), 이러한 특성은 경매 결과와 경매 설계에 영향을 준다.

게다가 입찰자 수로 표현되는 경쟁 강도는 일반적으로 경매 결과와 경매 규칙을 선택하는데 영향을 준다. 경매 이론에 따르면 광범위한 경매 유형에서 입찰자간 보유 정보가 대칭적인 단순 오름경매의 경우 입찰자가 많을수록 더 바람직한 결과를 낳는다[12]. 이 결과는 무선 스펙트럼 경매 측면에서 특히 관심을 갖게 한다. 왜냐하면 경쟁이 심한 경매에서 입찰자의 수가 많은 경우가 비교적 적었기 때문이다. 따라서 입찰자 수를 늘리는 것이 바람직할 수 있다.[9]

경매 이론은 경매의 다른 측면을 결정하는데도 도움을 준다. 여기에는 면허의 개수 또는 보다 일반적으로 스펙트럼 권리의 구성방식, 면허의 지역적 범위 결정, 입찰자의 적격 기준 및 세부 경매 규칙이 포함된다. 이에 관해 이번 장과 다음 장에서 자세히 다룬다.

4.6 경매의 목적

경매 방식은 몇 가지 요인에 따라 달라질 수 있는데, 가장 중요한 요인은 자원의 소유자 또는 관리인(보통 정부)의 목적이다. 만약 관리인이 스펙트럼 판매 수익의 극대화를 원한다면 경매 설계는 유효 경쟁이 가장 중요한 목적인 경우와 달라질 것이다. 다른 중요한 요인은 가용 스펙트럼의 양, 스펙트럼에 대한 수요자 관심 사항, 지역 커버리지, 행정적 요인이다. 대부분의 경우 무선 스펙트럼 경매는 효율적 할당을 고려하여 설계되었다. 즉 스펙트럼을 가장 가치있게 이용하는 이용자에게 부여하는 것이다. 그러나 정부는 높은 가치의 스펙트럼이 경매 수익 증가에 유용한 방법이라는 점 역시 인식하고 있다.

미국의 연방통신위원회(FCC)와 정보통신청(NTIA)은 스펙트럼 관리의 책임을 공유하고 있다. 통신법 309(j)는 스펙트럼의 효율적이고 집중적인 이용을 촉진할뿐만 아니라, 농촌지역 거주민을 포함한 대중의 이익을 위한 새로운 기술, 제품 및 서비스의 신속한 전개를 행정적, 사법적 지연 없이 촉진시키기 위해 FCC에게 경매를 활용할 수 있는 권한을 부여하고 있다. 또한 통신법은 경제적 기회 및 경쟁 활성화를 위해 FCC가 경매를 시행하도록 하고있다. 미국의 경우 다른 목적으로서 시장 지향적 분배 및 할당 개선 정책의 개발과 시행, 효율적 스펙트럼 이용을 장려하는 면허 관련 활동의 효과적이고 적기 수행을 통한 스펙트럼 개혁의 추진을 포함하고 있다[13]. 그러나 일각에서는 목적이 효율성인지에 대한 의문을 제시하면서, 경매는 본질적으로 수익을 올리는 수단이라고 주장한다.

---

9 영국의 3G 경매에서 상업 은행인 N. M Rothschild는 더 많은 입찰자를 경매에 참여시키도록 하기 위해 성공 보수 계약을 제안받았다. 은행은 7개 입찰자를 참여하도록 하면 30만 파운드를, 9개인 경우 50만 파운드, 11개 이상인 경우 70만 파운드를 지급받기로 하였는데, 결국 13개 입찰자가 참여했다.

스펙트럼 할당과 관련한 유럽의 접근방식은 무선 스펙트럼의 유용하고 효율적인 이용을 위해 조화된 이용조건을 만드는 것이다[14]. 유럽연합의 허가 규칙은 특정 범위에서 무선 주파수 수요가 가용한 수준을 초과할 경우 해당 주파수의 할당을 위한 적절하고 투명한 절차를 따르도록 규정하고 있다[15]. 실제로 이러한 절차로서 무선 주파수의 할당은 경매를 통해 이루어지게 된다. EU 허가훈령(EU Authorisation Directive)은 효율적 이용을 담보하는 것 이외의 다른 목적(예를 들어 수익 극대화)으로 스펙트럼을 이용하는 것을 금지하고 있다.[10]

스펙트럼 경매에서 선구적인 뉴질랜드의 스펙트럼 정책 목표는 경쟁 활성화, 스펙트럼의 사회적 가치 극대화 및 증가하는 수요 대응을 포함하고 있다. 스펙트럼 권리를 할당할 때 정부는 경쟁적으로 중립적이고 투명한 시장 기반의 할당 절차를 채택하도록 하고 있다.

스펙트럼 경매는 여러 국가에서 사용되었고 대부분의 경우 경매의 목적은 위에서 언급한 내용과 유사하다. 이를 요약하면 다음과 같다.

- **효율성**: 면허는 가장 높은 가치로 평가하는 당사자에게 부여된다. 아니면 경제적 사회적 복지에 가장 공헌하도록 이용하는 자에게 부여된다.[11]
- **수익**: 정부에 수익이 발생한다.
- **경쟁**: 스펙트럼 권리는 스펙트럼 이용 서비스에서의 유효경쟁을 촉진하는데 도움을 줄 수 있도록 부여된다.
- **투명성**: 선정 절차는 부패 없이 신속하게 이루어진다.

스펙트럼 관리 기관의 어려움은 다양한 무선 스펙트럼 형태와 이용자에 대해 전반적으로 위 목적의 전체 또는 일부를 달성할 수 있는 적절한 경매 방식을 찾아야 한다는 것이다. 아래에서는 1989년 이후 세계적으로 여러 스펙트럼 관리기관이 채택하여 가장 널리 사용되고 있는 경매 방식과 미래에 적용될 수 있는 일부 경매 방식에 대해 논의한다.

4.7 경매 형식

이 절에서는 일곱 가지의 경매 설계에 대해 장단점과 응용을 논의한다. 그 다음 두 절에서 조합경매(CCA)와 유인경매에 대해 논의하는데, 이 두 가지 방식은 중요한 스펙트럼 경매 방식으로 최근에 개발되었다.

이 절에서 소개된 경매에서 주목해야할 점은 경매 물건은 상호보완적이거나 대체 가능하며, 다음과 같은 측면에서 독립적인 입찰을 가정한다는 것이다. 어떤 국가의 남부와 북부

---

10 Authorization Directive 2002/20.EC, Article 5.

11 두 표현방법의 차이는 11.6-7절에서 검토한다.

두 지역에서 개별적으로 스펙트럼 면허가 경매된다고 가정하자. 한 사업자는 각 면허 취득에 크게 의존하고 있다. 만약 경매가 각 지역에서 개별적으로 시행된다면(또는 심지어 동시라면), 두 지역의 면허를 취득한다는 보장이 없게 된다. 즉 해당 사업자는 북부 지역 면허든 남부 지역 면허든 한 가지 면허만 갖게 될 수 있다. 이렇게 투자 포트폴리오에 문제가 생길 수 있는 경매로 인해 소위 '노출(exposure)' 위험이 발생하는데, 이는 경매 결과의 효율성 또는 예상 수익을 악화시키는 방식으로 사업자의 입찰 전략에 영향을 준다. 이러한 상당한 위험은 4.8절에서 논의할 조합 방식을 통해 해결할 수 있는데, 이 방식에서는 입찰자가 전반적으로 원하는 조합의 경매결과를 얻는 조건으로 입찰할 수 있다.

4.7.1 최고가 밀봉입찰

최고가 밀봉입찰 경매는 매우 간단한 방식으로 시행이 간편하고 입찰자가 쉽게 이해할 수 있다. 즉 최고 입찰가를 제시한 입찰자가 면허를 취득하고 해당 입찰 금액을 지불한다. 이 경매 방식은 경매인이 물건이 팔릴 때까지 가격을 내리는 네덜란드식 경매와 같다.

찬성 주장:

- 간단하다.
- 신속하게 끝난다.
- 적은 스펙트럼 묶음이나, 주어진 지역에서 각 입찰자가 단일 면허를 원하는 경우에 이상적이다.
- 경쟁에 유리하다. 즉 신규 진입자가 진입하여 기존 입찰자와 경쟁하기가 쉽다.

반대 주장:

- 가격 공표 과정이 없기 때문에 입찰자는 경매 과정에서 다른 입찰자의 평가가치 정보를 얻을 수 없다. 이는 승자의 비극을 초래할 수 있게 한다. 아니면 입찰자는 이를 피하기 위해 입찰가를 과도하게 내릴 수 있다.
- 거의 동일한 물건에 대한 낙찰자 지불 금액의 변화가 클 수 있으며, 이로 인해 관리기관이나 행정 책임자에게 면허 부여에 대해 문제를 제기할 수 있다.
- 경매 물건이 많고 이들이 대체재나 보완재로 구성될 경우 노출 문제가 생길 수 있다. 즉 경매결과가 입찰자가 원하지 않는 면허 조합이 될 수 있다.
- 최저 가격에 대한 신중한 평가가 필요하다.

최고가 밀봉입찰 방식을 적용한 스펙트럼 경매 사례는 많다. 1991년 10월 뉴질랜드에서 FM, UHF, AM, DMS 주파수의 전국에 걸친 지역면허 경매에 처음 적용되었다.

2006년 4월 영국의 스펙트럼 규제기관인 Ofcom은 1781.7 – 1785 MHz 대역과 쌍을 이루는 1876.7 – 1880 MHz(GSM/DECT 보호대역)의 저전력 서비스 경매에 이 방식을 사용했다. 비록 공식적으로 경매 규칙은 이 대역을 기술 및 응용 중립적으로 할당하도록 규정하고 있지만, 이 대역은 사무실 건물 또는 캠퍼스의 사설 GSM과 같은 용도로 사용될 수 있다. Ofcom은 새로운 방식을 적용했는데, 입찰자가 최종적으로 소유하게 될 면허의 개수에 따라 입찰가를 다르게 제출할 수 있도록 했다. Ofcom은 최소 7개에서 최대 12개의 면허를 부여하며, 실제 면허의 개수는 경매를 통해 결정된다. 이 경매설계의 특징은 가입자에게 최적일 것으로 생각되는 서비스 사업자의 개수를 스펙트럼 관리기관이 정하지 않고 시장이 정하도록 했다는 것이다.

이 경매에서는 14개의 입찰자가 참여했는데, 한 입찰자는 150만 파운드 이상을 지불한 반면 다른 입찰자는 50,110 파운드를 지불했다.[12] 12개 면허 발급을 조건으로 제시된 입찰가가 Ofcom에게 최대의 수익을 발생시켜 12개의 면허가 발급되었다.

4.7.2 이차가격 밀봉입찰

이차가격 밀봉입찰은 영국식 경매와 동일하며 비크리(Vickrey) 경매로 알려져 있다. 여기서 입찰자는 밀봉입찰을 하되, 최고가 입찰자는 두 번째로 높은 가격을 제시한 입찰자의 입찰가를 지불한다.

찬성 주장:

- 입찰자가 입찰자의 실제 평가가치를 공개하도록 장려한다.
- 적은 스펙트럼 묶음이나, 특정 지역에서 각 입찰자가 단일 면허를 원하는 경우에 이상적이다.
- 신속하게 끝난다.

반대 주장:

- 만약 낙찰자의 입찰가('최고 입찰가')가 실제 지불하는 '이차 입찰가'와의 차이가 클 경우 이에 대한 설명이 정치적으로 곤란하다.
- 경매에서 가격 공표 과정이 없으나 지불가격은 다른 입찰자의 평가가치에 따른다. 이는 승자의 저주로부터 어느 정도의 보호를 가능하게 한다.
- 경매 물건이 많고 이들이 대체재나 보완재로 구성될 경우 노출 문제가 생길 수 있다. 즉 경매결과 입찰자가 원하지 않는 면허 조합을 얻을 수 있다.

---

12 최저 가격은 50,000 파운드였다.

▽ 표 4-1 뉴질랜드의 1989년 UHF대역 경매 결과

	전국 UHF TV 주파수 권리		
	낙찰자	지불가격	최고 입찰가
Lot 1	Sky Network Television	NZ$401,000	NZ$2,371,000
Lot 2	Sky Network Television	NZ$401,000	NZ$2,373,000
Lot 3	Sky Network Television	NZ$401,000	NZ$2,373,000
Lot 4	Broadcast Communications Ltd	NZ$200,000	NZ$255,124
Lot 5	Sky Network Television	NZ$401,000	NZ$1,121,000
Lot 6	Totalisator Agency Board	NZ$100,000	NZ$401,000
Lot 7	United Christian Broadcast	NZ$401,000	NZ$685,200

세계 최초의 스펙트럼 경매는 1989년에 뉴질랜드에서 UHF 대역을 대상으로 시행된 이차가격 밀봉입찰 경매였다. 이후 1990년에 뉴질랜드에서 두 차례의 이차 가격 밀봉입찰 경매가 있었다. 첫 번째 경매의 결과는 표 4-1과 같다. 한 입찰자인 Totalisator Agency는 401,000 뉴질랜드 달러를 여섯 개의 면허에 입찰했다. 이 입찰은 Agency가 두 번째 높은 가격으로 입찰한 5개 면허의 가격으로 결정되었다. Agency가 낙찰받은 다른 면허에 대해서는 두 번째로 높은 입찰가인 100,000 뉴질랜드 달러를 지불했다.

이 경매는 전국과 지역 면허로 구성되었는데, 이들 면허는 대체재 또는 보완재로서 경매 효율성 달성 여부가 불분명하다. 그 이유는 경매가 독립적이어서 입찰자가 지나치게 많거나 적은 수의 면허를 낙찰받게 될 위험을 관리하기 어렵기 때문이다. 경매 전문가인 폴 밀그롬(Paul Milgrom)은 이 경매가 비효율적이었다고 지적했다[3]. 다음에 논의할 조합경매는 이러한 문제를 해결할 수 있다.

뉴질랜드는 1990년에 이차가격 밀봉입찰 경매를 포기하고 최고가격 밀봉입찰을 도입했는데, 이는 대기업이 높은 가격을 지불할 의사가 있었다는 것이 입찰을 통해 밝혀졌음에도 불구하고 낮은 가격으로 낙찰받을 수 있도록 한 정부에 대한 비판이 있었기 때문이었다. 한 예로 입찰자는 한 면허에 대해 10만 달러를 입찰가로 제시했으나 6달러를 지불했으며, 최저가격이 정해지지 않는 상태에서 두 번째 입찰이 없어 공짜로 면허를 취득하게 된 사례도 있다[16]. 이 비판은 물론 잘못된 것이다. 왜냐하면 이차가격 경매에서 10만 달러를 입찰한 사업자가 최고가격 경매에서도 같은 입찰가를 제시한다고 보장할 수 없기 때문이다. (Box 4-2의 수익 등가 정리를 참고)

4.7.3 동시다중라운드 경매

동시다중라운드 경매(SMRA)는 입찰자가 라운드마다 입찰을 하는데, 새로운 입찰이 더 이상 없을 때까지 연속적으로 입찰 가격을 올리는 방식이다. 경매인은 최소 입찰 증분을 정하고, 입찰자가 활동상태에 있다면 참여를 요구한다(Milgrom–Wilson 행동 규칙). 행동규칙은 입찰자가 수요를 드러내지 않음으로써 초기 라운드 입찰에서 의사를 분명히 밝히지 않는 'snake-in-the-grass' 전략을 막기 위한 것이다. 담합과 신호행위를 막기 위해 경매 동안 입찰자 신원의 비밀이 유지된다. 이것은 2001년 홍콩에서의 3G 경매의 특징이기도 했다. SMRA의 낙찰자는 이차가격 밀봉입찰 경매에서와 거의 동일한 가격을 지불해야 한다. 지불금액은 입찰 증분 요구금액으로 인해 평균적으로 다소 높다.

찬성 주장:

- 다수의 면허를 처리할 수 있다.
- 상이한 지불가격은 경매 물건간 가치의 차이를 반영한다.
- 가격 공개 – 입찰자가 면허를 묶음으로 사고자 할 때 특히 중요하다.

반대 주장:

- 수요 축소 – 많은 입찰자가 초기에 수요가 적다고 밝힐 수 있다.
- 노출 문제 – 만약 일부 스펙트럼 면허가 상호보완적인 상황에서 해당 면허의 가격이 다음 라운드에서 너무 높아질 경우 입찰자의 일부 면허취득을 위한 지불 금액이 과도하게 높아질 수 있다.
- 입찰 전략이 복잡해질 수 있다.
- 경쟁이 약할 경우 담합에 취약하다.

SMRA를 시작할 때 입찰자는 최대 k개의 스펙트럼 블록에 대해 입찰할 수 있다. SMRA의 예로서 5개의 지역에서 각각 2개의 스펙트럼 블록이 있어 총 10개의 스펙트럼 블록이 있고, 각 입찰자는 각 지역에서 많아야 1개의 면허를 취득할 수 있는 경우를 생각해볼 수 있다. 이 사례에서 입찰자는 5개 지역에서 최대 5개(즉 k=5)의 스펙트럼 블록에 대해 입찰이 허용된다. 그리고 5명의 입찰자 A, B, C, D, E를 가정하자.

첫 번째 라운드에서 입찰자 A, C가 각 5개 지역에서 2개의 스펙트럼 블록에 최고 금액 입찰을 했다고 하자. 다음 라운드에서 입찰자 B, D, E가 입찰하나, 입찰자 A, C는 입찰 자격이 없다. 만약 이들 입찰자 중에 입찰자 A 또는 C보다 높은 금액을 제시했다면, 경매는 다음 라운드로 넘어가고 입찰자 A와(또는) C는 입찰을 할 수 있게 된다. SMRA는 새로운 입찰이 없는 라운드까지 진행된다.

SMRA에서 각 라운드가 끝나면 해당 라운드에서의 입찰 내용이 공개된다. 경매 전문가들은 가격 공개 절차가 이 방식의 핵심적인 강점 중 하나라고 주장한다. 경매에서 연관된 다수의 면허(보통 여러 지역의 면허로서 쌍(paired), 단일(unpaired)과 같이 상이한 형식의 주파수 묶음일 수 있다)가 있기 때문에, 스펙트럼 블록의 동시 판매와 오름 입찰 과정을 통해 가격 공개가 효과적으로 기능하도록 하고, 입찰자가 원하는 스펙트럼 묶음을 조합할 수 있게 된다.[13]

SMRA 방식은 다수의 입찰자와 다수의 면허가 포함된 대규모 경매에서 가격공개 과정을 지원한다. 미국의 스펙트럼 할당에서 대부분 이 방식이 적용되었다.[14] SMRA 방식은 1994년 7월 미국에서 10개의 협대역 PCS 전국면허 경매에 처음 도입되었다. 이 경매는 5일간 진행되었고 47라운드에서 종료되었다. 29개 입찰자가 참여했으며 최종적으로 6개 입찰자가 10개의 면허를 취득했고 경매수익은 6억 천 7백만 달러였다.

전국면허 경매에 SMRA 방식을 성공적으로 적용한 FCC는 협대역 PCS 서비스 지역 면허를 위한 일련의 SMRA 경매를 추진했다. 이 경매에서 여러 입찰자는 여러 지역에 걸친 다수의 면허 취득에 관심이 있었고 SMRA의 가격 공개 특성은 이 경매의 성공에 중요한 역할을 했다.

1995년에는 협대역 PCS 지역면허 2개 블록(A, B)의 순 경매 가치가 70억 달러 이상이었고, 1995년과 1996년에 걸쳐 진행된 지역 협대역 PCS의 C블록 경매는 순 경매 가치가 100억 달러 이상이었다. 이 C블록 경매는 연속 84일 동안 184라운드까지 진행되었다. C블록 경매에 255개 입찰자가 참가 자격을 얻었는데, 최종적으로 89개 입찰자가 493개의 면허를 취득했다. 당시 경매 규모는 전례가 없었고 경매 수익은 무선 스펙트럼 부문에서 당시까지 최고 금액이었다. 경매는 전자적 수단으로 진행되었고, 이를 통해 경매가 상대적으로 빠르게 진행되었다.

미국 PCS 경매에서 SMRA 방식이 성공하여 전세계 스펙트럼 관리자들 사이에 경매 특히 SMRA 방식에 대한 관심이 증폭되었다. 지금까지 SMRA 경매는 세계적으로 다양한 무선 스펙트럼에 사용되었고, 이 방식으로 2천억 달러 이상의 경매 수익을 올렸다. 이 방식은 최근에서야 4.8절에서 논의될 조합경매로 대체되었다.

뉴질랜드는 1995년 10월과 1996년 9월에 지역 FM 라디오 스펙트럼 면허 할당을 위해 팩스 입찰을 사용해 SMRA 방식을 적용했고, 1998년 이후에는 인터넷 입찰방식을 사용해 경매를 좀 더 빠르게 진행할 수 있게 되었다. 호주는 1998년 이동무선전화 스펙트럼 할당에 SMRA 방식을 적용했고, 인구당 수익으로는 미국 PCS 경매보다 더 높은 금액을 기록

---

13 4.8절에서 다루는 조합경매는 스펙트럼 묶음을 보다 확실하게 구성할 수 있다.

14 미국의 스펙트럼 할당은 때로 지역 수준으로 실시되며, 수백개의 면허가 동시에 할당될 수 있다.

했다. 캐나다는 1999년에 SMRA 방식을 24 GHz와 38 GHz 대역 스펙트럼에 적용했다. 2000년에는 유럽 일부 국가에서 3G 스펙트럼 경매에 SMRA 방식을 적용했다. 미국에서 적용한 SMRA 방식과 달리, 유럽의 3G 면허는 개수가 상대적으로 적어서 전국면허가 많아야 6개였고, 대부분의 경우 입찰 가능한 입찰자의 수도 상대적으로 적었다. 표 4-2는 2000년부터 2001년 기간동안 SMRA 방식을 적용한 주요 유럽 3G 경매에서의 면허 개수를 보여준다.

▽ 표 4-2 2000년-2001년 유럽 3G SMRA 경매

국가	날짜	입찰자 수	면허 개수	경매기간
영국	2000년 4월	기존 4, 신규 9	5	52일, 150라운드
네덜란드	2000년 7월	기존 5, 신규 1	5	14일, 305라운드
독일	2000년 8월	기존 4, 신규 3	6	19일, 173라운드
이탈리아	2000년 10월	기존 4, 신규 2	4	2일, 11라운드
오스트리아	2000년 11월	6	6	2일, 14라운드
스위스	2000년 12월	4	4	1일
벨기에	2001년 3월	기존 3	4	2일, 14라운드

유럽 3G 경매에서 SMRA 방식으로 효율적인 스펙트럼 할당을 했는지에 대해서는 논란의 여지가 있다. 이들 경매에서 입찰자는 복수 면허 묶음을 만들지 않아(여러 국가의 개별 경매에서 면허가 연속적으로 있는 경우는 제외하고) 각 경매에서의 면허 개수가 여섯 개를 넘지 않았고, 입찰자 수도 적었으며, 입찰자가 면허의 가치를 평가하고 준비할 시간이 충분해 많은 정보 수집과 충분한 분석이 가능했을 것이다. 이러한 환경에서 SMRA는 담합에 취약하고, 가격 공개의 장점이 불분명해진다. 적절하게 잘 설계된 이차 가격 밀봉입찰 방식이 더 단순하고 빠르며, 분명히 입찰자의 평가가치를 나타내는데 더 효과적이고 담합에 덜 취약하다. 즉 절차가 훨씬 단순화되었을 것이다.

2000년 영국에서의 3G 경매는 스펙트럼 경매로 인구당 최대 수익을 올렸다. 영국에서 인당 375파운드(694달러)의 수익을 올렸는데, 인당 수익이 38달러로 훨씬 작은 미국의 PCS C블록 경매와 대조를 이룬다.[15] 영국 3G 경매에서는 쌍으로된 스펙트럼이 제공되었는데 이는 특히 이동통신으로 가치가 있는 반면, 단일 스펙트럼은 가치가 덜 하다. 영국의 스펙트럼 관리기관은 5개의 전국 3G 면허를 경매했는데, 15 MHz의 쌍 대역과 5 MHz의 단일 대역으로 구성된 면허 A는 신규 사업자를 위한 면허이고, 면허 B는 15 MHz의 쌍

15 경매 당시 미국의 인구는 2억 6천 2백만명이었다.

대역, 나머지 면허 C, D, E는 크기가 동일한 쌍 대역 10 MHz, 단일 대역 5 MHz로 구성되었다. 13개 입찰자가 경쟁했으며, 그중 4개 입찰자는 기존 셀룰러 전화 네트워크 사업자였다.

▽ 표 4-3 영국 3G 동시오름경매(SAA) 결과

면허	낙찰가(십억 파운드)	MHz당 단가(백만 파운드)	낙찰자
A	4.385	125	TIW
B	5.964	199	Vodafone
C	4.030	161	BT Cellnet
D	4.004	160	
E	4.095	164	
Total	**22.478**		

▽ 표 4-4 영국 3G 경매의 입찰 과정

입찰자	라운드	면허	입찰가(십억파운드)
Crescent	90	C	1.819
3G	90	A	2.001
Epilon	94	C	2.072
Spectrum	95	D	2.100
OneTel	97	E	2.181
WorldCom	119	D	3.173
Telefónica	131	C	3.668
NTL	148	C	3.971

자료: NAO

영국의 3G 경매 결과는 표 4-3에 보인 바와 같다. 경매는 7주간 지속되어 150라운드를 거쳐 4월 27일에 종료되었다. 낙찰자는 4개의 기존 사업자와 신규 사업자인 TIW였고, 그 후 면허A는 허치슨 왐포아에 팔렸다. MHz당 금액을 고려할 때 면허 C, D, E의 낙찰 금액은 동시오름경매방식(SAA)의 동시매매 특성을 보여준다.

표 4-4는 영국 3G 경매에서 각 입찰자가 제출한 최고 입찰가를 보여주는데, 면허당 입찰가 20억 파운드 수준에서 5개 입찰자는 더 이상 경매를 진행하지 않았으며, 이는 90 라운드에서 97 라운드 사이에서 발생했다. 이후 경매는 8개 입찰자가 131 라운드까지 진행한 다음 월드콤이 경매를 포기했고, 그 후 입찰가는 면허당 40억 파운드 이상으로 상승했다. 마지막으로 경매를 포기한 입찰자는 NTL로서 148 라운드에서 면허 C의 최종 입찰가

는 39.7억 파운드였다. 이 경매에서 앞선 127 라운드에서 NTL은 더 큰 면허 A에 대해 더 높은 42.8억 파운드를 제시했는데, 이 금액은 MHz당 1억4천3백만 파운드로서 면허 C의 최종 입찰가인 MHz당 1억5천9백만 파운드와 유사한 금액이다.

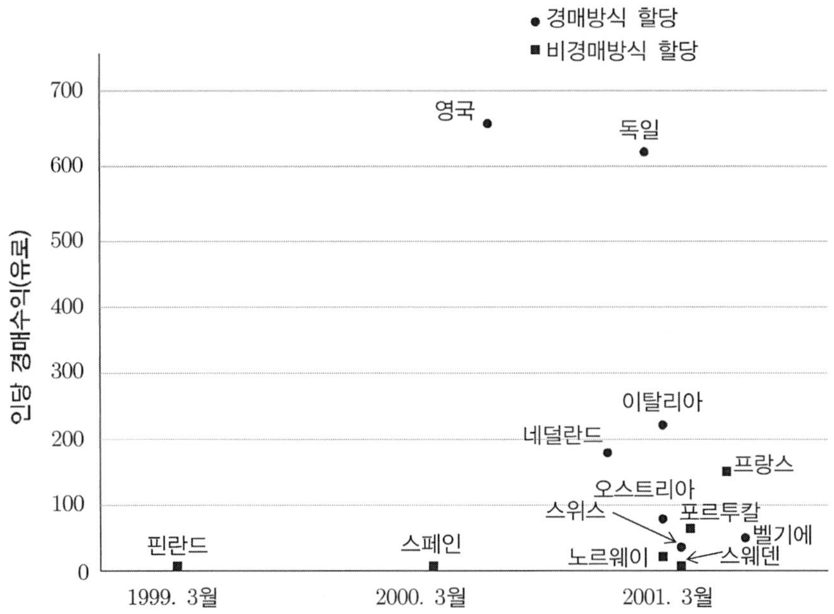

그림 4-2 유럽의 3G 경매 입찰가
자료: NAO

다른 유럽 국가에서 3G 경매를 위해 유사한 SMRA 경매가 실시되었고, 그 결과는 그림 4-2에 나타난 바와 같다. 경매 수익은 상당이 다른데, 나중에 치러진 경매에서의 성과가 특히 나쁘다. 스위스 경매의 경우 입찰자 수가 면허 개수와 같아지면서 특히 큰 실패를 보았는데, 이는 경쟁을 약화시키고 입찰을 포기하거나 경매 사전에 연합을 구성하는 것과 같은 담합 행위를 유도했다.

2000년 후반에 시행된 3G 경매에서는 낙찰가가 상대적으로 낮았는데, 이는 소위 닷컴 붕괴로 인한 달라진 당시의 시장 분위기와 일치한다. 3G SMRA 경매 수익이 예상을 훨씬 상회한 영국에서는 불과 몇 달 후 2000년 11월에 치러진 28 GHz 대역 광대역 고정 무선접속(BFWA) 스펙트럼 경매가 몇 개의 면허만 팔리는 실패로 끝났다.

영국의 BFWA 경매는 14개 지역에서 지역별로 3개 면허에 대해 치러졌는데, 각 입찰자의 지역당 면허 개수는 한 개로 제한되었다. 이 경매는 대체제(각 지역당 3개 면허)와 보완제(지역별 면허)의 특징을 가졌고, SMRA 방식은 당시 존재한 가장 적합한 방식이었다.

경매 결과 총 42개 면허 중 16개 면허만 팔렸다. 총 수익은 10억 파운드가 예상되었으나

3,816만 파운드에 불과했다.

이 경매의 최저 입찰가가 2000년 후반 전기통신 업계의 부정적인 시장 환경을 반영한 것은 아니다. 최저 경매가가 너무 높았으며, 유찰된 면허를 처리하는 절차도 없었다.

최저 경매가격이 항상 필요한 것은 아니지만 스펙트럼 경매의 중요한 특징이 되기도 한다.[16] 최저 경매가격의 목적은 사회적 측면의 스펙트럼 가치를 반영하여, 실제 경제적 가치와 비교해 과도하게 낮은 가격으로 면허가 팔리지 않도록 하는 것이 있다.[17] 만약 최저 경매가가 과도하게 낮게 설정되면 입찰자가 경매를 일찍 끝내 상당한 이익을 얻도록 하는 암묵적 공모를 조장할 수 있다. 이것이 2001년 스위스 3G 경매 실패의 한 가지 원인이었다. 결국 이 경매에서는 면허가 독일, 영국과 같은 비슷한 시장과 비교해 상당히 낮은 가격에 할당되었다.

반면에 최저 경매가격을 너무 높게 설정하면 경매 참여가 줄어들 수 있고, 경쟁과 가격 공개 측면에서 부정적으로 작용한다. 영국 BFWA 경매에서 최저 경매가격은 당시 경매 시점에 비해 오래된 자료를 기반으로 산정했다. 최저 경매가격 설정은 어려우며 시장 전망에 대한 세심한 판단을 필요로 한다. 최저 경매가격을 설정하는 스펙트럼 관리자는 지나치게 조심스럽고 다소 비관적인 자세를 견지하는 것이 바람직할 것이다. 물론 과도하게 비관적인 전망은 스위스 3G 경매에서의 같은 실패를 초래할 수 있다.

SMRA 방식은 2006년 미국의 주요 스펙트럼 경매에 활용되었다. 이 경매는 차세대 무선서비스(AWS) 즉 3G 서비스를 위한 경매였다. AWS 경매는 미국의 이전 경매에서와 같이 SMRA 방식이 매우 유연하며 많은 수의 입찰자와 면허에도 적용 가능하다는 것을 보여주었다. FCC의 AWS 스펙트럼 면허 경매는 2006년 8월 9일에 시작해 2006년 9월 18일에 161라운드로 종료되었다. 1,122개의 면허에 대해 104개 입찰자가 1,087개 면허를 낙찰받았으며, 경매수익은 총 139억 달러였다. 그 다음의 2015년 AWG-3 경매는 2개월 이상이 소요되었으며, 1,600개 이상의 면허에 대해 수익은 450억 달러였는데, 미국의 인구 당 약 140 달러에 해당한다. 이 경매는 75일 동안 341 라운드가 진행되어 너무 많은 라운드로 비난받았다. 각 면허를 개별적으로 경매하는 대신, 유사한 면허는 통합해 이를 다음에 논의할 클록(clock) 경매로 수행하는 방안이 제안되었다.

---

16 네덜란드의 3G 경매에서는 최저 경매가가 없어서 6개 입찰자 중 절반이 최초 입찰가로 0을 제시했다. 해당 경매는 한 입찰자(Tlefort)가 다른 입찰자(Versatel)에게 입찰을 계속할 경우 소송을 위협하는 편지를 보낸 후에 305 라운드로 끝났다.

17 스펙트럼의 경제적 가치는 기회비용으로 나타낼 수 있다. 이 개념은 3.5.4.1절과 7장에서 논의된다.

4.7.4 오름차순 클록(clock) 경매

일본식 경매, 단추 경매 또는 Ausubel 경매[17]로 알려진 오름차순 클록 경매에서는 입찰자가 경매인이 제시한 가격에 대한 수요를 제시한다. 경매는 전체 수요가 제공된 스펙트럼의 개수와 같을 때까지 라운드가 진행된다. 이 방식은 스펙트럼 면허를 대체할 수 있는 (거의)동일한 대상이 존재하고 입찰자는 한개의 면허를 원하는 경우에 쉽게 적용할 수 있다. 입찰자가 다수의 물건(예를 들어 다수의 면허)을 원하고, 물건들이 다소 다른 경우에도 적용 가능하다. 여러 측면에서 오름차순 시계 경매는 SMRA 경매와 매우 유사한 특징을 갖는다. 이와 더불어 효율적인 결과를 낳는 장점이 있다.

찬성 주장:

- 효율적인 결과 생성
- 대체 묶음이 있는 경매에서 잘 동작
- 간단함
- 투명함
- 경매인은 경매 속도를 결정할 수 있고 공모를 위한 경매 신호를 막을 수 있음
- 다수의 물건 경매에 적합

반대 주장:

- 경매인이 입찰자의 평가가치보다 지나치게 높은 가격을 제시할 경우 두 가지 경매(순차적, 비동시)가 필요할 수 있음
- 경매물건 묶음이 상이한 순차 경매가 필요할 수 있음

무선 스펙트럼을 위한 세계 최초의 오름차순 클록 경매는 2001년 나이지리아에서 성공적으로 시행되었다. 이 경매에서는 동일 대역에서 위치만 다른 동일한 3개의 GSM 면허에 대해 5개의 입찰자가 참여했다. 또한 이 경매에서는 경매인이 과도한 가격을 제시하는 것에 대비해 밀봉입찰 단계가 추가되었다.

4.7.5 수익 배분 경매

수익 배분 경매는 표준적인 경매 방식을 변형한 방식으로 입찰자가 스펙트럼을 이용한 서비스에서 얻게 될 수익의 배분을 기반으로 사용료를 입찰한다.

찬성 주장:

- 경매인과 입찰자가 시장 위험을 분담할 수 있음

- 단순함

반대 주장:

- 스펙트럼 면허 사용료는 지속적으로 발생하는 비용의 일부가 되는데, 이는 시장 가격이 면허 사용료를 비용에 포함한다는 것을 의미한다.

지금까지 가장 중요한 스펙트럼 수익 배분 경매는 홍콩의 3G 면허 경매이다. 이 경매는 참여자가 네트워크 수익에 대해 5%의 사용료를 최저 가격으로 하여 사용료를 입찰할 수 있도록 했다. 경매는 가장 높은 실패 입찰자의 입찰액으로 사용료를 결정하는 이차가격 경매였다. 실제로는 입찰자의 수가 면허 개수와 동일해서 지불된 가격은 최저 사용료였다.

4.7.6 혼합 경매

혼합경매는 심사제도와 결합된 경매 방식이다. 경매 방식이 혼합된 방식 역시 혼합 경매로서 이는 다음에 별도로 고려한다.

어떤 입찰자가 경매에 참여할 자격이 있는지 결정하는 사전 자격심사 단계에서 비교심사가 보통 시행된다.

찬성 주장:

- 관리기관은 입찰자 자격심사에 더 많은 재량권을 가짐

반대 주장:

- 순수 비교심사 절차의 결점에 취약함

이 방식은 홍콩의 3G 경매에서 등록과 사전 자격심사 단계에서 적용되었다.

4.7.7 순차 경매

순차 경매는 스펙트럼 면허가 순차적으로 공급되는 경매이다. 예를 들어 스펙트럼 관리기관이 여러 동일한 면허를 할당할 경우, 해당 기관은 면허 1은 경매 1에서 결정하고, 다음으로 면허 2는 경매 2에서, 나머지도 같은 방식으로 결정한다.

찬성 주장:

- 대부분의 경매방식에 적용 가능
- 관리가 편리함

반대 주장:

- 입찰자간 전략수립을 조장하고 이로 인해 바람직하지 않은 결과가 나올 수 있음

2000년 3월 스위스의 전국 및 지역 BFWA 면허가 순차적으로 경매된 바 있다. 두 개의 전국 면허 경매를 3월 8일에 먼저 시행하고, 나머지를 3월 9일에 시행했다. 3월 8일 경매에 참여한 4개의 입찰자에서 낙찰자인 UPC는 1억 2,100만 스위스 프랑을 지불했으며, 낮은 가격을 입찰한 FirstMark Communications는 1억 1,500만 스위스 프랑을 입찰했다.

다음날 치러진 경매에서 전날 낙찰받지 못한 3개의 입찰자가 참여했다. 결과는 FirstMark Communications가 낙찰받아 1억 3,400만 스위스 프랑을 지불했는데, 그 전날 입찰가 보다 2,000만 스위스 프랑 많은 금액이다. 경매 결과는 경매 연구 문헌과 일치하는데, 이에 따르면 순차경매에서 공동 가치 요소가 있는 경우 가격이 상승할 수 있다. 터키는 1800 MHz의 두개의 이동전화 스펙트럼 면허에 대해 순차 경매를 실시했는데, 두 번째 경매의 최저 경매가를 첫 번째 경매에서 지불된 금액으로 정했다. 이 경매설계에는 결함이 있는데, 첫 번째 경매에서 전략적으로 과도한 입찰을 유발하고 이로 인해 두 번째 경매에서 높은 최저 경매가를 형성해 입찰자의 지불이 불가능하도록 하는 것이다. 그래서 첫 번째 경매의 낙찰자인 Is-TIM은 전략적으로 집중된 시장 구조를 만들었다. 게다가 귀중한 스펙트럼을 낭비하고 정부는 경매 수익을 잃었다.

4.8 조합 클록(clock) 경매

많은 스펙트럼 할당은 다수의 물건을 동시에 경매대상으로 한다. 예를 들어 스펙트럼 관리기관은 5 MHz폭의 묶음으로 120 MHz폭을 가질 수 있다. 만약 관리기관이 최적의 면허 개수가 차지하는 최적의 스펙트럼 폭을 알고 있다면 할당 절차는 상대적으로 수월하고 SMRA 경매를 적용할 수 있다. 예를 들어 관리기관은 2 × 30 MHz의 쌍으로 된 두 개의 면허가 필요하다고 정할 수 있다.

실제로 스펙트럼 관리기관은 전지적인 지위에 있지 않으며, 스펙트럼 취득에 관심있는 쪽이 시장 수요에 대해 가장 잘 알고 있을 가능성이 크다. 이러한 정보 비대칭적 상황에서 시장 참여자가 관리기관에게 적절한 할당에 대한 신호를 줄 수 있도록 하는 것이 바람직할 수 있다. 그러므로 미리 결정한 2 × 30 MHz 쌍으로 두 개의 면허를 경매하는 대신, 관리기관은 클록 경매를 통해 2 × 5 MHz 스펙트럼 쌍으로 집합을 구성할 수 있다. 이 방식을 지지하는 주장은 만약 경매가 여러 대역의 스펙트럼을 포함하고 있고, 형편상 여러 잠재적 구매자들이 한 대역을 다른 대역으로 대체할 수 있는 능력이 서로 다른 경우에 적합하다는

것이다. 예를 들어 1 GHz 이하 대역을 보유하지 않은 이동통신 사업자가 해당 대역의 면허 취득을 통해 스펙트럼 포트폴리오를 완성할 수 있다면 더 많은 스펙트럼에 입찰할 것이나, 처음부터 해당 대역을 가지고 있는 사업자의 경우에는 1800 MHz 또는 2.3 GHz 대역과 같은 높은 주파수가 1 GHz 이하 대역의 좋은 대체제가 될 것이다.

조합 경매 방식을 채택한 관리기관은 해당 조합의 수용여부를 기준으로 입찰자가 스펙트럼 조합을 제안할 수 있도록 한다. 이는 입찰자가 원하는 스펙트럼의 일부만 낙찰받는 상황이 발생하는 것을 방지한다. 입찰자는 경매 관리자가 여러 조합 중 한 가지만을 할당한다는 점을 고려해 조합의 범위를 정해 입찰할 수 있다.

아주 간단한 예를 생각해 보자[18]. 한 경매에 두 개의 물건 A, B와 두 입찰자 1, 2가 있다고 하자. 두 입찰자의 평가가치는 표 4-5와 같다. 만약 입찰자가 자신의 평가가치를 나타내는 입찰가를 제시하고 경매인은 최대가로 낙찰자를 결정한다면, 낙찰자는 입찰자 1이 될 것이다. 이 결과는 물건 두 개에 대한 개별 경매 또는 조합 경매 모두에서 발생할 수 있다.

▽ 표 4-5 조합 가치의 첫 번째 예시

입찰자	묶음의 가치		
	A	*B*	*AB*
1	7	2	9
2	5	0	8

반면에 두 입찰자의 평가가치가 표 4-6과 같다고 가정해보자. 이 경우에서 각 물건이 개별 경매된다면 물건 A는 입찰자 2로부터 5의 수익을, 물건 B는 입찰자 1로부터 2의 수익을 올릴 것이다. 그러나 조합 경매에서는 입찰자 1로부터 9의 수익을 거둘 수 있으므로 이는 효율적인 결과가 아니다.

▽ 표 4-6 조합 가치의 두 번째 예시

입찰자	묶음의 가치		
	A	*B*	*AB*
1	4	2	9
2	5	0	8

조합 경매는 수학적 근거가 복잡해서[19], 경매 관리자가 이들을 채택하는 것이 초기에는 다소 어려울 수 있다. 그러나 이 방식은 현재 널리 활용되고 있다. 특히 스펙트럼이 복

수 대역에서 주어지는 경우, 즉 상호간 부분적 대체재인 경우에 그러하다. 조합경매는 입찰자가 다양한 스펙트럼 보유 포트폴리오를 고려하고, 경매 진행에 따른 상대적인 가격 변화에 대응할 수 있도록 한다.

낙찰은 보통 다양한 주파수의 조합으로 구성되기 때문에 경매 후에 각 대역의 MHz당 가격을 명확하게 계산하는 것은 불가능하다. 그러나 이들 가격을 근사적으로 계산하는 것은 가능하다.

이 경매 방식에 대한 찬성주장과 반대주장은 다음과 같다.

찬성 주장:

- 밀봉입찰 방식이 훨씬 쉽기는 하지만 대부분의 경매 방식에서 잘 동작
- 노출 문제를 현저히 줄일 수 있음
- 면허 개수가 상대적으로 적으며 상보적인 경매에 적합

반대 주장:

- 복잡하고 입찰자와 입회자가 이해하기 어려울 수 있어, 경매 참여과 수익에 나쁜 영향을 줄 수 있음
- 실행이 복잡
- 어떤 묶음이 가장 바람직한지를 평가하기 위해 시장에 대한 세밀한 이해가 필요
- 경매의 복잡도를 감소시키기 위해 순차적 시행이 필요할 수 있음
- 공공적 책임의 관점에서 가치평가 및 다른 부분의 투명성을 희생

예로서 800 MHz 대역과 다른 대역의 스펙트럼을 포함하는 2014년 영국의 경매를 살펴보자.[18] 이 경매는 조합 클록 경매(CCA)였다. 이름에서 알 수 있듯이 4.7.4절에서 소개한 클록 경매로 시작했다. 그 다음에는 조합 단계가 시행되고 할당 단계에서는 낙찰자에게 주파수를 할당한다.

이 경매에서의 주파수는 다음과 같다.

A. 800 MHz 대역:

1. 4개의 2 × 5 MHz 주파수
2. 1개의 2 × 10 MHz 주파수(98%의 실내 커버리지 제공의무 포함)

C. 쌍을 이루는 2.6 GHz 대역: 14개의 2 × 5 MHz 주파수

D. 쌍을 이루는 2.6 GHz 대역의 저전력 용도 동시 이용

E. 단일 2.6 GHz 대역: 9개의 5 MHz 주파수

[18] 이 내용은 상당부분은 Myers[20]를 참고했다.

CCA 3단계 중 첫 번째 단계는 클록 단계(4.7.4절 참고)이다. 영국 CCA의 클록 단계는 다중 라운드, 오름차순 묶음 경매였다. 각 라운드마다 경매인은 각 주파수 범주에 대해 동시에 가격을 공표하고, 전 라운드의 각 클록에서의 총 수요에 관한 정보를 제공한다. 각 입찰자는 각 라운드에서 한 묶음에만 입찰 가능하다. 어느 범주에서라도 초과 수요가 있으면 해당 범주의 가격은 다음 라운드에서 증가한다. 해당 범주에서 초과 수요가 없으면 클록 경매 단계는 종료된다.

경매의 클록 단계는 입찰자가 묶음 입찰을 통해 보완재를 파악할 수 있게 하고, 상대적 가격의 변동에 따라 대체재를 확인할 수 있도록 하여 가격 공표에 도움을 준다. 입찰자는 다른(익명의) 입찰을 통해 파악할 수 있다. 예를 들어 가격이 다른 각 클록 단계에서 초과 수요 정도를 파악한다. 가격과 수요의 변화추이를 통해 입찰자는 입찰자의 가치평가 모델과 가장 어울리는 부분에 집중하고, 자신이 낙찰 받을 수 있는 가장 적절한 묶음을 확인할 수 있게 된다. 이는 예산에 제한이 있는 경우 특히 중요하다.

두 번째로 클록 단계가 종료된 후 보충 입찰 라운드가 있다. 이는 밀봉입찰의 단일 라운드로서 입찰자는 상호 배타적인 다수의 묶음에 입찰할 수 있다. 여기에는 약간의 제한이 있을 수 있다. 이 단계에서 사업자는 그들의 선호를 좀 더 미묘한 차이가 있게 제시할 수 있다. 예를 들어 작은 묶음과 비교해 시너지를 나타내는 더 큰 묶음에 대한 상대적인 가치를 표현할 수 있다. 이것은 클록 단계에서는 불가능했는데, 가격이 단일 단위당 가격으로 표현되기 때문이다.

마지막 단계는 할당 단계이다. 이는 단일 라운드의 밀봉 입찰이며 입찰자는 각 범주 내의 특정 주파수 위치에 대한 선호를 표시할 수 있다.

낙찰된 묶음에 대한 경매 가격은 실패한 입찰의 최고 가격인 이차 가격 규칙을 이용하는 기회비용에 기반한다. 이것의 의도는 진정성 있는 입찰을 장려하고 경매의 효율성을 개선하기 위한 것인데, 이는 경매 가격이 낙찰자의 입찰가 총액이 아닌 다른 입찰자의 입찰가로 결정되기 때문이다.

표 4-7은 영국의 CCA 결과를 보여준다. 할당 단계의 결과로 지불된 금액은 2,700만 파운드로서, 총 수익은 23억 6,800만 파운드였다. 경매를 검토한 영국 국가 회계감사실은 경매 구조를 대체로 지지하지만 나중을 위해 몇 가지 사항을 권고했다[21].

▽ 표 4-7 Ofcom 4G CCA의 주요 단계 이후 결과

면허권자	할당된 주파수	기초 가격
Everything Everywhere Limited	796 – 801 MHz / 837 – 842 MHz 2,535 – 2,570 MHz / 2,655 – 2,690 MHz	589 백만 파운드
Hutchison 3G UK Limited	791 – 796 MHz / 832 – 837 MHz	225 백만 파운드
Niche Spectrum Ventures Limited	2,520 – 2,535 MHz / 2,640 – 2,655 MHz 2,595 – 2,620 MHz	186 백만 파운드
Telefónica UK Limited	811 – 821 MHz / 852 – 862 MHz	550 백만 파운드
Vodafone Limited	801 – 811 MHz / 842 – 852 MHz 2,500 – 2,520 MHz / 2,620 – 2,640 MHz 2,570 – 2,595 MHz	791 백만 파운드

이 영국의 경매는 네 번째 사업자를 시장에서 유지하기 위해 해당 사업자에게 핵심 스펙트럼의 작은 부분에 대해 특혜를 주는 절차를 추가하였다. 이를 Box 5-1에서 논의할 '최저 스펙트럼 량(spectrum floor)'이라고 한다.

4.9 유인 경매

지금까지 설명한 경매 방식을 단면 경매라 한다. 팔고자 하는 물건(그림, 와인, 농장, 동물, 스펙트럼 면허)은 최저 경매가격 이하라면 팔릴 수 없게 되더라도, 사전에 결정된다. 그러면 위에서 논의한 방식 중 한 가지를 선택하여 경매 절차를 진행한다.

그러나 다른 형태의 절차로서 구매자와 판매자가 모두 참여하는 양면 경매를 생각할 수 있다. 다음과 같은 가상의 사례를 생각해보자. 방송 사업자와 이동통신 사업자 두 형태의 스펙트럼 이용자가 모두 600 또는 700 MHz의 단일 대역을 각 서비스 제공에 이용할 수 있다. 일부 사업자는 해당 대역에 대한 접속 권한을 가지고 있어 이를 매각할 수 있고, 다른 사업자는 가격이 적정하면 이를 구입하기를 원한다. 모든 참여자가 경매인에 의해 한 방에 모였고, 경매인은 시험삼아 초기 가격을 제시한다. 지정된 대역의 주파수를 팔고자 하는 자는 대역폭량을 밝히고, 제시된 가격으로 사고자 하는 자는 구입 희망 대역폭량을 알려준다. 경매인은 공급과 수요를 검토해서 초과 수요가 있으면 가격을 올리고, 초과 공급이 있다면 내린다. 균형 또는 평형 가격에 도달하면 적절한 거래가 이루어진다.[19]

이런 종류의 주기적인 경매는 규제기관이 스펙트럼의 할당을 결정하는(단면 경매가 사용되더라도) '명령과 통제' 절차와 매우 다른, 시장 주도의 재분배 방식이라는 것은 확실하

19 이 이야기는 19세기 프랑스 경제학자 Léon Walras가 개발한 다중 시장 평형의 개념을 나타낸 것이다. 그는 이를 경매인 또는 거래자의 가격 유도 절차를 통한 가격 상승이라고 생각했다. 그러나 이 예에서는 Walras의 저술에서는 없지만 실제 경매인이라는 조정자의 역할이 있다.

다. 따라서 앞서 설명한 절차는 효율적인 할당을 위해 판매자, 구입자 양쪽의 한계 수익을 동일하게 하는 3.2절의 행정적 대안보다 어쩌면 더 나은 위치에 있다고 볼 수 있다. 이것이 가능한 이유는 개별 매물의 제공과 해당 매물에 대한 입찰 과정에서 방송 사업자와 이동통신 사업자가 스펙트럼 추가에 따른 가치를 각 사업자가 어떻게 인식하고 있는지를 알 수 있기 때문이다.[20]

양면 경매 방식은 경매 실행 또는 제안의 다양한 측면을 고려해 설계할 수 있다. 어떤 사업자는 특정 대역 내에서는 팔려고 할 수 있으나 동시에 다른 대역에서 살 수 있다. 이러한 동시성의 필요성은 Kwerel과 Williams가 2002년에 제안한 양면경매에 대한 아이디어의 일부였다[22]. 이를 통해 모든 면허권자가 참여 유인을 가지지만 팔아야 할 의무는 없는 대규모의 경매를 생각할 수 있다. 이 방식에서는 여러 대역의 가치를 산정할 수 있고, 판매와 구매가 동시에 이루어지는 환경을 조성하여 스펙트럼 이용자가 고객 서비스의 연속성을 쉽게 유지할 수 있도록 한다.

만약 위에서 언급한 조합 또는 조합 클록 방식을 적용하면 판매자와 구매자의 입장이 좀 더 명확해진다. 모든 요소가 동시에 만족될 경우에 입찰과 매물을 묶을 수 있다는 점에서 구매자가 거래를 위한 입찰과 매물의 조합을 정의할 수 있게 된다.

또한 점진적인 시장 기반의 재분배를 위해서는 중요한 조건이 만족되어야 한다. 한 서비스가 다른 서비스에 미치는 간섭 문제 때문에 보호 대역이 필요할 수도 있다. 스펙트럼 낭비를 막기 위해 유사한 전송 방식을 동일 대역에 포함시킬 필요가 있을 수 있으며, 이로 인해 양면 경매 후에 스펙트럼 규제기관이 대역을 재정비할 수 있는 권한이 필요할 수 있다. 이것이 현재 미국에서 계획 중인 양면 경매의 성공을 위한 필요조건이다.

장기간의 스펙트럼 이용을 위한 방법으로서 현재까지 양면 경매에 가장 근접한 방식은 미국에서 제안된 유인경매이다.[21] 이는 600 MHz 대역 스펙트럼에서 경매를 통해 정해지는 양만큼을 방송용에서 이동통신용으로 전환하고자 하는 것이다. 이 경매의 핵심적인 특징은 두 가지의 경매가 동시가 아닌 순차적으로 진행된다는 것이다. 먼저 시행되는 역경매에서는 정부가 방송사업자로부터 상대적으로 많은 수의 스펙트럼 면허를 구매하고, 순경매에서는 이를 이동통신 사업자에게 파는 것이다. 그러면 경매인은 역경매의 비용과 순경매의 수익을 비교할 것이다. 만약 비용과 수익의 관계가 만족스럽다면, 남은 방송사업자의 주파수는 낮은 주파수 대역으로 재배치되고, 이동통신 사업자에 대한 스펙트럼 할당은 두 차례의 경매를 통해 적절한 가격으로 이루어질 수 있다. 만약 수익이 적절하지 않으면, 경매인은 역경매를 다시 시행하여 적은 면허를 낮은 가격으로 구매하게 되며 이를 다시 순경

20 여기서는 5.4절에서 논의하듯이, 시장이 효과적으로 경쟁적이고 담합이 따르지 않다고 가정한다.

21 동적 스펙트럼 접근을 위한 양면 또는 이중 경매에 관한 기술적 연구 역시 상당히 진행되었다[23].

매하게 된다. 이 과정은 비용과 수익이 적절한 균형을 이룰 때 종료된다.

이 독창적이고 혁신적인 방식은 미국 의회가 2012년에 통과시킨 Public Safety and Spectrum Act에서 비롯되었다.[22] 이 법안에서는 이동통신 스펙트럼 경매로 얻은 수익을 방송사업자 스펙트럼의 구매 비용, 재정 적자 감소, 전국 공공안전 광대역 통신망 구축 등의 다양한 용도로 활용할 수 있도록 하고 있다. 마지막 두 사항으로 인해 이동통신 사업자로부터 얻은 경매 수익과 방송사업자에게 지급하는 보상금액간에 차이를 두어야 한다.

FCC는 2012년에 법안을 시행했고, 2014년 6월에 유인경매의 세부 시행계획(Report and Order)을 발표했다[24]. 역경매에서 방송사업자는 현재 대역에서 방송 서비스를 지속하거나(재배치를 조건으로), 모든 면허를 양도하거나, 다른 대역으로 이전 또는 공유하는 것을 선택할 수 있다.

내림차순 클록 경매 방식이 사용될 예정이며, 방송사업자는 각 라운드마다 면허 포기 또는 타대역 이전 조건에 따른 가격을 제안받는다. 각 선택사항에 대해 제안되는 무선국당 가격은 라운드가 진행할 때마다 낮아진다. 충분한 수의 무선국이 포기되어 남아있는 입찰자들이 다음 경매에 필요한 스펙트럼 양 목표를 만족하게 되면 역경매가 종료된다. 남아있는 각 입찰자에게 지급되는 금액은 적어도 수용하기로 한 마지막 가격일 것이다.

이어지는 이동통신 사업자에 대한 '순경매'에서는 오름차순 클록 경매 방식이 사용된다. 입찰자는 단일 또는 복수 범주의 일반 면허에 대해 입찰이 가능할 것이다. 동일 라운드 내 입찰도 허용될 수 있다. 각 지역에서의 각 범주에 대해 개별적인 클록 가격이 있을 수 있고, 입찰자는 현재 가격에서 요구하는 면허의 수를 밝힐 수 있다. 가격은 일반적으로 면허에 대한 수요가 가용 스펙트럼 양을 초과하는 한 라운드마다 증가할 것이다. 특정 조건에 따라, 모든 지역의 모든 면허 범주에서 클록 가격이 오르지 않는 상황에서 여전히 면허를 요구하는 입찰자가 해당 면허의 낙찰자가 된다. 낙찰자는 할당 라운드 또는 일련의 별도 입찰 라운드를 통해 주파수의 특정 면허에 대한 선호를 나타낼 수도 있다.

FCC 계획의 시행은 2016년까지 완료되어야 하나, 법적 논란의 대상이기도 하다. 그러나 이는 경매의 범위를 상당히 확장시켜서, 어떤 사업자가 스펙트럼을 획득할지를 결정하는 것에서 스펙트럼을 어떻게 사용할지까지를 결정하게 되었다. 두고봐야할 것은 이 혁신이 광범위하게 확산될 것인가 하는 점이다. 유인경매의 찬성 주장과 반대 주장은 다음과 같다.

찬성 주장:

- 공급과 수요를 결합한 유사 이중 경매 방식은 경매에서 도출된 가격이 스펙트럼 용도 전환 비용을 결정할 수 있도록 함

[22] 요약은 [25]를 참조

• 양면 경매는 판매의사뿐만 아니라 구매의사에 대한 유용한 정보를 밝혀줌

반대 주장:

• 다른 수요의 만족을 위해 경매수익 목표를 설정하는 것이 필요하기 때문에 경매가 매우 복잡해짐
• 이 방식의 유용성은 방송 사업자의 채널을 기존 서비스 대역 내에서 재정비 가능하다는 것에 기인함. 만약 새로 확보된 스펙트럼이 대역 내에 산재해 있다면 이동통신 사업자에게 유용하지 않을 수 있음

4.10 결론

스펙트럼 경매는 전세계적으로 다양한 용도, 이용자 형태를 포함하는 수 많은 면허의 할당에 광범위하게 활용되었고, 지금까지 스펙트럼 관리에 적용된 시장 기법 중에 가장 투명하고 성공적이다. 일부 면허는 상당한 금액의 수익을 올린 반면 그렇지 않은 경우도 있다. 경쟁의 강도는 시장 분위기를 반영하지만 경쟁상황은 경매마다 변한다.

1989년의 첫 번째 경매 이후 경매 설계는 대규모 및 소규모 경매를 수용할 수 있도록 진화했다. 동시오름경매(SAA) 방식은 대규모 경매에 활용되며 특히 면허가 동일하지 않지만 유사한 경우, 면허가 상보성이 있는 경우에 적합하다. 또한 조합 클록 경매가 상당히 많이 활용되고 있다.

참고문헌

[1] L. HurwiczandS. Reiter, *Designing Economic Mechanisms,* Cambridge University Press, 2006.

[2] P. Klemperer, "Auctions: Theory and Practice" (2004), Economics Group, Nuffield College, University of Oxford, Economics Papers.

[3] P. R. Milgrom, *Putting Auction The ory to Work,* Cambridge University Press, 2004.

[4] P. Cramton, "Spectrum Auction Design" (March 2013) 42(2) *Review of In dustrial Organisation* 161.

[5] P. Cramton, "How Best to Auction Oil Rights: Escaping the Resource Curse," in M. Humphreys, J. D. Sachs, and J. E. Stiglitz, eds., *Escaping the Resource Curse*, New York: Columbia University Press, 2007, 114.

[6] 2011 Report of the Comptroller and Auditor General of India for the year ended March 2010, at http://cag.gov.in/html/reports/civil/2010-11_19PA/Telecommunication%20Report.pdf.

[7] B. D. Bernheim and M. Whinston, "Menu Auctions, Resource Allocation, and Economic Influence" (1986) 101 *Quarterly Journal of Economics* 1.

[8] E. R. Kwerel and G. L. Rosston, "AnInsiders' View of FCC Spectrum Auctions" (2000) 17(3) *Journal of Regulatory Economics* 253.

[9] M. Park, S.-W. Lee, and Y.-J. Choi, "Does Spectrum Auctioning Harm Consumers? Lessons from 3G Licensing" (2011) 23(1) *Information Economics and Policy* 118.

[10] www.fcc.gov/incentiveauctions.

[11] W. Vickrey, "Counterspeculation, Auctions, and Competitive Sealed Tenders" (1961) 16(1) *Journal of Finance* 8.

[12] J. Bulow and P. Klemperer, "Auctions versus Negotiations" (1996) 86(1) *American Economic Review* 180.

[13] www.fcc.gov/spectrum.

[14] Article 1(2) of the Radio Spectrum Decision, No. 676/2002/EC, March7, 2002.

[15] Recital 22 of the Authorisation Directive 2002/20/EC, Brussels.

[16] "Spectrum Auction Designin New Zealand," Ministry of Economic Development (November 2005).

[17] L. M. Ausubel, "An Efficient Ascending-Bid Auction for Multiple Objects" (2004) 94(5) *American Economic Review* 1452.

[18] J. Morgan, "Combinatorial Auctionsin the Information Age: An Experimental Study," in Michael R. Baye, ed., *The Economics of the Internet and E-commerce*, Bingley: Emerald, 2002, 191.

[19] P. Cramton, Y. Shohan, and R. Steinberg, eds., *Combinatorial Auctions*, Cambridge, MA: MITPress, 2006.

[20] G. Myers, "Spectrum Floor sin the UK 4G Auction: An Innovation in Regulatory Design," at www.lse.ac.uk/researchAndExpertise/units/CARR/pdf/DPs/DP74-Geoffrey-Myers.pdf.

[21] National Audit Office, "4G Radio Spectrum Auction: Lessons Learned"(March 2014).

[22] E. Kwerel and J. Williams, "A Proposal for a Rapid Transition to Market Allocation of Spectrum," OPP Working Paper No. 38, Federal Communication Commission (November 2002).

[23] T. Alpcan, H. Boche, M. L. Honig, and H. V. Poor, eds., *Mechanismsand Games for Dynamic Spectrum Allocation*, Cambridge University Press, 2014, Chapter 15.

[24] NERA, "US 600 MHz Incentive Auction," at www.nera.com/content/dam/nera/publications/2014/PUB_600MHz_Incentive_Auc_Fwd_Rev_Auc_Rules_1014.pdf.

[25] L. Moore, "Spectrum Policy: Provisions of the 2012 Spectrum Act," Congressional Research Services (March 2014).

[26] P. R. Milgrom and R. J. Weber, "A Theory of Auctions and Competitive Bidding" (1982) 50(5) *Econometrica* 1089.

[27] P. Klemperer, "Auction Theory: A Guide to the Literature" (1999) 13(3) *Journal of Economic Surveys* 227.

[28] P. Cramton, "Spectrum Auctions," in M. Cave, S. Majumdar, and I. Vogelsang, eds., Handbook of *Telecommunications Economics*, Amsterdam: Elsevier Science B.V., 2002, 605.

[29] P. Cramton, E. Kwerel, G. Rosston, and A. Skrzypacz, "Using Spectrum Auctions to Enhance Competition in Wireless Services" (2011) 54(4) *Journal of Lawand Economics* S167.

[30] R. B. Myerson, "Perspectives on Mechanism Designin Economic Theory" (2008) 98(3) *American Economic Review* 586.

[31] P. Milgrom, "Auctions and Bidding: APrimer" (1989) 3(3) *Journal of Economic Perspectives* 3.

[32] http://cag.gov.in/html/reports/civil/192010-11_19PA/Telecommunication%20Report.pdf.

[33] http://wireless.fcc.gov/auctions/data/papersAndStudies/fc970353.pdf.

[34] K. Binmore and P. Klemperer, "The Biggest Auction Ever: The Sale of the British 3G Telecom Licences" (2002) 112(478) *Economic Journal* C74.

[35] R. H. Coase, "The Federal Communications Commission" (1959) 2 *Journal of Law and Economics* 1.

[36] E. M. Noam, "Spectrum Auctions: Yesterday's Heresy, Today's Orthodoxy, Tomorrow's Anachronism. Taking the Next Step to Open Spectrum Access" (1998) 41 *Journal of Law and Economics* 765.

[37] http://wireless.fcc.gov/services/aws/data/awsbandplan.pdf.

[38] http://wireless.fcc.gov/auctions/data/maps/reag.pdf.

[39] http://media.ofcom.org.uk/news/192013/winners-of-the-4g-mobile-auction.

[40] www.acma.gov.au/Industry/Spectrum/Digital-Dividend-700MHz-and-25Gz-Auction/Reallocation/digital-dividend-auction-results.

[41] https://apps.fcc.gov/edocs_public/attachmatch/FCC-14-50A1.pdf.

05

스펙트럼 경매 설계의 다른 측면

5.1 개요

4장에서는 스펙트럼 경매의 경제학적 측면을 검토했으며, 경매가 널리 확산된 이유와 일부 경매 방식의 장단점을 살펴보았다. 이 장에서는 경매의 설계와 실행과 관련된 추가적인 과정을 논의한다.

먼저 경매 관리에 대해 알아본다. 경매 관리는 제안, 사전 자격검증 단계와 후속의 면허 부여를 포함한다. 다음 이슈는 스펙트럼 할당을 위한 구획을 설계하는 방식으로서, 이는 입찰자의 수요, 예상 기술방식, 경매방식에 기반한다. 다음으로 경매에서의 경쟁 활성화와 경쟁법과 경매 설계와의 관계를 다루고, 마지막으로 경매와 하류 부문 경쟁과의 관계를 논의하고 끝을 맺는다.

5.2 경매 관리

경매는 할당에 필요한 다음의 4단계 중 하나이다.

1. 제안 단계
2. 사전 자격심사 단계
3. 경매 단계
4. 면허발급 단계

이들 단계는 잠재적 입찰자에 대한 경매 홍보(마케팅)로부터 낙찰자에 대한 최종 할당(면허발급 단계)에 이르는 일련의 절차를 의미한다. 이 절에서 각 단계에 대해 좀 더 자세히 살펴본다.

5.2.1 제안단계

제안단계는 보통 경매 후속절차, 신청서 양식, 사전 자격심사 요건 등에 관한 세부사항을 공고한다. 이 단계는 경매를 홍보하기 때문에 전체 절차에서 중요한 단계이다. 만약 수익이 중요한 기준이라면 경매 참여가 중요하게 된다.

5.2.2 사전 자격심사 단계

경매에서 사전 자격심사 단계는 스펙트럼 관리기관이 부적절한 입찰자를 걸러내고 가능성 있는 수요를 파악할 수 있도록 한다. 이 단계에서는 가능한 입찰자가 경매참여를 승인받기 전에 만족해야 할 기준을 공표한다. 비교심사 절차와 달리 입찰자간 비교는 이루어지지 않는다. 자격심사에 사용되는 기준은 원칙적으로 객관적이고, 투명하며, 잠재적 입찰자에게 과도한 부담을 주지 않아야 한다. 결국 경매의 가장 중요한 이유 중 하나는 할당을 관료가 아닌 경쟁에 위임하는 것이다. 예를 들어 나이지리아의 GSM 경매에서 사전 자격심사 기준은 몇 개의 간단한 질문으로 구성되었는데, 대체적으로 다음과 같다.

- 자금세탁(나이지리아의 주요 문제) 또는 다른 불법적 활동에 연루된 자의 참여를 금지할 것
- 입찰자 담합을 막기 위해 소유권 규칙을 준수할 것
- 전기통신서비스 제공 경험이 있을 것

일부 국가는 입찰 참여자가 입찰에 필요한 자금의 보유에 관한 증명을 제출하도록 요구한다.

사전 자격심사의 일환으로 스펙트럼 경매 참여희망 입찰자는 일반적으로 일정 금액의 보증금을 경매인에게 납부해야 한다. 보증금 선납부를 통해 경매 규칙 위반시 금전적 불이익을 주는 것이 쉬워질 수 있다. 보증금의 일부는 낙찰시 경매대금 납부에 활용되며, 채무불이행 관련 위험의 경감과 비용 보상에 활용될 수 있다.

적립금, 보다 일반적으로는 경매 낙찰에 따른 납부 조건은 경매에서 발생할 수 있는 투기 행위의 정도에 영향을 줄 수 있다. 투기는 정보가 불완전한 상황, 특히 일부 입찰자가 다른 입찰자보다 더 많은 정보를 갖는 정보 비대칭 상황에서 발생할 수 있다. 또한 경매규칙이 특정 유형의 입찰자에 유리하도록 편향된 경우에도 참여자간 정보 비대칭을 유발

하므로 투기적 행위가 발생할 수 있다.

투기적 입찰자는 낙찰 받은 물건을 경매 직후에 높은 가격으로 되팔려는 목적으로 경매에 참여한다. 경매에서 낙찰받은 물건의 시장 가격은 보통 경매 전에 정확히 알려져 있지 않으므로, 투기적 입찰자는 만약 낙찰금액이 시장가격보다 낮게 될 경우 낙찰 금액을 납부하지 않을 수 있다. 보증금의 수준을 조정하여 투기적 행위를 억제할 수 있으며, 따라서 이는 경매 설계자에게 중요한 수단이다.

실제 경매인은 이 사례에서 제시된 것보다 훨씬 복잡하고 불확실한 상태에서 경매를 진행한다. 그럼에도 불구하고 높은 보증금이 투기적 입찰을 억제한다는 것은 일반적으로 사실이다.

투기적 행위를 억제하기 위한 더 강력한 수단은 일반적으로 낙찰자가 경매 후 면허 납부금 전액을 특정 기간 내에 납부하도록 하는 것이다. 만약 낙찰자가 납부하지 않는다면 향후 일정 기간동안 미납자에 대해 할당 금지 또는 보증금 보유 등의 다양한 조치를 취할 수 있다.

스펙트럼 경매에서 경매대금 납부 불이행의 위험이 있을 경우, 이를 줄일 수 있는 몇 가지 조치가 있다. 일부 스펙트럼 경매에서 적용된 방법으로서 일반적인 것은 경매 전 또는 경매 도중에라도 은행 보증서를 제출하도록 하는 것이다. 이는 위험성 평가의 부담을 은행에게 이전하는 것이다. 은행이 입찰자의 위험 특성을 더 잘 파악하고 있기 때문에 은행 보증이 있다면 미납 가능성은 낮아진다. 정직한 입찰자는 은행보증 의무부과를 환영한다. 왜냐하면 경매 가격이 실질 가치를 더 잘 반영하고 거짓 입찰로 인해 가격이 부풀려지지 않을 것이기 때문이다.

성숙된 자본시장을 가진 선진국에서는 주주 지배력을 통해 대규모 경매에서 정직한 입찰이 이루어지도록 한다. 자본시장이 덜 발달된 국가의 경우 주주의 관리 감독이 부정직한 입찰을 막는데 덜 효과적일 것이다. 이러한 상황에서 은행 보증 요구의 정당한 이유가 있을 수 있다.

5.2.3 경매 단계: 규칙 설계

경매 규칙은 때로 매우 정교하며, 경매 전, 도중, 직후의 입찰자 행동에 관여한다. 규칙은 효율성을 훼손할 수 있는 담합 행위를 막아야 하고, 경매 동안 허용되는 것과 허용되지 않는 것에 대한 세부 지침을 제공해야 한다. 정교한 규칙은 입찰자에게 보다 많은 확실성을 주고, 경매에서 이기기 위한 과도한 전략적 행위에 관여하기보다 면허의 가치를 평가하는데 집중하도록 한다. 스펙트럼 경매 규칙 초안 작업에는 일반적으로 경제학자 또는 법률가가 경매인과 함께 참여한다.

경매 설계자는 거의 모든 우발적 상황, 심지어 거의 발생 가능성이 없는 상황도 고려하여 규칙을 만든다. 세밀한 규칙이 필요한 이유는 가능성이 매우 적은 상황이 발생했는데 적용할 규칙이 없으면 즉석에서 규칙을 만들어야하기 때문에 경매 과정이 혼란상태에 빠지게 되기 때문이다. 게다가 입찰자는 필수적으로 그들이 취하는 행동에 대한 결과가 무엇인지 정확히 알아야 한다. 그렇지 않으면 불확실성으로 인해 의도적이든 그렇지 않든 부정을 저지를 수 있게 된다. 예를 들어 입찰자가 취할 수 있지만 결과가 사전에 정해지지 않은 행위가 있을 경우, 입찰자는 이러한 행위를 하고 경매 과정을 법정에서 해결하도록 함으로써 경매 시스템을 조작하려 할 수 있다. 비록 이와 같은 행위가 성공한 경우는 거의 없었지만 FCC 경매에서 매우 자주 시도된 바 있다.

많은 SMRA 스펙트럼 경매에서 입찰자는 잠시 입찰을 멈추고 전략을 구상할 수 있는 기회가 주어진다. 이는 보통 권리포기 또는 휴회 선언의 두 가지 방식을 통해 이루어진다. 권리포기는 한 라운드에서 입찰자가 입찰하지 않는 것을 허용하는 것이다. 권리포기의 목적은 입찰자가 전략을 구상하거나 재정 담당자 또는 다른 이해관계자 등과 상의할 수 있는 시간을 주는 것이다.

권리포기의 허용여부는 경매 설계자에게 어려운 문제이다. 입찰자는 가치평가에 대해 논의할 수 있는 충분한 시간을 원하고 또 확보되어야 하는데, 특히 입찰자가 보통 컨소시엄으로 구성되는 규모가 큰 스펙트럼 경매의 경우 컨소시엄 구성원들의 자금이용에 관한 견해와 방안이 다를 수 있기 때문이다. 그러나 권리포기 부여를 통해 입찰을 조정할 시간을 줄 경우, 다른 입찰자를 속이거나 다른 입찰자로 부터 알게된 경매 관련 정보를 이용할 수 있게 된다. 영국 3G 경매에서 입찰자는 최대 3회의 권리포기와 하루의 휴회를 허용했다.

경매인은 입찰 금액 증가분을 결정해야 하고, 입찰이 너무 느릴 경우 경매인은 이 증가분을 조정해 경매 진행 속도를 높일 수 있다.

5.2.4 면허 발급 단계

경매 낙찰자가 경매인에게 낙찰 금액을 납부하면 면허가 발급된다.

5.3 경매물건의 설계

5.3.1 개요

경매에서 경매물건 설계는 입찰자에게 매력적인 선택지가 있도록 하는데 도움을 준다. 이는 경매 설계 자체와 관계없이 경매를 더욱 효율적으로 한다. 경매물건 설계는 경매 관리자에게 어려운 문제인데, 자신의 지식과 해외의 유사 대역의 경매 결과를 모두 검토해야 한다. 경매의 성공과 효율성은 입찰 가능성이 있는 사업자에게 매력적인 경매물건을 설계하는 것으로 귀결된다. 이는 잠재적 입찰자의 사적 정보를 다른 입찰자에게 공개하도록 요구하지 않더라도, 민간과 공공부문의 잠재적 입찰자와 공개적으로 논의한다는 것을 의미한다.

예를 들어 특정 경매에서 각 경매물건이 2×5 MHz폭이고 전체가 2×30 MHz폭이며, 스펙트럼 상한(5.5.3절 참고)이 2×20 MHz폭이라고 가정하자. 그러면 입찰자가 납부한 사전 자격심사 보증금 정보를 통해 경매 설계에 따라 경매 효율성에 유익하거나 유해할 수 있는 입찰 의도를 파악할 수 있다. 공개가 결정된다 하더라도, 스펙트럼 관리자는 비밀을 유지해야하고 다른 사람에게도 비밀유지 의무를 부과해야 한다. (5.4.4절 참고)

5.3.2 기술중립성의 신화

호주와 뉴질랜드 같은 일부 국가는 스펙트럼 경매 시 특정 서비스를 제공해야 한다거나 특정 기술방식을 사용해야 한다는 요구사항을 두지 않는다. 대부분의 유럽 국가는 스펙트럼 경매 시 용도를 특정하고 때로는 특정 기술과 관련해 망 구축 의무를 부과하기도 한다. 기술방식이 정해지든 그렇지 않든 중요한 것은 경매물건 설계는 가능한 응용 서비스를 반영한다는 것이다. 예를 들어 경매될 스펙트럼이 쌍을 이루고 있다면, 블록을 분리하여 쌍을 이루는 개별 물건을 만드는 것은 불필요하다. 이와 유사하게 스펙트럼 쌍이 인접 국가와 다른 방식으로 경매물건을 설계하는 것도 이익을 기대하기 어렵다.

경매물건의 최소 크기는 쌍을 이루든 그렇지 않든 도입할 기술방식을 고려해 독립적으로 가치있는 최소 스펙트럼 폭을 반영해야 한다. 비록 LTE-A와 같이 여러 대역의 스펙트럼을 모아 사용하는 기술이 등장하고 있지만, 미래 기술을 가정해 경매물건을 설계하는 것은 문제가 있다. 2015년 주요 기술을 고려할 때 가장 적절한 경매물건의 크기는 2×5 MHz 또는 5 MHz의 배수이다.

5.3.3 잠재적 입찰자와의 공동작업

경매는 단순히 판매자와 구매자가 시장에서 만나도록 하는 메커니즘이므로 경매 관리자, 즉 판매자는 구매자의 요구를 명확히 이해하고 있어야 한다. 따라서 경매 초기 단계부터 즉 경매 관련 정보가 공고되기 훨씬 이전부터 잠재적 입찰자와의 공동작업이 필요하다.

경매 관리자와 입찰자간의 상호작용은 경매물건을 입찰자에게 홍보하는 것에서부터 경매물건이 입찰자에게 필요하다는 것을 확신시키는 것에 이른다.

경매 관리자는 잠재적 입찰자와 상호작용하는 과정에서 해당 입찰자가가 경매 효율성에 부정적 영향을 미치는 방식으로 사적 가치 정보를 교환하도록 허용하면 안 된다. 가장 나쁜 결과는 5.4.2절에 나온 바와 같이 경매인이 그러한 정보의 교환을 장려하는 것이다.

5.3.4 경매물건 설계 및 경매 유형

경매물건의 설계와 경매 유형 사이에는 어느 정도 연계되어 있다. 경매물건이 2×5 MHz 폭인 2×30 MHz폭의 스펙트럼 경매를 생각해보자. 만약 경매물건이 하위와 상위의 경계로 정의된다면 연속적인 경매물건은 더 많은 가치가 있을 것이다. 이 가치는 연속성의 가치가 표현될 수 있는 조합경매 또는 클록 경매의 두 번째 단계(즉 SMRA)를 통해 표현될 수 있다.

각 경우에서 '승자의 저주'를 만들지 않으며 입찰자가 낙찰 의도 없이 입찰가를 올리는 기회를 주지 않고 효율적 결과의 가능성을 높이기 위해서는, 경매물건을 동시 경매하는 것이 매우 중요하다.

5.4 경쟁적인 경매 만들기

5.4.1 경쟁법이 경매에 미치는 영향

경쟁 또는 반독점법은 기본적으로 경쟁 촉진을 통해 소비자 후생을 증가시키기 위한 것이다. 이러한 경쟁의 촉진은 반경쟁적 행위에 의해 왜곡되지 않고 잘 작동하는 시장을 통해 이루어진다. 이러한 왜곡을 최소화하기 위한 경쟁법의 세 가지 축은 다음과 같다.

1. 반경쟁적 담합 행위의 금지[1]
2. 일방적인 시장 지배력 남용의 금지
3. 합병 규제

카르텔 또는 담합은 시장 점유를 공유하거나 가격 또는 공급, 취득과 같은 비가격 조건을 고정시키기 위해 두 개 또는 그 이상의 회사가 협정을 맺거나 참여하는 경우에 발생한다. 시장 지배력의 일방적 남용은 남용이 효과적일 정도로 충분한 시장 지배력을 가진 단일 회사에 의해 발생한다. 합병 규제는 자산(보통 사업의 소유권) 취득으로 인해 시장 경쟁이 상당히 감소하는 것을 방지하기 위한 규제 장치이다. 스펙트럼 할당을 위한 경매 설계 시

---

1 이러한 행위의 특수한 사례는 경매 조작 담합으로서, 많은 국가에서 형사처벌을 시행한다. 경매소작에 관해서는 일반적으로 [2]를 참고

이러한 문제에 대한 검토가 필요하다.

문제는 경매 설계가 일반적인 경쟁법과 얼마나 독립적으로 운영되어야 하는지에 관한 것이다. 이 문제에 대한 답은 국가마다 다르다. 예를 들어 홍콩은 3G 스펙트럼 경매가 처음 시행되었을 때, 일반적인 경쟁법이 없었고 경매가 입찰자와 잠재적 입찰자간에 조정이 일어나지 않도록 설계되었다. 담합 또는 카르텔 행위를 막는 경쟁법이 있는 국가라면 일반적으로 경매에 적용될 것이다. 따라서 호주의 2013년 700 MHz 및 2.5 GHz 스펙트럼 경매의 지침[1]에서는 "이 규칙은 경매에서의 반경쟁적 행위를 억제하고, 법이 규정한 바에 따른 카르텔 행위의 금지를 보완하고자 한다"고 밝힌 바 있다.

5.4.2 담합 행위

스펙트럼 경매 시 담합 행위 발생의 위험은 부분적으로 경매 금액이 상당히 높다는 데 기인한다. 미국 FCC의 2015년도 1.8 GHz 대역 스펙트럼 경매는 450억 달러 이상의 수익을 올렸다. 이렇게 높은 금액의 경매에서 이성적으로 행동하는 입찰자라면 어떤 합법적 수단을 통해서라도 지출을 줄이고자 할 것이다.

경매 설계가 경매 과정의 어느 지점에서라도 담합을 조장한다면 담합 위험은 증가한다. 예를 들어 3개의 이동통신 사업자가 있고 경매물건이 2 × 5 MHz인 2 × 30 MHz폭의 스펙트럼을 경매한다고 할때, 경매 결과 각 사업자가 2 × 10 MHz 폭을 갖게될 가능성이 높다.

그러나 이 결과는 담합에 의한 것일 가능성이 있다. 따라서 경매 과정 설계는 이러한 위험을 최소화하고, 담합한 입찰자들이 사전에 담합에서 이탈하도록 하는 단순한 방법을 만들어야 한다.

즉 경매 관리자는 경쟁 규제기관이 담합에서 이탈시키는데 사용하는 전략의 유형을 파악해야 한다. 그 이유는 증거에 의하면 카르텔 붕괴의 원인이 신규 참여, 외인성 충격, 거래 문제와 같은 다른 요인도 있지만 일반적으로는 이탈이기 때문이다[3].

경매 설계가 경매 자체 내에서의 담합을 조장할 수 있다. 크램턴(Cramton), 슈워츠(Schwartz)는 FCC 경매에서 입찰 신호가 있다고 말한다. 그들은 동시 공개 입찰에서 입찰자들이 상대편에게 어떤 면허에 입찰하고 어떤 면허에 입찰하지 않을지에 대한 메세지를 보낼 수 있다는 것을 발견했다. 이 '암호 입찰'에서는 입찰자가 입찰 금액의 마지막 몇 자리수 부분에 관련 면허의 시장 번호를 표시하게 된다. 그들이 발견한 또다른 사실은 '입찰자의 소수만 보복 및 암호 입찰을 한다는 것'이다. 이들 입찰자는 스펙트럼의 40% 이상을 재판매를 목적으로 낙찰받고, 전체 낙찰 금액과 비교해 상당히 작은 금액을 납부한다[4, pp. 4, 14]. 만약 경매 설계 자체가 바람직하지 않은 행위를 조장한다면, 비행 또는 경매 규칙 위반이 있다고 주장하기는 더 어렵다.

담합행위의 가능성을 최소화할 수 있는 경매 설계의 한가지 측면은 경매 관리자가 잠재적 입찰자들과 그들 상호간의 상업적 관계를 명확하게 이해하는 것이다. 이를 통해 소유권이나 관리자를 공유하는 입찰자들을 하나의 입찰 그룹으로 간주할 수 있다. 즉, 그들은 경매 후에 해당 그룹 내에서 스펙트럼을 거래할 수 있다는 기대를 가지고 단일 입찰자를 구성한다.

이는 사전 자격심사 단계에서 의무적으로 소유권 공개하도록 하거나, 입찰자 그룹 구성 변경 사실을 변경에 따른 효력 발생 직후에 수시로 공개하는 의무부과를 통해 가능하다.

5.4.3 최저 경매가격 설정

경매에서 최저 경매가격은 입찰가가 해당 금액보다 낮은 경우 판매가 취소되는 가격이다. 경매의 목적이 경제적으로 가장 효율적인 결과를 얻는 것일 경우에는 최저 경매가격 설정이 필요 없다는 주장이 있다. 경매 과정에서 정확한 가격을 찾을 수 있고, 최저 경매가격은 가격 공개 과정에 부정적인 영향을 줄 수 있다는 것이다. 그러나 일반적으로 경매 시작가격은 최저 경매가격으로 설정되는데, 이는 경매 소요 시간을 줄여주며 가격 공개 과정의 일부를 구성한다. 또한 보증금에 대한 은행보증, 다른 자금조달 과정과 관련한 요구사항을 정하기 위해 관리자가 최저 경매가격을 정하는 것이 편리할 수 있다. 담합의 우려가 있을 경우, 최저 경매가격은 공모자들이 의무적으로 지불해야 하는 최소 가격을 정하고, 정부 대신 입찰자가 스스로 스펙트럼의 희소가치에 책정할 수 있는 가격의 한계를 설정한다. 게다가 4.7.3절의 유럽 3G 경매 사례는 경매가 진행되면서 참여자 수가 면허 수와 같아질 때까지 어떻게 감소하는지를 보여주는데, 이런 경우 최저 경매가격이 없다면 경매 수익은 소액에 불과할 수 있다.

최저 경매가격을 너무 높게 설정해도 문제가 있을 수 있다. 한 가지는 입찰자 수가 줄어든다는 것이다. 예를 들어 호주의 Vodafone은 2013년의 700 MHz 대역 경매의 최저 경매가격이 정해지자 바로 경매에서 철수했다. 여기에서의 문제점은 정부가 경매 수익으로 예산 전망을 수립하고, 간접적으로는 공공지출 계획 수립에 최저 경매가격을 사용한 것인데, 이는 최저 경매가격의 상승 압력으로 작용한다.

최저 경매가격이 일부 면허는 팔릴 수 있으나 다른 면허는 그렇지 않은 수준으로 정해지는 경우 심각한 문제가 발생할 수 있다. 만약 팔리지 않은 면허가 낮은 가격으로 팔리게 되면, 최저 경매가격을 지불한 회사는 당연히 매우 강하게 반발할 것이다. 또한 유럽에서는 정부보조 규칙과 관련한 문제가 있을 수 있다. 그 결과 귀중한 스펙트럼의 이용이 수년동안 불가능해질 수 있다. 이는 2001년 프랑스의 네 개의 3G 면허 경매를 통해 알 수 있는데, 최초가격을 너무 높게 설정하여 네 번째와 마지막 면허가 2010년에 할당되었다[5].

경매 관리자는 적정한 최초 가격을 정할 필요가 있고, 잠재적 입찰자는 일반적으로 가격을 낮추기를 요구하겠지만, 이들과 협의하거나 GDP 수준이 유사한 다른 나라의 실제 경매결과($/MHz/인구 단위)를 참고할 수 있다. 7.6절에서 이러한 계산이 실제로 어떻게 이루어지는지 설명한다.

5.4.4 관리

경매 이전 단계에서 경매 관리자는 일반적으로 경매에 대한 지침을 공개한다. 이를 정보 공고(information memorandum) 또는 경매 지침(auction guide)이라 부른다. 이 문서는 관련 법령, 하위 법령 및 경매가 준수해야 할 규제를 명시적으로 또는 참조를 통해 나타낸다.

정보 공고는 경매될 스펙트럼에 대한 홍보뿐만 아니라 경매 절차에 관한 정보 제공을 목적으로 한다. 이 문서는 보통 다음과 같은 면책조항을 포함한다.

a. 독자는 제공된 자료에 관해 법적 자문을 받아야 함
b. 경매가 시행되지 않을 수 있음
c. 잠재 입찰자가 입찰하기 위해서는 정보 공고에 설명된 사전 자격심사 과정을 마쳐야 함
d. 일정표는 제안 사항으로 경매 관리자에게 구속되지 않음

정보 공고의 다른 전형적인 내용이 표 5-1에 나타나 있다.

▽ 표 5-1 경매 정보 공고의 전형적인 내용

구분	내용
개요	개요 부분은 경매의 요약서로서 경매 형식, 경매 단계의 진행, 법적 의무 사항, 국가에서의 기회, 경매에서 제공되는 스펙트럼에 대한 정보, 향후 스펙트럼 할당 및 경매 일정에 관한 정보를 포함한다.
국가 특징 정보	이 부분은 잠재적 입찰자가 서비스를 제공할 환경에 대해 설명한다. 다른 사업자의 스펙트럼 보유 정보(또는 해당 정보를 찾을 수 있는 곳), 해당 부문에서의 경쟁 강도에 관한 정보를 설명할 수 있다.
면허 조건	면허조건은 관련 주파수, 지역, 시간(즉 면허 기간)으로 표현되는 범위를 포함한다. 여기에는 특정한 규제적 의무 또는 커버리지 의무 또는 로밍 권리와 같은 기회를 포함한다. 경매대금 지불 이외의 지불 조건, 예를 들어 보편적 서비스 기금 기여가 포함될 수 있다.
규제적 의무	이 부분은 번호이동, 인프라 공유와 같은 좀 더 일반적인 규제적 의무를 설명한다.
사전 자격 심사	이 부분은 잠재적 입찰자가 경매에 참여하기 위해 심사받아야 할 자격요건을 설명한다.
경매	이 부분은 경매 과정 설명의 핵심으로서 보통 일정, 경매 대상 스펙트럼을 다시 설명하고, 경매 시행과 경매 과정을 설명한다.
비밀과 다른 조건	이 부분은 비밀유지 의무 적용 시점 등 잠재적 입찰자에게 부과하는 비밀 유지에 대한 사항을 설명한다. 또한 다음과 같은 사항에 대한 정보를 제공한다. • 자격박탈 • 소유권 공개의 의무 • 입찰자 구성의 변경 • 담합

5.4.5 규칙의 강제

경매 관리자는 경매 규칙을 강제할 필요가 있을 수 있다. 그에 따라 경매 관리자는 규칙 위반에 대한 일정 수준의 처벌 권한을 요구한다. 이는 보통 보증금의 일부 또는 전부를 몰수하는 것에서 보증금 손실을 포함한 자격 박탈에 이를 수 있다. 경매 관리자는 경매 규칙 위반이 심각할 경우 계약 위반에 대해 소송을 제기할 수 있는 명확한 권리가 필요할 수 있다.

5.5 경매 및 하류시장 경쟁

5.5.1 개요

만약 경매 설계의 목표가 수익의 극대화라면, 마치 중세의 왕이 소금 전매권을 경매하여 수익을 극대화하듯이 특정 서비스를 제공할 수 있는 스펙트럼 전부를 단일 사업자에게 제공하는 것이 가장 좋은 방법일 것이다. 낙찰자는 아마 가장 효율적인 독점 사업자일 것이나 독점 사업자이다.

따라서 경매 설계자는 경매 또는 경매 결과가 하류 시장의 경쟁에 미치는 영향에 주의해야 한다. 이동통신 스펙트럼 할당을 위한 경매도입 초기에는 미리 정해진 대역폭의 정해진 개수의 면허를 '사업자당 단일 면허 원칙'으로 팔도록 경매를 설계했다. 면허 개수는 통제되었고, 더 많은 사업자의 참여를 유도하기 위해 기간이 갈수록 증가했다. 이동 음성과 데이터 서비스 제공 용도로 다양한 주파수 대역을 사용할 수 있게 되고(스펙트럼 보유 포트폴리오 구성가능), 스펙트럼이 클록 경매를 통해 작은 단위로 팔리게 되자(그래서 스펙트럼 시장은 더 경쟁적이게 된다), 규제기관은 경매 설계에 있어 경쟁에 대한 영향을 보다 명시적으로 나타낼 필요가 있었다.

4.9절의 '유인 경매' 시행과 관련해 미국 법무부가 언급한 내용은 이 문제의 핵심을 잘 나타낸다. 여기에서는 이동통신과 같이 스펙트럼 이용 분야에서 규모가 크거나 지배적인 사업자는 스펙트럼에 사적 가치가 있다고 밝혔는데, 그 이유는 해당 자산으로 인해 수익이 발생할뿐만 아니라 스펙트럼 권리 취득을 통해 경쟁사가 자사의 이익을 침해하지 못하게 하기 때문이다. "후자는 '사용 가치'와 구별되어 '반환권 상실 가치'라 할 수 있다. ... 반환권 상실 가치는 예를 들어 시장의 경쟁 강도를 증가시킬 것으로 예상되는 신규 사업자의 참여나 확장을 방해하여 경쟁에서 배제시키는 사적 가치를 나타낸다.[6]"[2]

스펙트럼 경매에서 하류 시장의 반환권 상실 범위는 이동통신과 같은 특정 서비스 제공 시 어떤 주파수가 다른 주파수의 대체재인가에 결정적으로 의존한다. 만약 여러 주파수가 동일 수준의 서비스를 제공할 수 있고, 스펙트럼을 스펙트럼 이외의 자원으로 대체 가능하다면,[3] 반환권 상실의 가능성은 줄어든다. 마찬가지로 특성이 점진적으로 변하는 다수의 연속된 주파수가 있다면, 전체 경매물건이 '연속된 대체 연결고리'를 구성할 수 있다.

따라서 경쟁 분석에 있어 흔히 마주치는 질문은 여러 주파수들이 동일 시장에 속할 정도

---

2 반환권 상실은 한 회사가 경쟁자의 시장 진입을 의도적으로 막거나 시장 경쟁력을 약화시키는 것을 나타낸다. Ofcom은 스펙트럼 가치의 이러한 측면을 '전략적 투자 가치'라 부른다[6].

3 이는 낮은 전력 레벨로 동작하는 기지국을 더 많이 사용하는 네트워크를 설계함으로써 어느 정도 가능하다. 이를 통해 스펙트럼이 짧은 거리에서 재사용되므로 주어진 지역 서비스를 위한 스펙트럼 보유 필요량이 줄어든다.

로 충분히 대체 가능하냐는 것이다. 개념적으로 이 문제에 대한 답은 가상의 독점자 즉 예를 들어 1 GHz 이하 이동통신 대역 접속을 제한할 수 있는 사업자가 해당 스펙트럼 가격을 경쟁 수준 이상, 예를 들어 10%를 올릴 수 있는지에 대해 질문함으로써 얻을 수 있다. 실제로 해당 질문에 대한 답은 주파수 대역별 커버리지와 이동통신 서비스 능력(예를 들어 건물 투과), 그리고 스펙트럼 경매 참여자의 행동에 따라 달라질 것이다.

많은 국가의 주파수 분배표는 이동통신 스펙트럼을 작지만 증가하고 있는 핵심 대역으로 한정하고 있다. 많은 유럽 국가의 경우 800/900 MHz, 1800 MHz, 2.1 GHz, 2.6 GHz가 있다. 1 GHz 이하 스펙트럼과 다른 대역간에 상당한 차이가 있어 많은 스펙트럼 관리기관은 일반적으로 이들 두 범주의 대역에 대해 다른 조치를 취하고 있다. 이 차이는 여러차례의 경매 결과 1 GHz 이하 스펙트럼의 가격이 1800 MHz보다 높다는 사실을 통해 확인된다.

이동통신용도에서 1 GHz 이하 대역을 다른 대역과 구별하는 이유를 Ofcom은 다음과 같이 설명하고 있다.

1 GHz 이하 스펙트럼의 중요성

5.40 1 GHz 이하 스펙트럼은 커버리지 측면에서 높은 대역에 비해 유리하다. 1 GHz 이하 스펙트럼은 동일한 개수의 기지국 사이트로 높은 대역과 비교해 상당히 넓은 지역 범위에 대해 서비스가 가능하도록 한다. 이는 신호가 낮은 수파수에서 너 밀리 도달하기 때문이다. 또는 낮은 주파수는 고체 물질을 더 잘 투과하기 때문에 빌딩 내에서 훨씬 우수한 신호 품질과 높은 다운로드 속도를 제공한다.

5.41 이러한 장점은 1 GHz 이하 스펙트럼을 많이 가진 전국 사업자는 그렇지 않은 사업자에 비해 비교할 수 없는 경쟁적 우위를 갖는다는 것을 의미할 수 있다. 이러한 경쟁적 우위로 인해 1 GHz 이하 스펙트럼 미보유 전국 사업자는 1 GHz 이하 스펙트럼 보유 전국 사업자와 충분히 유사한 서비스를 제공할 수 있는 네트워크를 구축할 수 없어 경쟁에서 상당히 불리하다고 할 수 있다. 이는 상이한 스펙트럼 포트폴리오를 가진 사업자간의 기술적 차이와 실내 커버리지와 같은 기술적 차이에 가입자들이 얼마나 민감한지에 따라 부분적으로 결정될 수 있다.

5.42 … 우리의 예비 결론은 1 GHz 이하 스펙트럼을 많이 보유한 전국 사업자는 그렇지 않은 사업자에 비해 대항할 수 없을 정도의 기술적 우위를 갖는다는 것이다.[4]

5.5.2 경쟁은 어떻게 촉진되는가

스펙트럼 규제기관이 스펙트럼 할당에 있어 시장 지배력을 해결하기 위해 사용할 수 있는 방법은 다음과 같다[8, 9].

---

[4] Ofcom, "Consultation on Assessment of Future Mobile Competition and Proposals for the Award of 800 MHz and 2.6 GHz Spectrum and Related Issues," March 22, 2011. 제4입찰자를 위해 최저 스펙트럼 양을 도입했던 2013년 경매 설계에서 Ofcom은 실질적으로 여러 스펙트럼 대역에 대한 입찰을 보장했는데, 제4입찰자는 여러 대역 중에서 800 MHz 스펙트럼을 선택했다. (Box 5-1 참고)

1. **경쟁 법**. 반경쟁적 방식으로 스펙트럼을 취득하는 것을 막기 위해 경쟁법을 활용할 수 있다. 여기에서 문제는 스펙트럼을 이용하는 회사가 다른 회사로부터 스펙트럼을 구입하는 거래를 경쟁법으로 규제하지 못할 수 있다는 것이다.[5]
2. **Use-it-lose-it 규칙**. 이 규칙으로 불필요한 스펙트럼 구매를 막을 수 있다. 이 규칙은 정해진 기간 내에 사용하지 않으면 할당받은 스펙트럼을 반납하도록 한다. 이는 스펙트럼 사재기를 막기 위한 것이다. 이 규칙의 문제점은 스펙트럼 취득이 합리적이더라도 수요 발생 전에는 취득이 불가능할 수 있고, 스펙트럼 이용 의무 이행여부를 감시하기가 어려우며 회피가 쉽다는 것이다.
3. **스펙트럼 거래의 심사**. 스펙트럼 거래 전에 심사를 할 수 있다. 이는 아래의 제6장에서도 논의되지만, 2차 또는 재판매 거래에만 해당되며, 1차 또는 경매를 통한 할당에는 해당되지 않는다.
4. **별도 목적 스펙트럼**. 일부 스펙트럼은 해당 시장에 신규 진입하는 등의 특정 조건을 만족하는 입찰자만 할당받을 수 있도록 할 수 있다. 이는 유리한 조건의 사업자의 참여를 촉진할 수 있지만 비효율적인 사업자에게 할당되는 결과를 초래할 수도 있다. 이 방식은 북미, 유럽 모두에서 적용된 바 있으나 일관성 있는 결과를 보여주지는 않는다.
5. **입찰 금액 할인**. 이 방식에서 특정 유형의 입찰자는 그들이 실제 납부해야 하는 금액보다 더 많은 금액을 입찰한 것으로 간주된다. 예를 들어 신규 참여자는 입찰가의 25%를 할인받을 수 있다. 낙찰 받았을 경우 80 달러를 납부해야 하는 신규 사업자가 있을 경우, 이 사업자가 할당을 위해 100 달러를 납부한 것으로 간주한다는 것이다. 이때 특혜를 받은 입찰자가 단순히 다른 사업자와의 거래를 통해 금전적 이익을 취하는 것을 금지할 필요가 있다.

그러나 가장 흔히 이용되는 방법은 스펙트럼 상한(cap)을 두는 것이다. 스펙트럼 상한은 사업자가 특정(또는 모든) 대역에서라도 취득 방법과 시점에 관계없이 보유할 수 있는 스펙트럼의 양에 제한을 두거나, 특정 스펙트럼 할당 과정에서 취득할 수 있는 스펙트럼 양에 상한을 정할 수도 있다. 첫 번째 유형의 제한은 'soft cap'으로서, 미래의 위반을 사전에 자동적으로 금지하는 것이 아니라 위반에 대해 조사할 수 있도록 한다. 그러나 경매에 적용되는 상한은 경매 규칙에 종속된 사항이므로 협상이 불가능할 수도 있다. 그리고 이는

[5] 이는 국가마다 다를 수 있다. 스펙트럼 취득은 호주에서는 합병 상황으로 취급되는 반면 유럽의 법은 그렇지 않다. 그러나 경쟁 이동통신사와 같은 스펙트럼 이용 회사를 취득하는 것은 일반적으로 합병으로 취급된다.

특정 경매의 규칙이므로 스펙트럼 규제 기관은 적용할 규칙에 대한 일정 수준의 재량권을 갖는다.

5.5.3 스펙트럼 상한(Spectrum cap)

스펙트럼 상한은 양날의 검이다. 이는 거대 사업자의 반경쟁적 행위를 막을 수 있으나, 잘못 적용되거나 너무 엄격하게 적용되면 가입자 수가 많아 더 많은 스펙트럼이 필요한 성공적인 사업자에게 불리하게 작용할 수 있다. 스펙트럼 상한이 경매 시 비효율적인 사업자에게 유리하도록 작용하여 스펙트럼을 가치있게 사용하는 사업자로부터 되돌린다면, 이로 인한 효율성 저하는 경매수익 감소로 나타날 수 있다. 그러나 이에 반하여 상한이 없다면 중간 규모의 사업자는 스펙트럼 취득의 기회가 사실상 없다고 판단하여 경매에 불참할 수 있고, 이는 경매물건의 수요를 감소시킬 수 있게 된다. 이 두 가지 효과 중 어느 것이 우세할지 판단하기 위해서는 경험에 기반한 예측이 필요하다.

미국에서 경매 시 스펙트럼 상한을 이용하는 것에 대해 논쟁이 있었다[10]. 그러나 최근 유럽의 경매에서는(특히 2010년 이후 경매, 지상파 방송의 디지털 전환으로 인한 800 MHz 대역 경매), 스펙트럼 상한이 1 GHz 이하 대역에 적용되어 거의 보편화되었다. 1 GHz 이상 대역에도 스펙트럼 상한이 적용되었으며, 사업자의 스펙트럼 총 취득량에 상한을 적용하는 경우도 있었다.[6] (표 5-2 참고)

6 네덜란드의 경우 스펙트럼 일부를 별도 목적으로 둔 바 있으나, 결과는 성공적이지 못했다.

▽ 표 5-2 유럽 경매에서의 스펙트럼 상한과 결과 요약

국가	전국 MNO 수	경매의 총량 한계	1 GHz 이하 상한	결과
독일	4	2×20 MHz(2×22.4 MHz Vodafone과 T-Mobile)	○	2×10 MHz(O2); 2×10 MHz (T-Mobile); 2×10 MHz(Vodafone)
아일랜드	4	2×20 MHz	○	2×10 MHz(Meteor); 2×10 MHz (Vodafone); 2×10 MHz(O2)
스위스	3	2×25 MHz on combined 800 MHz and 900 MHz	○	2×10 MHz(Orange); 2×10 MHz (Sunrise); 2×10 MHz(Swisscom)
스웨덴	4	2×10 MHz	○	2×10 MHz(3); 2×10 MHz (Telenor); 2×10 MHz(Sulab)
스페인	4	2×20 MHz	○	2×5 MHz(Telefónica); 2×5 MHz (Vodafone); 2×20 MHz(Orange)
포르투갈	3	2×10 MHz	○	2×10 MHz(Optimus); 2×10 MHz (TMN); 2×10 MHz(Vodafone)
슬로바키아	3	2×10 MHz	○	Auction due 2H 2013
아이슬랜드	6	2×20 MHz	○	낙찰자는 Nova, Vodafone, Simmin, 및 365(양은 불명)
체코	3	2×15 MHz(로밍)	○	가격이 너무 높아 입찰 중단
영국	4	2×27 MHz(1 GHz 이하) 최소량 및 커버리지 의무	○	2×5 MHz(EE); 2×5 MHz(3); 2×10 MHz(Vodafone); 2×10 MHz(Telefónica)
이탈리아	4	2×25 MHz(1 GHz 이하)	○	2×10 MHz(TIM); 2×10 MHz (Vodafone); 2×10 MHz(Wind)
노르웨이	6	2×10 MHz	○	2×10 MHz(TeliaSonera); 2×10 MHz(Telenor); 2×10 MHz(Telco Data)
프랑스	4	2×15 MHz(로밍제공)	○[1]	2×10 MHz(Bouygues); 2×10 MHz(Orange); 2×10 MHz (SFR)
네덜란드	5	N/A(신규 사업자용 블록 마련)	○	2×10 MHz(Tele2)
덴마크	6	2×20 MHz	○	2×20 MHz(TDC); 2×10 MHz(TT)

[1] 프랑스는 저대역의 기존 사업자에게 로밍 의무를 부과했다. 자료: [11]

Box 5-1 영국 4G 경매에서 최소 스펙트럼 양

영국의 800 MHz 4G 스펙트럼과 다른 대역에 대한 경매에서 영국 스펙트럼 규제기관인 Ofcom은 최소 4개의 사업자를 통한 이동통신 시장 경쟁 활성화를 위해, 경매의 목표를 스펙트럼 상한을 설정해 경매 이후 과도한 비대칭적 스펙트럼 배분 상황을 피하고, 신규 또는 소규모 사업자를 위한 스펙트럼을 유연하게 유보할 수 있도록 하는 것으로 정했다.

두 번째 목표는 소규모 또는 신규 사업자가 이동통신 시장에서 경쟁할 수 있는 스펙트럼 포트폴리오를 경매 후에 보유할 수 있도록 함으로써 달성되었다.

여러 국가에서 신규 시장 참여자가 미리 정해진 스펙트럼을 유리한 가격으로 구매할 수 있도록 별도 목적의 스펙트럼을 유보했다. (위 부분 참고) 그러나 어느 스펙트럼을 확보할지를 결정하는 것은 규제기관이다. 영국 경매에서 최소 스펙트럼 양을 적용하는데 있어서의 혁신적인 점은 다음과 같은 두 가지 측면의 유연성이다. 첫 번째는 다양한 사업자를 위해 전체 스펙트럼 보유현황 등에 따라 다양한 스펙트럼 포트폴리오를 유보할 수 있다는 것이다. 두 번째는 포트폴리오 범위 내에서 경쟁 촉진이 가능한 유보 스펙트럼을 경매를 통해 정하는 것이다. 경매를 통해 정하는 최소 스펙트럼 양은 유보로 인해 발생하는 입찰 금액 손실을 최소화하는 수준으로 정한다. 이는 표준적인 조합 클록 경매에 추가 규칙과 절차를 통해 실현할 수 있다.

이 경우에서 가장 작은 사업자인 H3G는 1 GHz 이하 대역에서 2×5 MHz폭을 Ofcom이 정한 최소 유보 가격으로 할당받는데 성공했다. 경매가 끝난 후 H3G 이사회는 규제기관의 전략이 그만큼 복잡했지만 의도한 결과를 가져다준 것에 놀라워했다.

자료: [12]

실제로 전세계적으로 이동통신 부문에서 상당한 정도의 합병이 일어나고 있으며, 이는 관련 경쟁 규제기관의 승인을 통해 이루어진다. (예를 들어 [13]을 참고) 많은 국가의 경우 이는 이동통신 사업자의 수가 네 개에서 세 개로 줄어드는 것을 의미한다. 표 5-3은 유럽위원회가 최근에 통과시킨 유럽 이동통신 사업자의 합병을 보여준다. 일부 사례에서는 스펙트럼 보유에 대한 투자 철회를 요구했다. 이러한 합병이 바람직한 것인지에 관해서는 유럽 규제기관 사이에서도 의견이 다양하다.

이동통신 부문에서 더 중요한 트랜드는 사업자에 의한 투입요소의 공유이다. 이는 두 개 또는 세 개의 사업자가 철탑, 안테나와 같은 수동 투입요소를 공유하거나, 사업자들이 자사의 무선접속 네트워크, 심지어는 스펙트럼까지 결합할 수 있다. 유럽의 경쟁 관련 규제기관은 초기에는 더 완전한 형태의 네트워크 공유가 소매 시장을 조정하는 조건이 될 수 있다는 우려를 제기했으나, 최근에는 허용하는 정책을 채택하고 있다[15].

▽ 표 5-3 유럽의 이동통신 사업자 합병: 승인된 합병

년도	국가	주체	언론 보도
2006	오스트리아	T-Mobile과 tele.ring	IP/06/535
2007	네덜란드	T-Mobile과 Orange	IP/07/1238
2010	영국	T-Mobile과 Orange	IP/10/208
2012	오스트리아	Hutchison 3G와 Orange	IP/12/1361
2014	아일랜드	Hutchison 3G와 Telefónica Ireland(O2 Ireland)	IP/14/607
2014	독일	E-Plus와 Telefónica Germany(O2 Germany)	IP/14/771

자료: [14]

5.5.5 다양한 요소의 통합

일부 스펙트럼 이용 시장, 특히 이동통신은 소수의 회사가 지배하는 경향이 있다. 실제로 이동통신 부문의 구조는 스펙트럼 할당 정책의 영향을 크게 받는다. 지난 수십 년간 이는 인프라 경쟁을 촉진하는 역할을 했지만, 현재는 합병과 인프라 공유의 트랜드가 등장하고 있다.

이러한 환경에서 경매는 시장 실패를 초래하는 의도하지 않은 수단이 될 수 있다. 왜냐하면 사업자들이 경매로 경쟁을 배제할 수 있기 때문이다. 따라서 이러한 가능성을 제한하기 위해 경매에서 스펙트럼 상한과 최저 양과 같은 규칙을 사용한다. 불행하게도 이러한 개입은 정책 실패를 초래할 수 있으므로 규제기관은 이러한 바람직하지 않은 결과를 피하기 위해 주의할 필요가 있다.

5.6 비면허 스펙트럼 수요를 스펙트럼 경매에서 수용 가능한가?

스펙트럼 경매의 입찰자는 보통 특정 대역에 대한 배타적 이용을 원한다. 이는 그들이 간섭 없는 스펙트럼 이용을 보장하고 하류 시장에서 경쟁할 수 있는 다른 이용자의 사용을 제한한다. 반면에 비면허 스펙트럼은 송신 전력 제한과 같은 특정 규제 조건을 만족하는 모든 잠재적 이용자가 이용할 수 있다. 전통적으로 간섭으로부터의 보호는 소출력, 지역범위 제한을 통해 이루어졌다. 간섭보호는 이용자에게 해당 대역에 여유가 있는지를 알려주는 데이터베이스를 통해 이루어지는 경우가 더 많아질 것이다. 그 대신 일부 회사는 스펙트럼에 가격을 매겨 소위 '사적 공유'를 구현할 수도 있을 것이다.

이러한 특징으로 개별 면허권자가 스펙트럼 이용을 금전적 형태로 표현할 수 있지만, 비면허 스펙트럼은 불가능하다. 이로 인해 지금까지는 두 형태의 이용자간 스펙트럼 이용

을 위한 경쟁이 없었고, 분배에 관한 결정은 '명령과 통제'의 규제 문제로 남겨져 있다. 5 GHz 대역 및 다른 대역에서의 비면허 스펙트럼 추가 분배에 관한 논의가 지속되는 동안에도 이러한 상황은 지속될 것으로 보인다.

비면허 대역 이용에 가격을 부과하지는 않지만 이 대역은 분명히 가치를 지니고 있다. 이 가치를 산출할 수 있는 방법이 있을까? 잠재적 이용자에게 비면허 스펙트럼 접속의 가치에 대해 설문할 수 있을 것이다. 그러나 그들은 솔직하게 답하지 않을 유인이 있을 수 있다. 왜냐하면 가치를 과장해 답하면 더 많은 비면허 접속이 가능할 수 있게 될 수 있지만, 가치가 낮다고하면 비용 부담 가능성이 낮아질 수 있다고 생각할 수 있기 때문이다.

공공재의 사적 가치에 대해 진실한 대답을 구하는 것은 매우 일반적인 문제이다.[7] 4장에서 살펴본 바와 같이, 2차 가격 밀봉입찰 경매는 정직한 가치평가를 유도하는 소위 비크리 특성을 보여주며, 이는 공공재의 경우에도 일반적으로 적용 가능하다.[8] 그러나 이를 구현하는데는 이론적, 현실적인 문제가 있다. 사람들이 정직하게 답을 하도록 하는 유인을 제공하는 과정에서 특정 관계자에게 부채 상환을 요구할 수 있고 이는 이 과정의 비용을 매우 증가시킬 수 있다.

좀 더 원칙적으로 말하면, 가치평가 대상에 대한 이해가 불완전하고 가능하면 대규모 집단을 대상으로 질문하는 것이 필요하다. 그러나 이때 평가가치의 미래 변화를 전망하는 것이 어려울 수 있다[16, p. 25]. 불행하게도 정직한 평가가치를 도출하는 문제로 인해 만족스럽게 작동할 수 있는 메커니즘이 작동 불가능 해질 수 있다.

그러나 그렇다고 해서 비면허 이용자를 대표하는 대리인 또는 공공 수탁자가 이러한 이용에 대한 가치 추정에 근거해 경매에 참여할 수 없는 것은 아니다. 이러한 추정에 관한 연구가 있다[17, 18]. 일반적으로 이들 연구에서는 주거자용 Wi-Fi, Wi-Fi 셀룰러 오프로딩, RFID와 같이 비면허 스펙트럼 이용 서비스를 구분하여, 현재 이용수준과 가치를 설정한 후, 10~20년 후를 전망하는 방식이 사용된다. 이 내용을 알고 있는 대리인은 공공기관으로 허가를 받아 다른 이용자 집단과 경쟁하여 해당 스펙트럼의 추정된 가치까지 입찰할 수 있다.

그러나 이러한 용도로 스펙트럼 할당시 공공 재원의 손실은 명백하다. 배타적 면허를 취득한, 즉 사적 공공재로서 스펙트럼을 이용하는 사업자는 재정 담당 정부기관에 그에 대한 대가를 지불해야 하나, 비면허 스펙트럼 대가의 지불에 필요한 확실한 재원이 없다.

7 공공재는 국방과 같은 재화로서 두 가지 특징이 있다. (i) 소비자는 이를 소비할 때 서로 경쟁하지 않고, (ii) 그것이 존재할 때 소비자는 그것을 이용하는 데에서 배제되지 않는다는 것이다. 공공재의 가치에 대한 응답은, 많이 생산되도록 하기 위해 일부러 높은 가치를 부여하거나, 높은 가치를 부여할 경우 비용 분담을 위한 과세를 우려해 일부러 낮은 가치를 부여할 수 있다.

8 스펙트럼 관리의 경우에 이러한 메커니즘을 어떻게 적용할 수 있는지에 대한 설명은 [19]에서 참고할 수 있다.

더 어려운 것은 비면허 스펙트럼을 최대한 활용하기 위해서는 일정 형태의 국제적 공조가 필수적이라는 것이다. 만약 공공 수탁자의 입찰이 가능한 의사 시장 기구가 도입될 경우 이것이 어려울 수 있다.

5.7 결론

이 장에서는 경쟁적인 경매 환경을 조성하고, 결과에 따른 면허 발급 이후에 경쟁적 환경을 조성하기 위한 스펙트럼 경매 과정 설계의 여러 측면을 검토했다. 다음 장에서는 경쟁과 시장 지배력의 작동이 일차 경매 후에 어떻게 지속될 수 있는지에 대해 살펴본다.

참고문헌

[1] www.acma.gov.au/~/media/Spectrum%20Outlook%20and%20Review/Information/pdf/Auctionguide%20pdf.pdf.

[2] R. C. Marshall and L. M. Marx, *The Economics of Collusion: Cartels and Bidding Rings*, Cambridge, MA: MIT Press, 2012.

[3] M. C. Levenstein and V. Y. Suslow, "What Determines Cartel Success?" (2006) 44(1) *Journal of Economic Literature* 1.

[4] P. Cramton and J. Schwartz, "Collusive Bidding in the FCC Spectrum Auctions" (2002) 1(1) *Contributions to Economic Analysis & Policy* 1078, at www.cramton.umd.edu/papers2000-2004/cramton-schwartz-collusive-bidding.pdf.

[5] C. Hocepied and A. Held, "The Assignment of Spectrum and the EU State Aid Rules: The Case of the 4th 3G License Assignment in France," competition policy newsletter 2011-3, at http://ec.europa.eu/competition/publications/cpn/2011_3_6_en.pdf.

[6] *Ex parte* Submission of the United States Department of Justice: Inthematter of Policies Regarding Mobile Spectrum Holdings. Before the Federal Communications Commission. WT Docket No. 12-269 (April 2013), 10–11.

[7] Ofcom, "Assessment of Future Mobile Competition and Award of 800 MHz and 2.6 GHz," statement (July 24, 2012), at http://stakeholders.ofcom.org.uk/consultations/award-800mhz-2.6ghz/statement.

[8] M. Cave, "Anti-competitive Behaviour in Spectrum Markets: Analysis and Response" (2010) 34(5–6) *Telecommunications Policy* 251.

[9] P. Cramton, E. Kwerel, G. Rosston, and A. Skrzypacz, "Using Spectrum Auctions to Enhance Competition in Wireless Services" (2011) 54(4) *Journal of Lawand Economics* S167.

[10] P. Cramton, "Why Spectrum Caps Matter." The Hill (February 18, 2014), at http://thehill.com/blogs/congress-blog/technology/198623-why-spectrum-caps-matter.

[11] M. Cave and W. Webb, "Spectrum Limits and Auction Revenue: The European Experience" (April 2013), at http://apps.fcc.gov/ecfs/document/view?id=7520934210.

[12] G. Myers, "Spectrum Floors in the UK 4G Auction: An Innovation in Regulatory Design," at www.lse.ac.uk/researchAndExpertise/units/CARR/pdf/DPs/DP74-Geoffrey-Myers.pdf.

[13] A. Bavasso and D. Long, "The Application of Competition Lawin the Communications and Media Sectors: A Survey of Recent Cases" (2014) 5(4) *Journal of European Competition Law & Practice* 233.

[14] http://europa.eu/rapid/press-release_MEMO-14-387_en.htm.

[15] BEREC/RSPG on infrastructure and spectrum sharing in mobile/wireless net-works (June 16, 2011), available at http://rspg-spectrum.eu/wp-content/uploads/2013/05/rspg11-374_final_ joint_rspg_berec_report.pdf.

[16] P. Milgrom, J. Levin, and A. Eilat, "The Case for Unlicensed Spectrum" (2011), available at http://web.stanford.edu/~jdlevin/Papers/UnlicensedSpectrum.pdf.

[17] Indepen, Aegis & Ovum, "The Economic Value of Licence Exempt Spectrum" (January 2008), at www.ofcom.org.uk/research/technology/overview/ese/econassess/value.pdf;

[18] R. Katz, "Assessment of the Economic Value of Unlicensed Spectruminthe United States" (2014), at www.wififorward.org/wp-content/uploads/2014/01/Value-of-Unlicensed-Spectrum-to-the-US-Economy-Full-Report.pdf.

[19] M. Bykowski, M. Olson, and W. W. Sharkey, "A Market-Based Approach to Establishing Licensing Rules: Licensed versus Unlicensed Use of Spectrum" (2008), OSP Working Paper Series, FCC.

06

스펙트럼 거래

6.1 개요

경매는 가끔씩 일어나는 일이다. 그러나 혁신은 무선통신 산업의 특징으로서 적절한 주파수 대역을 항상 이용할 수 있도록 하는 것이 바람직하다. 스펙트럼 거래는 무선 주파수 스펙트럼의 특정 이용 권리를 한 이용자로부터 다른 이용자에게 이전하는 절차이다.[1] 원활한 거래 메커니즘은 스펙트럼 자원을 이용자간에 유통할 수 있도록 하여 전통적인 관리 방식에 비해 더 신속하게 스펙트럼을 이용할 수 있게 한다.

역사적으로 스펙트럼 이용권을 가진 사용자들이 스펙트럼을 거래하는 것은 불가능했다. 따라서 주파수를 대역을 다른 이용자에게 할당하기 위해서는 관리기관이 스펙트럼을 회수하고 그 후에 재할당해야 하는데, 이는 이차 거래에 비해 엄격한 방식으로서 거래비용이 높고 스펙트럼 가치를 파악할 수 있는 가능성이 낮다[1].

스펙트럼 거래에는 몇 가지의 장점이 있다. 스펙트럼 거래는 신규 시장 참여자가 스펙트럼을 취득하여 사업을 개발하는 것을 용이하게 하고, 급성장하는 회사의 확장을 더 빠르게 하며, 기존 사업자에게는 신규 사업자를 따돌리기 위해 신기술에 투자할 상당한 유인을 제공한다. 따라서 스펙트럼 거래는 혁신과 위험 감수, 스펙트럼을 포함한 투입의 효율적인 이용을 장려하기 때문에 동적 효율성을 촉진한다. 실제로 스펙트럼 이용자는 가장 효율적

---

1 이는 임대 계약을 의미할 수도 있다. 그러나 나중에 설명하겠지만, 스펙트럼 임대는 양도에 비해 훨씬 덜 발생한다.

인 스펙트럼 조합, 상품과 서비스 제공을 위한 다른 생산요소들을 동적으로 선택함으로써 비용을 최소화할 수 있다.

예를 들어 행정적 절차(선착순 등) 또는 시장 메커니즘(경매)을 통한 일차 스펙트럼 할당 후에, 스펙트럼 권리 보유자는 해당 권리의 가치가 다른 사업자가 보장하는 가치에 비해 낮다는 사실을 알 수 있다. 이 경우 스펙트럼을 현재 보유자에게 두는 것은 효율적이지 않을 수 있는데, 일반적으로 효율성은 스펙트럼 이용자가 스펙트럼을 가장 높게 평가하는 경우에 달성되기 때문이다. 거래는 취득한 스펙트럼으로부터 새로운 이용자가 얻을 더 큰 경제적 이익을 고려해서, 스펙트럼 가치가 기존 사용자보다 새로운 사용자에게 더 큰 경우에만 발생한다[2].

그러나 거래의 잠재적 가능성을 충분히 활용하기 위해서는 이차 스펙트럼 거래의 다양한 측면을 고려해야 하며, 이를 통해 주의점을 도출할 수 있다. 스펙트럼 거래를 구현하기 위해서는 일관된 체계가 필요한데, 예를 들어 거래 가능한 스펙트럼의 권리가 명확하게 정의되어야 하고, 거래 시장이 잘 작동해야 한다. 거래를 촉진하기 위해서는 거래가 신속하게 진행되고 비용이 가능한 낮은 기구를 설립해야 한다. 만약 거래비용이 예상되는 효율성 이득보다 너무 크면 이 이득은 실현되지 않을 것이다. 그러나 스펙트럼 거래가 경쟁을 약화시키지 않아야 한다.

자유주의 국가의 스펙트럼 규제기관은 시장 기반의 스펙트럼 관리체계를 도입했다. 이들 체계에서는 거래를 통해 상업용 스펙트럼의 할당을 변경할 수 있다. 그러나 다른 시장 관리체계 특히 경매의 도입과 비교해 스펙트럼 거래는 광범위하게 시행되거나 도입되지 않고 있다. 단지 일부 주파수 대역만 거래가 가능하고 공공부문 주파수는 대부분 전통적인 방식으로 관리되고 있다. 게다가 규제기관은 거래에 있어 예상 가능한 반경쟁적 행위를 고려해 새로운 스펙트럼 시장 형성에 조심스러운 입장이다.

이 장에서는 스펙트럼 거래를 통해 어떻게 스펙트럼을 효율적으로 관리하고 거래의 오용(예를 들어 소비자에 해를 끼치는 것) 방지를 위해 어떤 안전장치를 도입할 수 있는지에 대해 설명할 것이다. 일부 자유주의 국가에서 이루어진 스펙트럼 거래 사례 역시 간단하게 소개하고 논의한다.

6.2 스펙트럼 이차시장

스펙트럼 거래는 시장을 통해 스펙트럼을 최적으로 이용할 수 있도록 하는 중요한 역할을 한다. 왜냐하면 거래를 통해 스펙트럼을 가장 효율적으로 이용할 사용자에게 이전할 수 있기 때문이다. 그러나 스펙트럼 시장이 가장 효율적으로 작동하기 위해서는 몇 가지 조건을 만족해야 한다[3].

먼저 거래 가능한 스펙트럼의 권리가 분명하게 정의되어야 한다. 실제로 성공적인 이차 시장 거래의 가능성은 초기에 설정된 용도와 재산권과 밀접한 관계에 있다[4, p62]. 두 번째로 이러한 권리에 관한 정보에 쉽게 접근할 수 있어야 한다. 거래자가 재화와 가치를 더 잘 파악할수록 시장은 더 효과적으로 작동한다. 스펙트럼 등록대장은 거래 비용을 낮추고 거래를 촉진할 수 있다. 실제로 국제기구와 개별 국가 특히 자유주의 국가는 정보 공개를 위해 스펙트럼 등록대장을 구축하고 현행화시킨다.[2]

스펙트럼에서 간섭은 중요한 문제이고 스펙트럼 권리와 이동을 대해 쉽게 파악할 수 있는 정보는 특히 유해 간섭을 방지하는 데 필수적이다. 완전한 정보는 간섭비용을 포함한 모든 비용을 정확하게 고려할 수 있도록 하고, 이를 통해 시장이 예상하지 못한 외부효과를 피할 수 있게 한다. 따라서 시장은 가격을 효율적인 수준으로 조정할 수 있게 된다.

완전하게 효율적인 스펙트럼 시장에서 시장 지배력을 가진 거래자는 없다. 그렇지 않으면 거래자가 시장의 동작, 결과적으로는 시장 가격에 일방적으로 영향을 미칠 수 있다. 이는 시장 참여자가 많으면 쉽게 해결가능하다. 즉 구매자와 판매자가 많으면 내재된 스펙트럼 가치를 시장 가격에 더 잘 반영할 수 있기 때문이다[5]. 이러한 시장에서는 구매가와 판매가 사이의 차이가 작아 더욱 효율적인 거래를 촉진하고, 스펙트럼은 가장 가치 있는 사용자에게 배분되기 쉬워진다. 게다가, 스펙트럼 중계인 또는 대역 관리자가 스펙트럼 수요와 공급을 연결시키는 중요한 역할을 하면 거래가 촉진될 수 있다.[3]

마지막으로 스펙트럼 이전 방식을 명령과 통제의 규제에서 시장 기반으로 전환하기 위해서는 효과적인 분쟁 해결과정이 수반되어야 한다. 스펙트럼 이전 동의에 필요한 상세 정보가 방대할 수 있어 법률이 실제 동의서 명세사항의 범위에 미치지 못 할 수 있다. 그러므로 정책결정 과정을 통해 간섭 권리 및 의무 위반으로 발생하는 문제를 중재할 수 있어야 한다[6].

6.3 스펙트럼 거래의 형식

스펙트럼 거래는 다양한 형식의 거래를 포함한다. 가장 관련있는 형식은 스펙트럼 양도로서, 다음에서 논의하듯이 스펙트럼의 전부 또는 일부를 양도할 수 있다. 스펙트럼 양도는 임대와 구별되는데, 임대는 기간이 유동적인 반면, 스펙트럼 권리(및 관련 조건)의 양도는

[2] 유럽의 경우, 유럽 내 스펙트럼 이용 정보의 조화된 공개에 관한 Commission Decision 2007/344/EC은 공통 정보 요소와 해당 정보의 통일된 형식과 내용을 통해 무선 스펙트럼 이용에 관한 정보의 공개를 장려한다.

[3] 예를 들어 미국 Spectrum Bridged의 목표이기도 하다. (see spectrumbridge.com 참조)

면허의 잔여 유효기간 동안에 이루어진다. 일부 양도는 진정한 이차시장 거래라고 할 수 없다. 즉 동일한 모회사를 두고 있는 회사간의 면허 이전이나, 면허 보유자의 인수 또는 면허보유 회사와의 합병의 경우가 이에 해당한다[4].

스펙트럼 양도는 두 개 이상 사업자간의 협상을 포함한다. 전체 양도의 경우, 스펙트럼 이용 권리에 포함된 모든 권리와 조건을 한 당사자에서 다른 당사자에게 이전한다. 그러나 부분 이전도 가능하다. 이때 스펙트럼 면허의 일부만 이전되는데(면허의 해당 부분에 포함된 모든 권리와 의무는 이전), 일부 면허 조건을 이전받는 당사자에게 적용할 수 없기 때문이다.

기존 스펙트럼 면허에 적용되는 권리를 분할하거나 조건을 변경할 경우 규제기관은 해당 변경사항을 검토해야 한다. 이 검토는 보통 양수인에게 신규 면허를 발급하기 전에 이루어지며, 그 동안에 기존 면허 보유자는 면허의 모든 조건을 계속 만족해야 한다. 규제 심사의 목적은 제안된 변경 사항이 스펙트럼 규제를 벗어나지 않는지, 유사한 스펙트럼 이용 권리를 취득한 다른 이용자에게 실질적인 불이익을 주지 않은지를 평가하는 것이다.

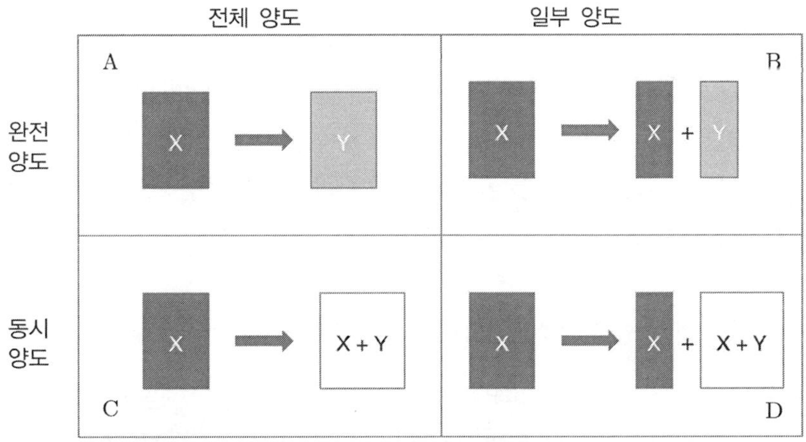

그림 6-1 양도의 유형. 자료: [7], p4

권리의 전체 또는 일부를 이전할 수 있으며, 전체와 일부 양도는 모두 양도인이 양수인과 권리와 의무의 공유 여부에 따라 완전 또는 동시 양도로 구분된다. 완전 양도의 경우 면허의 모든 권리와 의무가 양도인에서 양수인에게 이전된다. 반면에 동시 양도에서는 이전된 권리와 의무가 양수인의 권리와 의무가 되지만 양도인의 권리와 의무도 계속 유지된다. 이를 설명하기 위해 그림 6-1과 같이 두 면허권자 X, Y가 있는 상황을 고려하자. A에서는 X가 모든 권리와 의무를 Y에게 이전하며 X는 아무것도 보유하지 않는다. B에서는 X가 Y와의 거래를 통해 권리와 의무의 일부를 보유하나 Y와 공유하지는 않는다. C에서는 신규 면허권자가 X의 권리와 의무를 양도받지만, 일부는 양도인 X와 공유한다. 마지막으로 D의 경우 기존 면허권자 X가 일부의 권리와 의무만을 이전하고 신규 면허권자 Y는 이 권리와 의무를 X와 공유하는 형태로 해당 면허를 취득한다.

스펙트럼 양도는 면허의 잔여 유효기간 동안 이루어진다. 그러나 스펙트럼 양도 기간이 매우 짧을 수 있다. 이러한 환경에서는 다른 종류의 양도 즉, 스펙트럼 임대를 이용할 수 있다. 임대에서는 스펙트럼 권리와 의무가 이전되나 시간적 제한이 있다. (예를 들어 6.5절의 미국과 유럽의 사례를 참고) 일반적으로 스펙트럼 임대 시에는 양도와 마찬가지로 규제기관에게 고지해야 한다. 규제기관은 행정적 부담을 줄여 스펙트럼 거래를 원활하게할 수 있지만, 발생 가능한 경쟁 왜곡과 관련해 다른 규제가 필요할 수 있다.

6.4 경쟁 문제와 스펙트럼 거래에 대한 반론

스펙트럼 산업의 기회를 극대화하기 위해서는 스펙트럼을 단순 보유하는 대신 완전하게 이용해야 하고, 어떤 회사도 스펙트럼 자체를 위해 시장 지배력을 남용하거나 최종 소비자 시장에서의 경쟁을 배제 또는 제한할 수 없어야 한다. 최근 몇 년간 스펙트럼 할당 시 전통적인 행정적 방식을 대신한 시장기반 방식의 확산으로 새롭게 형성된 스펙트럼 시장에서 발생하는 반경쟁적 행위에 관심을 두게 되었다. 실제로 사업자의 스펙트럼 보유 변화는 해당 시장에서의 경쟁을 부분적으로 왜곡할 수 있다. 이는 소비자뿐만 아니라 경쟁하는 회사에도 영향을 미칠 수 있다. 이 절에서는 반경쟁적 행위와 가능한 해결책을 고려하고, 거래가 조화와 초과이윤 문제에 부정적인 영향을 미칠 수 있는지에 대해 검토한다.

6.4.1 반경쟁적 거래에 관한 사전 및 사후 평가의 비교

규제기관은 스펙트럼 거래로 인해 경쟁이 왜곡되지 않는다는 것을 확인해야 한다.[4] 규제기관은 두 가지 방식으로 경쟁 문제를 다룰 수 있다. 첫 번째는 사후 스펙트럼 거래 평가로서, 스펙트럼 거래 시 사전 규제 승인이 불필요하다. 그러나 거래가 경쟁에 부정적인 영향을 미친다면 규제기관이 개입하거나 취소도 가능하다. 두 번째로 스펙트럼 거래 시 규제기관이 사전에 승인하는 사전 평가 방식이 있다.

두 방식 모두 찬성 주장과 반대 주장이 있으며 매우 상이한 결과를 보여준다. 게다가, 규제기관은 환경에 따라 소위 1형 오류 또는 2형 오류를 범할 수 있다. 1형 오류는 제안된 거래가 경쟁 영향에 대해 사전 평가를 받지만 규제기관의 평가가 너무 엄격해서 경쟁 왜곡

---

4 어떤 거래든지 등록되어야만 효력이 생긴다. 대부분의 국가에서 스펙트럼 거래는 거래의 결과가 사업의 합병이 아니면 일반 합병법에서 다루지 않는다.

이 없는 거래를 금지한 경우이다. 반면에 2형 오류는 규제기관의 평가가 충분히 까다롭지 않아 거래가 반경쟁적일 수 있음에도 불구하고 거래를 허용하는 것이다.

제안된 거래의 경쟁 영향을 사전 평가하는 것과 비교해, 고지된 스펙트럼 거래에 대한 사후 검토는 신속한 거래가 가능해 거래가 촉진될 수 있다. 사업자와 신규 사업자는 이를 선호할 수 있다. 이들은 적어도 거래 초기에는 행정적 부담, 고지에 따른 규제비용을 절감할 수 있다. 그러나 사후 거래 평가는 거래 자체에 포함되지 않은 사항에 대해서는 규제가 덜하다. 특히, 소비자가(그리고 상당한 시간동안) 부정적인 영향을 받을 수 있다. 게다가 사후 거래 평가 방식은 반경쟁적인 효과를 지닌 거래에 관여하고자 하는 사업자가 선호할 수 있다. 왜냐하면 사후 평가 조사 시 거래에 의한 영향과 시장의 다른 요소에 의한 영향을 구분하기 어렵기 때문이다. 즉 발생한 경쟁 왜곡이 스펙트럼 거래에 의한 것임을 입증하기 어렵고, 법정에서 스펙트럼 거래를 취소하도록 설득하기가 특히 어렵다[8, 9].

이러한 사후 평가 방식의 단점으로 인해 규제기관은 사전 평가 방식을 선호한다. 그러나 제안된 거래에 대한 사전 평가 시 어려움이 있을 수 있다. 큰 단점은 규제 행위에 시간과 비용이 많이 소요된다는 것이다. 따라서 경쟁에 도움이 되는 거래가 사업자와 소비자에게 지연될 수 있고, 규제기관은 고지된 거래가 발효되도록 할지 특정 조건에서 발효되도록 할지를 결정해야 하는데, 이는 거래를 방해할 수도 있다.

6.4.2 경쟁 문제에 적용 가능한 대책

스펙트럼 규제기관은 스펙트럼 시장에서의 반경쟁적 행위가 발생하지 않도록 다양한 대책을 고려할 수 있다. 대책 중에는 이차 거래를 통제하기 위한 스펙트럼 상한, 산업 부문별 개입 등을 포함한다. 'use-it-or-loose-it' 조항, 경쟁법 적용과 같은 대책은 사후거래 규제방식의 예이다. 지금부터 이러한 대책에 관해 논의한다.

5.5절에서 경매 시 경매 규칙의 일부로서 스펙트럼 상한에 대해 논의했다. 스펙트럼 상한은 특정 할당 시 취득 스펙트럼 양에 적용하거나, 경매 후 한 사업자의 보유 총량에 적용할 수 있다. 그러나 후자의 스펙트럼 상한은 사업자 또는 사업자 집단의 스펙트럼 거래를 막을 수 있다. 가장 잘 알려진 스펙트럼 상한은 미국에서 1994년과 2003년 사이에 이동통신 스펙트럼에 적용된 것이다. 이 상한은 특정 지역에서 한 사업자가 취득할 수 있는 스펙트럼을 최대 45 MHz폭(2001년에 55 MHz폭으로 상향)으로 제한했다. 스펙트럼 상한은 캐나다, 과테말라, 멕시코와 같은 미주 국가에서 시행되었지만, 호주의 경우는 2002년 스펙트럼 정책에 관한 생산성 위원회의 결정에 따라 부결된 바 있다[10].

스펙트럼 상한의 문제는 스펙트럼 보유를 더 늘리는 것이 효율적일 수 있는 경우에도 이를 제한하여 경쟁을 왜곡시킬 수 있다는 것이다[11]. 고품질의 혁신적인 서비스를 소비자에게 낮은 가격으로 제공하는 사업자는 시장 점유를 정당하게 늘릴 수 있다. 게다가 서비스 제공에 있어 범위의 경제 효과가 있는 경우 기존 사업자가 새로운 수요 충족에 가장 적합할 수 있다. 이러한 환경에서 상한이 엄격하게 적용된다면, 사업자는 수요를 충족시키지 못하거나 비용이 수반되는 주파수 재사용을 할 수 밖에 없는데, 이는 비효율적이고 최종 소비자 이익에 나쁜 영향을 미칠 수 있다. 이런 단점을 해결하기 위해 상한을 특정 서비스 그룹이 사용하는 스펙트럼 비율로 표현하거나, 이 상한을 수시로 검토할 수 있다. 이런 측면에서 '유연한(soft)' 상한이 더 나은 대책이 될 수 있다. 유연 상한 방식에서는 스펙트럼 제한을 초과하는 경우 허가 조건을 검토하는데, 예를 들어 규제기관 조사결과 경쟁 문제가 있거나 이것이 해결되지 않았다면 스펙트럼 할당을 철회할 수 있도록 하는 것이다.

상한이 적용되지 않거나 유연 상한일 경우 거래에 대한 심사와 상한의 적용이 모호해질 수 있다. 위에서 언급한 바와 같이 스펙트럼 규제기관은 거래를 승인하거나 승인하지 않을 권한을 특정 산업 부문에 적용되는 규제범위 내에서 행사할 수 있다.[5] 여기에는 기본적으로 거래로 인해 '상당한 경쟁 감소'(SLC)가 유발되는지를 입증하는 것도 포함한다.[6]

'Use-it-or-lose-it' 조항 적용을 위해 스펙트럼 미이용에 따르는 제재 조치를 면허에 포함시킬 수 있다. 이 방식에는 몇 가지 문제가 있다. 스펙트럼을 반경쟁적 이유가 아니더라도 미리 취득해야 할 필요가 있을 수 있다. 기술개발 또는 서비스 제공을 위한 장비도입에 소요되는 상당한 투자 재원을 마련하는데 있어 스펙트럼 확보가 선행 조건일 수 있다. 게다가 신규 시장 참여자는 기존 스펙트럼에서 신규 서비스용 스펙트럼으로의 자연스러운 이전이 불가능해 시장 진입이 어려울 수 있다. 두 번째로 스펙트럼 이용 데이터를 모니터링 할 경우 활용도가 낮게 나타날 수 있다. 그러나 Use-it-or-lose-it' 면허 조건을 적용하기 위해서는 효율적인 일시적 이용과 실제 반경쟁적 행위의 구별이 필요하다.

6.4.3 다른 문제

여기서는 간단히 두 가지 문제를 검토한다. 첫 번째 문제는 조화이고 두 번째는 초과 이윤이다. 시장기반 방식을 평가하는데 있어, 조화(특히 규모의 경제)이익의 감소를 고려할 필요가 있다. 시장 기반의 방식이 행정적 방식보다 바람직하다는 명확한 근거는 없다. 게다가 모든 국가가 백지 위임장 거래를 채택하고 있는 것은 아니다. (예를 들어 일부 국가는 경매로 할당받은 스펙트럼만 거래를 허용한다. 일반적으로 거래시 최소한 사전고지가 필요하다)

---

5 예를 들어 유럽의 경우 회원국들 간에도 법적 지위가 다르다. 일반적인 규칙은 합병은 사업간에 일어나는 것으로서, 사업이 아닌 스펙트럼 면허의 취득은 유럽의 합병 규제를 받지 않는다.

6 SLC 심사는 영국, 네덜란드, 폴란드, 오스트리아 등을 포함한 여러 국가에서 사용된다([9] 참조).

두 번째 문제는 초과이윤에 관한 것으로, 노력이나 경제 활동 없이 특정 재산권의 소유자에게 발생하는 이익이다. 이 문제는 초과 이익이 이에 상응하는 위험의 감수 없이 경제 활동을 수반하지 않는 단순 거래를 통해 발생하거나, 시장을 통하지 않고 스펙트럼을 취득하는 경우에 발생할 수 있다. 특히 스펙트럼의 변경이 허용되는 경우 거래로 인한 초과이윤 문제가 발생할 수 있다. 그러나 이것이 이차 스펙트럼 시장의 장애물이 되지는 않는데, 세금 부과와 같은 적절한 제도로 해결할 수 있기 때문이다. 게다가 경험적 연구에 의하면, 한편으로는 거래 시 변경이 가능한 자유로운 면허 규칙은 수요가 증가하는 상황에서 스펙트럼의 가치를 증가시키는 경향이 있고, 자유로운 면허가 결국 인위적 스펙트럼 부족을 감소시켜 스펙트럼 가격을 낮추고 생산성과 경쟁을 촉진하여 희소성으로 인한 초과 수익을 감소시킬 수 있다[12, 4].

6.5 실제 스펙트럼 거래

스펙트럼 관리 개선에서 선도적인 일부 국가는 스펙트럼 할당을 위해 시장 기반 방식을 도입했다. 이차 시장과 관련해서 이 절에서는 유럽(특히 영국의 스펙트럼 거래를 중심으로), 미국, 중미, 호주, 뉴질랜드에서 개발된 스펙트럼 정책에 관해 간단히 살펴본다. 다른 자유주의 국가(예를 들어 인도, 캐나다, 나이지리아, 일본)는 시장 기반의 스펙트럼 할당을 촉진하는 조치를 취하고 있으나, 대부분 경매를 도입하는 수준에 그치고 있다. 예를 들어 캐나다의 경우 경매를 통한 면허는 거래 가능하지만 이차거래는 이루어지지 않고 있다. 인도의 규제기관은 최근 경매로 할당받은 면허를 거래할 수 있는 길을 열었지만, 2005년에는 이를 불허한 바 있다.

6.5.1 유럽 국가

대부분의 유럽 국가는 일부 상업용 대역에 대해 스펙트럼 거래를 시행하고 있다. 그러나 스펙트럼 거래가 가능한 대역은 나라마다 다르다. 덴마크는 1997년부터 스펙트럼 이용권 거래를 허용했으며, 스위스는 그 다음 해에 도입했다. Framework Directive 2002/21/EC의 제9조는 EU회원국이 사업자간에 무선 주파수 이용권을 양도, 임대하는 것을 허용할 수 있도록 했다.[7] 따라서 스펙트럼 양도와 임대가 허용되나 주요 이동통신 대역에만 적용된다. 2004년 RSPG(Radio Spectrum Policy Group)는 거래에 관해 조심스러운 입장을 취했다. RSPG는 스펙트럼 거래가 거래에 따른 부정적 결과가 예상 이익을 상쇄하지 않도

[7] 수정된 Framework Directive는 EU 회원국들이 좀 더 유연한 거래제도를 개발하도록 촉진하는 결정을 포함한다.

록 하는 충분한 안전조치의 시행을 전제로 하는 경우 스펙트럼의 특정 부분에 이익이 될 수 있다는 입장이다.[8] RSPG는 스펙트럼 이용 권리의 이차거래에 대해 도입 여부와 시기에 대해서는 개별 국가의 결정에 따른다 하더라도 단계적 접근을 선호했다. 이는 일부 EU 국가(예를 들어 오스트리아, 스웨덴, 영국)가 이차 거래를 도입했지만 다른 국가는 주저하는 입장을 고려한 것이다[13].

2009년에 수정된 Framework에서는 어떤 양도 방식에서도 사전 고지나 동의의 조건을 두지 않았다. 이는 국가차원의 거래 규제를 더욱 단순화시키고 스펙트럼 거래를 장려하며, 새로운 거래 절차를 개발할 수 있도록 한다.[9]

2011년 ECC 보고서에 의하면 CEPT 지역에서 단지 네 개 국가만이 이용권 거래를 불허하고 있다. 게다가 스펙트럼 거래는 나라마다 다른 환경에서도 허용되었다. 예를 들어 오스트리아의 경우 희소하다고 판단되고 경매로 할당된 모든 주파수가 거래 가능한 반면, 리투아니아에서는 희소한 스펙트럼은 거래가 불가능하다.

유럽 국가들은 다양한 거래 방식과 절차를 보여준다. 면허에서 정한 주파수, 지역 범위, 기간을 분할하는 것이 가능하므로 주파수 또는 지역적 이용권리에 대한 거래가 가능한 반면(예를 들어 체코, 덴마크, 노르웨이, 스페인, 영국), 다른 나라(예를 들어 크로아티아와 루마니아)의 경우 주파수, 지역에 대한 권리의 거래가 모두 불가능하다. 일부 국가(예를 들어 오스트리아, 프랑스, 스페인)는 면허 기간의 거래를 허용한다. 게다가 덴마크, 영국은 시간에 따른 스펙트럼 양도를 허용한다. 절차와 관련해서 거래 의사 고지가 필요하다. 그러나 고지 시 필요한 정보는 거래 전에 공표되어야 하며 승인절차가 다소 복잡하다[14].

영국에서 스펙트럼 거래는 Ofcom의 시장 기반 제도개선의 핵심 사항으로서 2004년말에 도입되었다. 그 후는 점진적으로 거래가능 면허의 범위를 넓혀갔다. Framework Directive 2002/21/EC의 Article 9을 시행하는 거래 규제(Trading Regulations) 하에서 Ofcom은 이용권 거래에 유연성을 부여하는 거래 선택권을 도입했다. 거래 선택권은 기존의 완전한 전체 양도에 동시 또는 부분 양도허가를 추가한 것이다.

영국에서의 거래량은 거래가 처음으로 허가된 이후 초기에는 적었다. 거래가 완료되었거나 진행 중인 면허에 관한 정보를 제공하는 Transfer Notification Register(TNR)에는 수백 건의 거래 정보가 있다.[10] 하지만 성사된 거래는 소수에 불과하다. 이는 규제기관에게 있어 관심의 대상이다.[11] 게다가 영국의 Ofcom은 거래 체계가 불필요한 규제부담을 줄 수

---

8 RSPG는 정부 서비스(예: 국방), 인명안전 서비스(예: 민간항공), 지상파 방송 서비스, 방송위성 서비스, 과학 서비스(예: 전파천문) 용도로 사용하는 대역에 거래를 적용하는 것에 대해서는 회의적인 입장이다.

9 2009년 11월 25일 유럽의회 및 자문위원회 Directive 2009/140/EC Article 9(b) 참조

10 영국 TNR은 http://spectruminfo.ofcom.org.uk에서 확인가능하다. 대부분의 거래는 사업용과 무전용 면허이다.

있기 때문에 최근 스펙트럼 거래 간소화를 추진했다[7].

영국 외 국가에서는 사설 이동무선(PMR) 대역을 제외하면 거래량이 훨씬 적다.[12] 실제로 ECC 보고서에 의하면 PMR 면허의 거래는 노르웨이에서 약 150건, 포루투갈에서 2007년에서 2009년 사이에 120건, 리투아니아에서 69건, 루마니아에서 27건이 있었다. 고정 무선접속 대역의 경우 프랑스에서 45건, 덴마크에서 3건의 거래가 있었다. 이동통신의 경우 3건이 있었는데, 덴마크에서 2건, 슬로베니아에서 1건이 있었다. PMSE, 위성과 같은 대역의 거래 건수는 훨씬 더 낮다.

6.5.2 미주 국가

미국에서는 이차 시장이 최소한 잘못된 스펙트럼 할당을 보정하고 스펙트럼을 가장 높게 평가하는 이용자에게 이전을 촉진하는 것으로 오랫동안 인식되었다[16]. 미국의 이차 시장은 자유주의 국가 중에서도 가장 활발하다. 거래는 거래 시장과 면허 소유권에 관한 정보 데이터베이스를 통해 이루어진다. 그러나 FCC가 가격을 기록하지는 않는다[17].

FCC의 스펙트럼 양도는 2003년 10월의 First Report and Order를 통해 상당히 완화되었는데, 여기에서는 두 가지 방식의 완화된 방식이 제시되었다. 첫 번째 방식은 스펙트럼 관리자 임대로서, 면허권자가 양도된 스펙트럼에 대해 법적, 실제적 통제권을 갖는다. 원칙적으로 면허가 정하는 범위 내에서 FCC의 사전 승인없이 임대 가능한데, 이 방식에서는 FCC가 부과한 스펙트럼 관련 법적, 규제적 의무에 대해 일차적으로 면허권자가 책임을 진다. 두 번째 방식은 실제적 양도 방식으로서, 면허권자는 법적 통제권만 유지한다. 이 방식은 빠른 승인 방식이지만, FCC의 사전 승인을 여전히 필요로 한다. 미국에서 스펙트럼 임대와 전대를 위해서는 여전히 사전 고지가 필요하다. 그러나 2004년의 Second Report and Order를 통해 절차를 더 완화하고, 임대 신청 시 다양한 임대 방식이 가능하도록(이때 임대 당사자는 임대방식이 외국인 소유, 면허 적격성, 경쟁관련 문제를 유발하지 않는다는 것을 보증함) 신속한 처리 절차를 도입했다.

중앙 아메리카의 과테말라, 엘살바도르는 다소 상이한 스펙트럼 거래방식을 사용한다. 엘살바도르는 과테말라와 기술적으로 다르지만, 스펙트럼 이용권과 유사한 권한을 부여한다[18]. 과테말라는 1996년 이후 스펙트럼에 대한 용익권(TUF: Titulos de Usofructos de Frecuencias)을 도입해, 양도 시 용도 변경을 허용했다. TUF의 판매는 판매자가 승인하고 구매자가 신규 권리를 독립 스펙트럼 관리기구에 등록함으로써 이루어진다. 엘살바도르에서는 스펙트럼 등록이 불필요하다.

---

11 "그렇다하더라도 영국은 프랑스와 독일에 비해 시기적으로 조금 앞섰고, 제도도입 시기는 비슷하다"[15].

12 PMR 대역은 지역 택시회사 등이 이용하는 서비스에 주로 사용된다.

6.5.3 호주와 뉴질랜드

호주는 초기에 스펙트럼 거래를 허용한 국가 중 하나이다. 먼저 1995년에 기기면허의 거래를 허용했다.[13] 두 번째로 1992년에 도입되어 1997년에 발급된 호주의 가장 시장 지향적 면허인 스펙트럼 면허의 거래가 시작되었다.

호주에서 면허권자가 소유한 스펙트럼 블록은 규제기관이 인정하는 최소 스펙트럼 단위로서 표준 거래 단위인 STU(Standard Trading Units)로 표현된다. STU는 수직적 조합으로 대역폭을 넓히거나, 수평적 조합으로 지역 범위를 넓힐 수 있다. STU의 도입에도 불구하고 거래는 매우 더디게 증가했다[19]. 게다가 생산성 위원회(PC: Productivity Commission)는 많은 양도가 관련자 사이에서 일어났다고 밝혔다.[14]

최근 ACMA(Australian Communications and Media Authority)는 2008년 후반에 스펙트럼 거래에 관한 검토를 통해 이용자에게 더 많은 정보를 제공하고 스펙트럼 거래와 임대에 대한 규제를 완화하는 몇 가지 조치를 시행했다. 이 검토의 결과로서 ACMA는 (i) 여러가지 방법(예를 들어 면허 거래 등록 시 문서 기반 시스템을 온라인 시스템으로 대체)으로 규제 부담을 덜어 스펙트럼 거래를 촉진했고, (ii) 시장에 더 많은 정보를 제공하기 위해 제3자 허가에 대한 자발적 등록을 시행했으며, (iii) 시장에 거래와 양도에 관한 더 유용한 정보를 제공하기 위해 ACMA 홈페이지에 거래 관련 페이지를 신설했다[19].

뉴질랜드의 경제발전부(MED: Ministry of Economic Development)는 2005년 스펙트럼 정책 검토를 통해 거래가 많지 않고 대부분(많은 사업자간 합병이 일어난) FM, AM 라디오에 국한되어있다는 점을 지적했다. 추가적으로 거래로 인해 용도변화가 발생하지 않았다. 뉴질랜드의 작은 시장 규모, 무선 스펙트럼 이용 부문의 진입장벽, 대체 스펙트럼의 존재가 이차 스펙트럼 거래를 제한하는 요소로 확인되었다. 거래를 활성화하기 위해 2009년 MED는 온라인 무선 주파수 등록 시스템 고도화를 시행했다.

6.5.4 최근의 정책 발전

결론으로 넘어가기 전에 이 절에서는 스펙트럼 시장에 영향을 미친 스펙트럼 관리 방식의 최근 발전에 관해 간단히 논의한다. 이러한 발전 중의 하나는 TV 유휴 스펙트럼(TVWS) 또는 Ofcom에서 부르는 바와 같이 인터리브(interleaved) 스펙트럼이다. (다음의 9장을 참조)

트랜드는 TV유휴대역을 비면허로 사용하는 방향으로 진행하고 있지만, 몇몇 연구는

[13] 호주의 Radiocommunications Act 1992는 포괄적인 면허 제도를 신설했다. 스펙트럼 면허는 좀더 시장 지향적 면허 형태를 띠는데, 특히 완전한 거래가 가능하고 면허기간은 최고 15년이다. 기기면허(전통적인 명령과 통제 형식의 면허)는 일반적으로 특정 장소에서의 송수신기 동작을 허가한다.

[14] PC는 또한 이차 시장에서 스펙트럼 거래의 느린 확산에 대한 몇 가지 이유를 확인했다[20].

TV유휴대역을 면허용으로 사용하면서, 거래를 허용하는 방안을 제안하고 있다. 실제로 FCC는 유휴대역의 면허 이용을 승인했다. 게다가 최근 연구는 인지무선 기술의 잠재성이 면허용 유휴대역에서 더 잘 발휘될 수 있으며, 이는 스펙트럼 양도 규칙의 등장과 성숙을 통해 (아마도 대역 관리자의 조정을 통해) 촉진될 것으로 주장하고 있다. 이러한 연구 중에 Bogucka et al. [21]의 연구는 TV유휴대역의 이차 스펙트럼 시장을 관리하는 스펙트럼 중개자에 관한 것이다.[15]

TV유휴대역과 인지무선 기술 활용을 위해 유럽의 COGEU 프로젝트 역시 실시간 이차 스펙트럼 거래 도입을 추진했다. COGEU 프로젝트가 이룬 혁신은 TV유휴대역에 인지 무선접속과 이차 스펙트럼 거래 메커니즘을 결합한 것이다[22].

미국의 국립과학재단(National Science Foundation)은 스펙트럼 시장을 구현한 경매 기반의 스펙트럼 거래 플랫폼인 S-Trade 구현 프로젝트를 추진 중이다. S-Trade는 다수의 소규모 사업자들이 사업자에게 유휴 스펙트럼을 선택적으로 사들이고, 이를 다수의 스펙트럼 이용자에게 판매해 즉석에서 스펙트럼 거래가 이루어지도록 한다[23].

유럽 스펙트럼 관리의 상당부분이 여전히 명령과 통제에 기반하고 있지만, 최근 유럽에서의 스펙트럼 공동사용 논의는 기존 면허 대역에 LSA(Lisensed Shared Access) 개념을 도입해 추가적인 면허 스펙트럼을 이용하도록 하는 것과 관련이 있다[24]. LSA는 한 주파수 대역에서 공공 및 민간의 기존 이용자는 유지한 상태로 신규 이용자의 이용을 촉진하는 보완적인 스펙트럼 관리 기법이다.[16]

이동통신 사업자와 같은 LSA 면허 신규 이용자들은 규제기관의 감독 하에 기존 이용자와 스펙트럼을 공동사용한다. LSA 개념 구현에 핵심 사항은 공동사용 규칙과 조건을 개발하는 것인데, 이를 통해 LSA에 좀 더 시장 지향적인 거래 방식이 개발될 수 있게 하는 기반을 조성할 수 있다. 이러한 공동사용 권리의 거래 가능성 또는 다음 7장에서 고려되는 것과 같은 종류의 행정 가격 부가의 필요성에 대해서는 논란이 있다[25].

6.6 결어

이차 스펙트럼 거래는 무선 주파수의 효율성을 높이는 수단이다. 이는 시장 기반 기구에 의한 일차 스펙트럼 할당을 보완하며, 효율성을 제고할 수 있는 교환 기회가 항상 존재한다는 점에서 확실히 경매보다 강력한 수단이다.

---

15 연구팀은 독일의 실제 상황에 성공적으로 적용한 바 있다. 스펙트럼 중개는 상인 모드(스펙트럼 기초 가격이 할당 과정에서 결정) 또는 경매 모드(스펙트럼 최종가격이 입찰로 결정)로 작동할 수 있다.

16 현재 연구에서는 2.3-2.4 GHz 대역을 검토 중이다. 동대역은 나라마다 다르게 이용 중이어서 핀란드는 PMSE, 프랑스는 군용으로 사용 중이다.

그러나 실제로 그 영향은 지금까지 크지 않았다. 자유주의 국가에서 거래의 수준은 적어도 미국을 제외하면 일반적으로 예상보다 작았다. 몇 가지 가능한 원인이 제시되었고, 각 원인은 어느 정도의 영향이 있다[3, 26, 27]. 원인 중 일부는 스펙트럼 시장의 특징과 밀접하게 연관되어 있는데, 예를 들어 정보의 불충분함, 사설 주파수 관리자의 부적절한 발전, 시장 유동성의 부족, 높은 거래비용으로 인한 제한, 주파수를 변경하고자 하는 회사의 구매와 판매 시점 불일치 등을 들 수 있다.

두 번째 원인은 규제 체계와 밀접히 연관되어 있는데, 스펙트럼 사용의 점진적 자유화로 인한 불확실성, 거래 가능한 면허 조항과 회사의 투자계획 조건이 일치하지 않는 문제, 엄격한 규제 조건, 초기 할당 계획 등과 같은 것이 있다. 다른 가능한 원인으로는 예를 들어 공공 스펙트럼 보유자의 거래 금지와 관계가 있다.

심지어 일부 국가에서는 초기 주파수 할당이 효율적이어서 이후의 스펙트럼 양도가 불필요했다는 의견도 있었다. 그럼에도 불구하고 용도변경이 가능한 유연한 스펙트럼 이용권이 수반되지 않는다면 스펙트럼 거래가 스펙트럼 효율성에 미치는 영향은 적을 수 밖에 없다. 일부 연구에서는 스펙트럼 면허조건 자유화에 따른 이익이 스펙트럼 면허 거래만으로 인한 이익보다 훨씬 크다는 것을 보여준다[1, 13]. 그러나 스펙트럼 용도를 변경하기 위해 면허 규칙을 자유화하는 것은 좀 더 복잡하며 발전도 느리게 진행되고 있다. 그러므로 스펙트럼 관리 개혁에 관한 국가적 전략은 특별히 고려할 필요가 있다. 최근 연구에서 스펙트럼 자유화와 스펙트럼 거래 사이의 보완 관계가 분석된 바 있다[28]. 이 스펙트럼 정책 분석을 통해 면허 이용 조건의 유연성 확대를 통해 스펙트럼 거래를 촉진할 수 있다고 주장한다. 그러므로 스펙트럼 규제기관은 당연히 효율적인 스펙트럼 관리와 특히 스펙트럼 할당의 핵심 요소로서 스펙트럼 시장을 도입하는데 지속적인 노력을 기울여야한다.

참고문헌

[1] Analysys, DotEcon, and Hogan & Hartson, "Study on Conditions and Options in Introducing Secondary Trading of Radio Spectrumin the European Community: Final Report for the European Commission" (2004), Cambridge.

[2] T. M. Valletti, "Spectrum Trading" (2001) 25(10–11) *Telecommunications Policy* 655.

[3] P. Crocioni, "Is Allowing Trading Enough? Making Secondary Markets in Spectrum Work" (2009) 33(8) *Telecommunications Policy* 451.

[4] J. W. Mayo and S. Wallsten, "Enabling Efficient Wireless Communications: The Role of Secondary Spectrum Markets" (2010) 22(1) *Information Economics and Policy* 61.

[5] C. E. Caicedo and M. B. H. Weiss, "The Viability of Spectrum Trading Markets" (2011) 49(3) *IEEE Communications Magazine* 46.

[6] G. R. Faulhaber, "The Question of Spectrum: Technology, Management, and Regime Change" (2005) 5(1) *Journal of Telecommunications and High Technology Law* 111.

[7] Ofcom, "Trading Guidance Notes" (2011), Doc. OfW513, London.

[8] ComReg (Commission for Communications Regulation), "Spectrum Trading in the Radio Spectrum Policy Programme (RSPP) Bands: A Framework and Guidelines for Spectrum Transfers in the RSPP Bands" (2012), Doc. 12/76, Dublin.

[9] Ofcom, "Ensuring Effective Competition Following the Introduction of Spectrum Trading: Statement" (2004), London.

[10] Productivity Commission, "Radiocommunications" (2002), Reportno. 22, AusInfo, Canberra, Chapter 6.

[11] M. Cave, "Anti-competitive Behaviour in Spectrum Markets: Analysis and Response" (2010) 34(5) *Telecommunications Policy* 251.

[12] T. W. Hazlett, "Property Rights and Wireless License Values" (2008) 51(3) *Journal of Lawand Economics* 563.

[13] RSPG (Radio Spectrum Policy Group), "Opinion on Secondary Trading of Rights to Use Radio Spectrum" (2004), RSPG04-54, Brussels.

[14] ECC (Electronic Communications Committee), "Description of Practices Relative to Trading of Spectrum Rights of Use" (2011), Report 169.

[15] D. Standeford (December11, 2014), at www.policytracker.com.

[16] FCC (Federal Communications Commission), "Spectrum Policy Task Force Report" (2002), ET Docket 02-135, Washington, DC.

[17] S. Wallsten, *Is There Really a Spectrum Crisis? Quantifying the Factors Affecting Spectrum Licence Value*, Washington, DC: Technology Policy Institute, 2013.

[18] T. W. Hazlett, G. Ibarguen, and W. Leighton, "Property Rights to Radio Spectrumin Guatemala and ElSalvador: An Experiment in Liberalisation" (2007) 3(2) *Review of Law and Economics* 437.

[19] ACMA (Australian Communications and Media Authority), *Spectrum Trading: Consultation on Trading and Third Party Authorisations of Spectrum and Apparatus Licences* (2008), Canberra.

[20] www.acma.gov.au/theACMA/acma-media-release-1202010-8-october-2010-acma-takes-steps-to-improve-spectrum-trading-arrangements.

[21] H. Bogucka, M. Parzy, P. Marques, J. Mwangoka, and T. Forde, "Secondary Spectrum Trading in TV White Spaces" (2012) 50(11) *IEEE Communications Magazine* 121.

[22] C. Dosch, J. Kubasik, and C. F. M. Silva, "TVWS Policies to Enable Efficient Spectrum Sharing" (2011), 22nd European Regional ITS Conference, Sept. 18-21, Budapest.

[23] www.nsf.gov/awardsearch/simpleSearchResult?queryText=0915699.

[24] ECC (Electronic Communications Committee), "Licensed Shared Access (LSA)" (2014), Report 205.

[25] E. Bohlin and G. Pogorel, "Valuation and Pricing of Licensed Shared Access: Next Generation Pricing for Next Generation Spectrum Access" (2014), working paper, Telecom Paris Tech.

[26] OECD (Organisation for Economic Co-operation and Development), "Secondary Marketsf or Spectrum: Policy Issues" (2005), DSTI/ICCP/TISP(2004)11/FINAL, Paris.

[27] M. Weiss, "Secondary Use of Spectrum: A Survey of the Issues" (2006) 8(2) Info 74.

[28] L. F. Minervini, "Spectrum Management Reform: Rethinking Practices" (2013) 38(2) *Telecommunications Policy* 136.

07

스펙트럼 가격산정과 가치평가

7.1 개요

이 장에서는 스펙트럼의 가격 또는 가치를 시장을 통하지 않고 계산을 통해 산출하는 방법에 대해 논의한다. 여기에 필요한 가정은 다음과 같다.

- 스펙트럼 할당을 통해 사업자가 초과 수익을 얻을 수 있는 지위에 있게 되는 환경에서, 이동통신 사업자가 심사제와 같은 행정적 절차를 통해 스펙트럼을 할당받았다고 가정한다. 정부는 필요한 공공 지출을 위한 재원 조달을 위해 해당 초과 수익을 정부를 위해 활용하고자 한다. 사업자에게 스펙트럼 이용료를 부과하여 해당 목적을 달성할 수 있다.
- 공공기관은 과거에 무상으로 스펙트럼을 할당받았다고 가정한다. 스펙트럼의 희소성이 증가하자, 그들은 가치 있는 대체 용도로 활용 가능한 자원을 계속 점유하려 할 것이다. 그러나 그들이 스펙트럼을 효율적으로 이용하거나 필요하지 않은 만큼을 다른 용도 이용을 위해 반납할 유인은 거의 없다. 공공기관에게 매년 사용료를 납부하도록 할 경우 미사용 스펙트럼을 반납할 유인이 생길 것이다.
- 정부 또는 규제기관은 이동통신 대역에 대해 경매를 시행하고자 하고, 사업자들의 가격을 낮추기 위한 담합 가능성을 우려하고 있다고 가정한다. 이러한 행동이 경매 수익을 과도하게 감소시키는 것을 예방하는 한 가지 방법은 최저 경매가격을 설정하는 것

이다. 최저 경매가격은 스펙트럼을 최고 금액 입찰자에게 할당하기 전에 경매에서 올려야하는 수익이다. 이때 정부는 입찰자의 담합을 막을 수 있지만 판매가 불가능할 정도로 높지 않은 가격으로 설정하기를 원한다.

모든 경우에서 시장에서의 판매를 통하지 않고 다른 계산공식 또는 절차에 의해 산출되는 가격이 필요하다. 위의 예에서 밝혀진 바와 같이 소위 '행정적' ('시장'의 반대로서) 가격을 가격 산정공식을 변형해 계산하는 다양한 방법이 있다.[1]

이 장 전체에 걸쳐, 이동통신 사업자 등이 스펙트럼 면허 대가로 매년 지불해야하는 연간 가격을 논의할 것이다. 수년 동안 또는 영원히 스펙트럼을 이용할 수 있도록 하는 일회성 선불 수수료(마치 주택의 50년 임대료 지불처럼)와 같이 수년 간의 스펙트럼 이용을 포함할 수 있다. 이 합계를 자산의 '가치평가'라 한다.

연간 또는 다년간의 가치는 간단한 수학적 공식으로 표현된다. 즉 20년 동안 지불되는 연간 금액은 다년간의 지불금액을 현재 순가치로 평가하여 일회 지불 금액으로 다시 표현된다. 마찬가지로 20년 동안의 단일 가치도 동일한 순 현재 가치가 산출되도록 연도별로 동일하거나 약간의 편차가 있는 동등한 연간 지불금액으로 환산될 수 있다.

가격 산정을 위한 이 접근방식은 모든 스펙트럼 이용자가 관련 대역의 희소성을 반영하지 않고 스펙트럼 관리 과정에 소요되는 최소 비용을 보상하기 위한 요금 부과 방식과 구분될 수 있다. 역사적으로 스펙트럼이 명령과 통제에 의해 할당되는 경우 이러한 요금이 정해져 있지만, 중요한 대역의 경제적 가치를 반영하기에는 금액이 일반적으로 너무 낮다. Box 7-1은 이런 종류의 비용을 보상하기 위해 스펙트럼 가격을 설정하는 것에 관한 최근 두 가지의 대표적 사례를 보여준다. 이들은 보통 정부의 우선순위를 반영하거나, 효율적 할당보다는 다양한 스펙트럼 이용자 그룹간의 과도한 불평등을 해소하는 것을 목적으로 한다.[2]

---

1 스펙트럼의 시장과 행정적 가격뿐만 아니라, 세 번째 방법으로 잠재가격이 있다. 이는 실재로 지불되지 않더라도 스펙트럼의 할당을 결정하는데도 약간의 역할을 한다. 예를 들어 국방부가 동일한 성능을 가져 선택이 가격으로만 결정되는 두 무기체계 중 하나를 선택한다고 가정하자. 두 체계의 가격을 비교하는데 있어, 국방부는 지불할 필요가 없더라도, 두 체계가 이용하는 스펙트럼의 개념적 또는 잠재적 가격을 포함하는 것이 가능하다.

2 더 많은 사례는 [1]을 참조

Box 7-1 스펙트럼 관리 비용 보상을 위한 요금 산정: 두 가지 사례

A. 태국

정부기관은 요금을 지불하지 않으며, 공기업은 민간 기업에 비해 요금을 낮게 책정한다. 최종 요금은 다음과 같이 산출된다.

$$FF = (BW \times AC \times FC) \times (N1 + 2N2 + 4N3)$$

여기서

FF: 주파수 요금
BW: 점유 대역폭
AC: 용도 상수
FC: 주파수 상수
$N1$, $N2$, $N3$: 출력 전력별 단말기 수

주파수 상수 FC는 낮은 대역에서 훨씬 큰 값을 갖는다.

주파수	주파수 상수
0.01 – 1.000 MHz	10
1 – 3 GHz	5
3 – 10 GHz	0.5
10 – 20 GHz	0.05
> 20 CHz	0.001

요금부과 체계는 1 GHz 이하와 20 GHz 이상의 스펙트럼 가격에 10,000과 1만큼의 차등을 두는, 용도 상수를 포함한다. 전자는 상대적 희소성을 반영하지만 후자는 그렇지 않다. 요금은 수신기에도 부과된다.

B. 캐나다

캐나다는 스펙트럼 소비를 대역폭, 지역 범위 및 이용 배타성의 3차원으로 표현하는 모델을 개발했다. 넓은 대역폭과 넓은 지역에서 사용하고, 할당 스펙트럼을 배타적으로 이용할 경우에 높은 요금이 부과된다.

그러나 이 세 가지 차원이 동일한 두 면허의 실제 가격이 매우 다를 수 있다. 왜냐하면 예를 들어 주요 도시의 스펙트럼 가치가 극지방의 스펙트럼보다 더 크기 때문이다.

이러한 차이를 고려하고, 가치가 시장이 없는 상황에서 실제 시장 가격을 반영하기 위해 대체 변수로서 스펙트럼 희소성 개념을 도입했다. 캐나다 전 국토를 그리드/셀 패턴으로 구분하고, 각 셀 마다 특정 대역에서 이용되는 스펙트럼 양을 해당 대역의 전체 스펙트럼 양으로 나누어 이 비율로 전 국토에 대한 상대적인 요금을 결정한다. 주요 도시와 같이 스펙트럼 이용이 높은 지역에서는 스펙트럼 희소성과 이에 따른 면허 비용 역시 상승하게 된다.

그러나 전체 요금 수준이 스펙트럼의 실제 희소 가치를 반영할 수 없다. 왜냐하면 지역별, 대역별 상대적 요금 부과를 통해 상대적 희소성을 반영하더라도 스펙트럼 관리 비용 보상을 위해 전체 징수요금에 상한이 있기 때문이다. 이로 인해 스펙트럼 대역의 가치가 낮게 평가될 위험이 있다.

7.2 스펙트럼 가격의 개별 요인

투입, 산출 또는 서비스의 행정적 가격 또는 가치를 평가하는 일반적인 상향 방식은 관련 요인들을 합산하는 것이다. 만약 행정적 가격이 시장기반 제도에서 스펙트럼 할당 시 시장 가격과 동일한 역할을 하기 위해서는 이런 종류의 행정적 가격에 반영되어야 할 요인을 검토할 필요가 있다.

이런 시각에서 스펙트럼이 채굴이나 이동비용이 불필요한 천연 자원이라는 점에 주목하게 된다. 따라서 스펙트럼의 비용은 생산 비용이 아니라 현재 활용에 따른 기회비용이 된다.[3] 우리는 이 개념을 해당 스펙트럼이 없는 상황에서 동일한 산출물을 생산하는데 소요되는 추가 비용으로 간주한다.[4]

기회비용 가격의 중요한 측면은 다음과 같다. 만약 해당 스펙트럼이 초과 공급 상황이라면 기회비용은 영이다. 일정 양의 스펙트럼이 회수된 경우 이는 다른 동등한 양으로 대체가능하다. 마찬가지로 해당 대역을 이용하고자 하는 다른 이용자들도 이용 가능한 대역을 공급받을 수 있다. 단정적인 가격 설정은 위험할 수 있다. 만약 자유롭게 사용 가능해서 기회비용이 없는 스펙트럼에 가격을 매기면 해당 대역의 사용 기회가 없어질 수 있기 때문이다.

다음에 논의하겠지만, 스펙트럼의 행정적 가격을 정하는 한 가지 방법은 다음과 같이 기회 비용으로 정하는 것이다. 즉 한 사업자가 특정 대역 이용이 불가능해 다른 대역 또는 비 스펙트럼 투입으로 대체해야할 때, 추가적으로 발생하는 비용이 얼마인가 하는 것이다. 이러한 추가 비용은 해당 스펙트럼의 이용 기회의 손실을 통해 측정할 수 있다. 그러나 스펙트럼 이용을 통해 혜택 역시 만들 수 있다. 시장 측면에서는 사업자가 스펙트럼 면허 유지 기간(예를 들어 20년)에 대한 입찰가격 결정 시 수행하는 검토 과정을 고려해 산정할 수 있다.

이미 확인한 첫 번째 요소는 면허 소유로 인해 소유자가 제공하고자 하는 서비스에 소요되는 비용이 차선에 비해 감소하는 정도이다. 다른 두 가지 요인은 다음과 같다.

- 면허 소유로 갖게될 시장 지배력으로 인해 발생하는 추가 이익
- 스펙트럼 면허 용도변경 또는 허용 거래와 갱신 가능으로 스펙트럼을 더 유용하게 변경하거나, 수익 목적의 판매, 경쟁 상황 변화에 따른 이익을 취하는 등 사업자가 행할 수 있는 '선택권 가치'

---

[3] 자산의 가치평가 시 기회비용을 고려하는 개념은 수 세기 동안 상업 및 규제분야에 적용되었다. 이 개념은 1748년 Benjamin Franklin에 의해 사용되었고, 이 용어는 1914년 Friedrich von Wieser가 그의 책 The Theory of Social Economics에서 처음 소개했다.

[4] 7.4절에서는 기회비용의 다른 개념을 논의한다. 여기에서의 기회비용은 대체 산출물의 생산에 필요한 동일 스펙트럼의 가치를 의미한다.

시장에서 사업자가 스펙트럼 면허에 대한 지불의사를 필요할 때 이 세 가지 요인이 모두 고려될 것이다. 이 계산은 면허기간 동안 스펙트럼 이용 서비스를 판매(또는 갱신에 따른 변동)하여 얻는 수익을 전망하여 계산할 수 있다. 여기에서 사업자금 조달을 위한 금융비용과 같은 비 스펙트럼 비용요소는 제외될 것이다. 이 절차를 스펙트럼 가치평가 또는 '가격 전망'을 위한 '사업계획' 방식으로 부르기도 한다. 그 결과는 사업자가 지불할 수 있는 최대 가격의 추정치가 된다. 물론 사업자는 최대 지불의사 가격보다 적은 시장 가격으로 면허를 취득하려고 할 것이다. 이것의 성공여부는 부분적으로 경매 설계에 따를 것이다.

기본적으로 행정적 가격을 설정하는 기관은 사업계획 스프레드시트에 추정치를 입력하여 이 과정을 따라할 수 있다. 이 계산의 결과는 가격설정 기관이 회사의 최대 지불의사 가격을 추정한 값이 된다. 당연히 이 과정에서 가격설정 기관은 해당 부문의 비용, 수익, 경쟁상황을 상세히 파악할 필요가 있다.

시장 원리로 행정적 가격을 정하는 다른 방법은 다른 대역 또는 국가의 실제 시장 가격에서 직접 추론하는 것이다. 이 방식은 비교대상 대역 또는 국가가 행정적 가격을 구하고자 하는 대역과 국가와 비교 분석이 가능할 정도로 충분히 유사한 경우에 적용 가능하다.

따라서 스펙트럼의 행정적 가격을 정하는 방법은 크게 두 가지가 있다. 첫 번째는 기회비용을 고려하는 것이고, 두 번째는 시장 가격의 요소를 고려하는 것이다. 행정적 가격이 부과되는 스펙트럼 이용자는 가격 수준에 관심이 많다. 이것을 잘 보여주는 것이 영국의 사례로서, 정부는 갱신 중인 900 MHz와 1,800 MHz 이동통신용 대역 면허에 대한 경매를 통해 나타난 시장 가격과 비교해 상대적으로 낮은 기회비용이 산출되자, 스펙트럼 관리기관인 Ofcom에게 행정적 가격 설정 방식의 변경을 요구한 바 있다. 초기 인상율은 473%였으나, 영국 이동통신 사업자의 저항에 따라 최종 인상율은 이보다 줄었다[2].

다음 절에서는 두 가지 가격 산정 방식을 좀 더 자세히 설명한다.

7.3 기회비용 가격 산출: 초기 방식

스펙트럼의 기회비용을 산출하는 시작점은 사업자가 해당 스펙트럼을 다음으로 저렴한 투입(타 대역 또는 비 스펙트럼 투입)으로 대체하여 동일한 산출물을 생산할 경우에 발생하는 추가적인 비용으로 정하는 것이다. 이는 대략적으로 회계에서 말하는 '박탈가치'에 해당한다. 이 용어는 사업자가 더 이상 스펙트럼을 이용할 수 없어 다른 방식으로 사업을 계속하는 경우에 사업자가 입는 손실을(연간 흐름 또는 다년간 운영 합계로서) 표현한다는 점에서 적절하다.

이러한 종류의 기회비용을 추정하는 확실한 방법은 현재 할당된 대역을 이용한 특정 서비스 제공 비용을 다른 기술로 동일한 서비스를 제공하는 비용과 비교하는 것이다. 이 결과는 MHz 단위의 비용 절감액의 추정치가 된다.

디지털 지상파 방송(DTT)용 스펙트럼 가치를 예로 살펴보자. 동등한 방송 서비스를 제공하는 방법으로는 위성방송, 동일 서비스 제공이 가능한 고정 네트워크(케이블 또는 광케이블 네트워크 등)의 구축, 스펙트럼 절감이 가능하지만 더 많은 기지국 설치가 필요한 전송기술(단일 주파수 네트워크 또는 SFN[5])의 사용, DVB-T2[6]와 같은 다른 전송 기술로의 전환 등이 가능하다.

▽ 표 7-1 영국 DTT 스펙트럼의 기회비용

대체수단	스펙트럼 절감	비용 영향	MHz당 추가 비용
1) 위성 전송	다중화채널 당 48 MHz	안테나와 셋탑박스 추가	6－8천만 파운드
2) 추가 기지국을 사용한 SFN	다중화채널 당 최대 40 MHz	12배 많은 기지국	7백 5십만 파운드
3) DVB-T2를 사용한 SFN	다중화채널 당 최대 40 MHz	신규 셋탑박스[7]	0－2천 5백만 파운드

예를 들어 Plum Consulting이 수행한 Ofcom 연구에서 표 7-1에서와 같이 대체수단에 따른 추정치를 알 수 있다[3]. 이 예에서 최소 대체 비용은 나중의 2개 방안에 해당하며 더 낮은 가격은 0－7백 5십만 파운드 범위에 있다.

기회비용 가격산정 방식에 대해 더 자세히 설명하기 전에 지금까지 논의에서 나온 몇 가지 사항을 짚어 볼 필요가 있다.

- 한 대역의 MHz당 가격은 개념적으로 회수된 스펙트럼의 증분에 따라 변할 수 있다. 이는 한계량(1 MHz)부터 대역 전체(예를 들어 700 MHz대역)까지 변할 수 있다. 만약 한계량 만큼이 회수되었다면, 회수에 따른 문제를 저렴한 비용으로 해결할 수 있을 것이다. 표 7-1은 주요 스펙트럼의 가상적 회수사례를 보여준다. 나중에 설명할 사례가 스펙트럼 가격 산정의 일반적인 상황이다.
- 앞에서 언급한 바와 같이 초과 공급된 스펙트럼은 기회비용이 영이다. 그 이유는 만약 해당 스펙트럼의 일부가 회수된 경우에 이를 대체하기 위한 비용이 영이기 때문이다.

[5] SFN은 동일 방송 콘텐츠를 전송하기 위해 인접 셀에서 동일한 주파수를 사용한다. 만약 무선 접속방식이 적절하게 설계되고, 전송을 동기화시킨면 이는 상당한 스펙트럼 절약이 가능하게 된다.

[6] DVB-T2(Digital Video Broadcasting - Terrestrial, version 2)는 방송 표준인 DVB의 일부이다. 이는 높은 변조 모드와 효율적인 압축 기술을 사용해 높은 스펙트럼 효율을 제공하는 DVB-T 기술의 발전된 형태이다.

[7] 셋탑박스 소요량은 기 구매 대수에 따라 다를 수 있다.

- 사업자의 효율성 수준이 다르면 박탈 가격 또는 기회비용도 다르게 된다. 그러나 여기서는 일반적으로 적용 가능한 가격을 구하기 때문에 대표적인 사업자를 대상으로 계산하는 것이 바람직하다.
- '동일 산출' 방식은 제한적이다. 왜냐하면 실제로 다른 기술을 사용할 경우 산출물의 양과 질이 변하기 때문이다. 예를 들어 방송 프로그램을 위성으로 송출할 경우 지상파 송출보다 큰 전송용량을 가질 수 있다. 또는 2.3 GHz를 통해 전달되는 이동통신 신호는 800 MHz의 동일 신호에 비해 건물 투과 성공율이 떨어진다. 실제로 소비자 이익을 제외하고 전적으로 소요비용의 차이에만 초점을 두는 것은 적절하지 않다.
- 사업자가 스펙트럼이 회수된 상태에서 서비스를 지속적으로 제공할 만큼의 충분한 수익을 낼 수 있다는 보장이 없다. 예를 들어 디지털 라디오(DAB)의 경우 일반적으로 사업성이 취약한데, 스펙트럼에 대해 기회비용 만큼의 가격을 부과한다면 사업성 확보가 어려울 것이다. 현재 할당에 대한 경쟁자가 없다면 전체 기회비용을 부과하는 것은 의미가 없을 것이다.[8]
- 표 7-1의 최저가격 대비 최고가격의 비율은 기회비용 추정에 전형적인 사례이다. 따라서 가격을 너무 높게 책정하는 위험성을 관리할 필요가 있다. 이는 Box 7-2에서 논의된다.
- 사업자가 현재 이용하는 대역 A의 '차선' 방안이 대역 B의 이용을 포함할 수 있다. 즉 대역 A의 기회비용을 알기 위해서는 대역 B의 기회 비용 역시 알아야 하는데, 이를 위해 대역 C의 기회비용을 알아야 할 수 있고, 이런 상황이 연쇄적으로 발생할 수 있다. 이는 계산 복잡성을 증가시키고 심지어 순환문제가 발생할 수 있어, 스펙트럼 가격 산정시 포괄적인 해결이 필요할 수 있다.

---

8 박탈 가격에 관한 회계 문헌에서 이를 명확히 알 수 있다. 기술적으로, 박탈가격은 대체 비용과 회수가능 금액 중 작은 값과 동일하다. 여기서 회수가능 금액은 순 판매가격과 사용 가치 중 높은 값과 같다. 만약 스펙트럼 이용자가 해당 대역을 대체할 수 없다면 그 가치는 단순히 현재 이용자에 대한 가치(사용 가치)가 될 수 있다.

Box 7-2 행정적 가격 설정 시 불확실성의 고려

산출물 1과 산출물 2의 생산에 사용가능한 한 대역을 가정하자. 표 7-2와 같이, 산출물 1에 대한 가치 추정 중간값은 100이나, 이 추정치는 동일한 확률로 75와 125 사이에 존재할 수 있다. 산출물 2에 대한 가치 추정 중간값은 75이고, 이 추정치는 동일 확률로 50와 100 사이에 존재할 수 있다. 여기서 위험 중립성을 가정한다.

▽ 표 7-2 기회 비용

		두 가지 산출물을 생산하는 대역의 기회비용 추정치					
		25	50	75	100	125	150
산출물	산출물1			●——	————	——●	
	산출물2		●——	————	——●		

만약 스펙트럼의 가격을 100으로 설정하고, 이익이 100과 125 사이에 있다면 산출물 2 생산에 스펙트럼이 사용될 가능성은 없으며, 산출물 1을 위해 사용될 가능성은 50%이다. 따라서 예상 이익은 낮아지게 된다(실제로 56.75). 가격을 낮춰서 75로 정하면, 확실히 산출물 1 생산에 사용할 것이며, 이로 인한 최소 가치는 75이다. 그러나 스펙트럼이 산출물 2의 생산을 위해 사용될 위험이 있으며, 산출물 1을 생산하면 100에서 125 사이의 더 높은 가치를 가질 수 있지만, 이때 가치는 75와 100 사이가 된다. 그러나 이 두 번째 경우에서 스펙트럼은 물론 최대치는 아니더라도 항상 75 이상의 가치를 생산한다. 그러므로 불확실한 환경에서 행정적 가격을 설정할 때 너무 높은 가격으로 전혀 사용 불가능하게 되는 것을 방지하기 위해 '최선의 추정치'를 낮춰 설정하는 것이 바람직하다.

7.4 기회비용 추정치 간의 상호연관성

앞에서 설명한 기회비용 계산방법은 '가격산정' 대상 대역이 효율적으로 할당되었다는 것을 가정한다. 즉 현재 사용 중인 최적의 대역이 없을 경우 해당 산출물의 생산에 추가적으로 소요되는 비용이 얼마나 되는지를 묻는 것이다. 그러나 현재 사용이 최적인지에 대한 검토도 마찬가지로 필요하다. 표 7-3은 문제의 이러한 측면을 보여준다.

▽ 표 7-3 가격 산정 예시

생산된 산출	이용된 투입			
	대역 A	대역 B	대역 C	비스펙트럼 투입 D
산출물 X	산출물1의 기준가격	+10	+14	+15
산출물 Y	산출물2의 기준가격	+16	+13	+20

표의 첫 번째 행은 A 대역의 산출물 X에 대한 생산 비용의 증가량을 보여준다. 여기서 대역 A를 위한 대체 투입요소로는 대역 B, 대역 C, 비 스펙트럼 투입 D가 있다. 증가량

중 최소값은 10이고, 이는 산출물 X 생산 시 대역 A의 기회비용에 해당한다.

그러나 비슷한 계산을 하면 산출물 Y 생산 시 대역 A의 기회비용이 더 높게 나온다. 이 경우 표 7-3에서 산출물 Y의 기준가격(산출물 Y 생산 시 대역A의 기회비용) 대비 최소 증가량은 13이다. 즉 대역 A는 산출물 X 보다 산출물 Y 생산 시 더 유용한 것처럼 보인다.

일단 이는 대역 A의 할당 '실수'를 산출물 Y로의 전환을 통해 보정해야 한다는 것으로 보일 수 있다. 그러나 어쨌든 산출물 X도 여전히 생산되어야 한다. 한 가지 가능성은 전에 산출물 Y 생산에 이용된 대역 C를 이 목적으로 이용하는 것이다. 그러나 이 대역의 사용은 산출물 X의 생산에 있어 매우 비효율적인 방법이라는 것을 알 수 있다. 이 경우 전 주파수 대역에 걸쳐 대체의 연결고리를 만들어야 하고, 각 연결고리마다 독립적인 기회비용을 새로 계산해야 한다.

그러므로 대체 대역으로 인해 기회비용 가격산정 문제는 원칙적으로 '일반 균형'이 된다. 즉 한 대역의 효율적 이용이 다른 대역의 이용 형태에 따라 달라질 수 있다는 것이다. 우리가 찾는 것은 필요로 하는 산출물 집합을 전체적으로 생산하는데 있어 효율적인 스펙트럼 할당을 동시에 할 수 있는 가격이다. 대역과 가능한 이용자가 많아 이를 계산하는 것은 어려우나 아마도 불가능하지는 않을 것이다. 더 어려운 일은 계산 수행에 필요한 상당한 양의 비용 데이터를 산출하는 것이다.

실용적인 관점에서 현재 이용이 최적이라는 합리적인 확신이 있다면 간소화된 방법을 적용하는 것도 가능하다. 이러한 확신을 가질 수 있는 분야 중 하나는 이동통신 스펙트럼인데, 이는 단순히 모바일 데이터 서비스의 빠른 성장으로 이 스펙트럼의 수요가 빠르게 증가하고 있기 때문이다. 상당히 단순화시키면, 낮은 주파수 대역에서 동작하는 기지국은 낮은 비용으로 서비스 제공이 가능하고, 높은 대역에 비해 나은 서비스 질 보장이 가능하다고 할 수 있다. 그 이유 중 하나는 낮은 대역은 넓은 범위를 커버할 수 있어 동일 서비스 지역에 필요한 기지국 수가 적어지기 때문이다. 그 결과 데이터 트래픽 대비 증분 비용(그리고 여기서 가정하는 가격)의 그래프는 그림 7-1의 상단과 같은 계단 함수 형태를 갖는다.

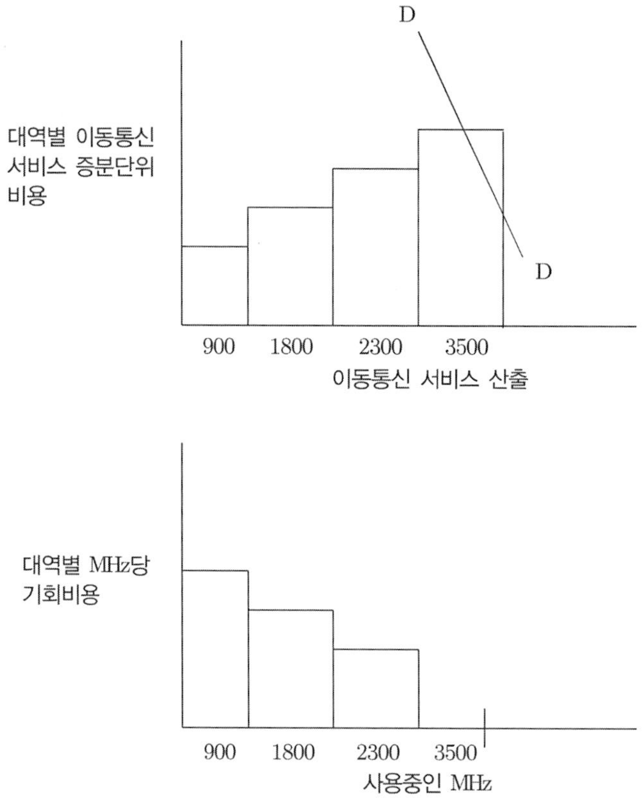

그림 7–1 무선접속 네트워크의 증분 비용과 대역별 스펙트럼 기회비용과의 관계

만약 수요가 DD로 나타난다면, 초과공급으로 인해 기회비용이 영인 한계 주파수는 3.5 GHz가 된다. 이와 마찬가지로 주파수 대역별 기회비용은 그림 7–1의 하단부와 같이 표현된다.[9] 만약 수요가 증가하여 다음 주파수가 필요한 상황이 된다면 3.5 GHz 대역도 수익성이 확보될 것이고, 모든 대역의 기회비용도 증가할 것이다.

요약하자면, 기회비용을 기반으로 스펙트럼 가격을 산정하는 것에는 몇 가지 어려운 점이 있다. 가장 어려운 것은 현재 사용 중인 대역의 대체재를 식별하고 비용을 산정하는 것이다. 그 다음은 복잡성으로서, 항상 발생하는 것은 아니지만, 특정 대역이 다양한 용도로 활용가능하다는 점과 연관되어 있다. 행정적 가격을 설정하는 데 있어 위의 Box 7–2에서 제안한 것과 같은 적절한 위험 분석을 통해 비대칭 오류 가능성을 관리하는 것이 바람직하다.

9 경매 가격 데이터를 통해서도 낮은 대역의 스펙트럼이 높은 대역보다 가치 있다는 것이 확인된다.

7.5 기회비용 스펙트럼 가격산정 사례

영국은 행정적 유인가격 또는 AIP라고 알려져 있는 행정적 가격을 광범위하게 적용하고 있다. 1998년부터 당시 스펙트럼 규제기관은 이러한 정책을 단계적으로 도입했다[4]. 초기에는 스펙트럼을 두 가지의 가격으로 구분했는데, 이동통신에 적합한 고가격 대역, '고정용도' 스펙트럼을 위한 저가격 대역이었다. 이는 특정 대역에서 갑작스럽고 임의적인 가격상승 즉 '절벽'을 만들기도 했다[5].

영국의 스펙트럼(그리고 통신) 규제기관인 Ofcom은 경매가 시행되지 않는 스펙트럼의 효율적 이용을 촉진하는 수단으로서 행정적 가격제도를 도입했으며, 적용 범위를 공공 부문을 포함하여 확대하는 방안을 추진했다.[10]

Ofcom의 행정적 가격에 관한 2010년 검토에 따르면 당시 행정적 가격은 광범위하게 적용되어 스펙트럼의 50%를 차지했다[6]. 이 검토에서는 증거가 확실하지 않고 제한적이지만, 일반적 원칙에 따라 행정적 가격제도의 유효성에 대해 대체적으로 우호적인 결론을 내렸고[7], Box 7–3에서와 같이 향후 적용을 위한 일반 원칙을 확인했다.

Box 7–3 Ofcom의 2010년 행정적 유인가격(AIP) 원칙

원칙 1: AIP의 역할. AIP는 장기적인 무선 스펙트럼의 최적 이용을 위해 다른 스펙트럼 관리 도구와 함께 상업 및 공공 부문에서 지속적으로 이용되어야 한다. 최적 이용을 담보하는데 있어 AIP의 역할은 스펙트럼의 기회비용에 관한 장기적 신호를 제공하는데 있다.

원칙 2: 장기적으로 이용자는 결국 적응한다. AIP의 목적은 장기적으로 스펙트럼의 최적 이용을 위한 것으로서, 이용자들이 일반적인 투자 주기의 일부로서 AIP에 적응할 수 있도록 한다. 이용자의 스펙트럼 이용에 일부 제한이 생기더라도 일반적으로 모두는 아니더라도 AIP에 적응할 수 있을 것이다.

원칙 3: AIP가 반드시 적용되어야 하는 경우. AIP는 비용기반의 사용료가 적용되는 경우에, 기존 또는 미래의 대체 가능한 용도를 위한 초과 수요가 예상되는 스펙트럼에 적용되어야 한다. 가능한 대체 용도를 결정하는데 있어 적절한 기간 동안 국내 또는 국제적 규제 사항, 장비 표준의 유무, 장비 가용성, 비용 및 적절한 다른 요소들을 고려할 것이다.

원칙 4: 스펙트럼의 미래수요를 평가하기 위한 '적절한 시간'. 일반적으로 초과 수요, 혼잡도, 가능한 대체 수요를 평가하는데 필요한 기간을 정할 필요가 있다. 이러한 평가작업은 기존 사용자 무선 장비의 일반적인 경제적 수명을 반영한 기간 동안에 이루어진다.

원칙 5: AIP와 스펙트럼 거래. 많은 이차 시장은 AIP에 의한 추가적인 신호가 없으면 스펙트럼의 최적 이용 촉진에 효과적이지 않다. 그러므로 AIP는 대부분의 면허 부문에서 스펙트럼 거래를 보완하는 역할을 지속적으로 요구할 것이다.

원칙 6: 광범위한 사회적 가치 달성을 위한 AIP의 역할. 스펙트럼을 이용해 광범위한 사회적 가치를 제공하더라도 AIP 사용료의 할인이 원칙적으로 정당화되지 않는다. 왜냐하면 보조금 그리고/또는 AIP 이외의 규제 수단이 보통 효율적이고 효과적이기 때문이다.

---

10 영국의 공공 부문 스펙트럼 관리에 관한 자세한 논의는 12장을 참고

원칙 7: AIP 할인과 혁신의 촉진. 혁신을 촉진하기 위한 목적으로 AIP를 할인하는 것은 일반적으로 부적절하다.

원칙 8: 시장 가치평가의 이용. 기준 가격과 AIP 요금 수준을 설정하는데 있어, 경매, 거래 및 다른 가능한 증거 등 시장에서 관찰된 평가가치가 고려된다.

원칙 9: 불확실성을 고려한 AIP 요금 설정. 미래 대체용도 수요 가능성의 불확실성 등과 같이 기회비용 추정에 있어 불확실성이 존재하는 경우, 요금을 과도하게 높거나, 낮게 설정할 위험성을 고려한다.

스펙트럼 사용료를 지불해야 하는 사업자나 산업부문의 상당한 반대가 예상되었다. 이는 일반적이며, 비상업 부문이라고 예외는 아니었다. Ofcom은 항공과 해상용 스펙트럼에 이 사용료를 부과하면서 이를 확인했다. 항공사는 스펙트럼 사용료는 세금이며, 여행객을 위한 허브로서 영국 공항의 기반을 훼손할 것이라고 주장했다. 구명보트 자선단체에 의해 해상용 스펙트럼 이용료 부과에 대한 반대 움직임이 확산되었다. 결국 Ofcom은 기존 계획을 상당히 수정하게 되었고, 해상 탐색과 구조와 관련된 스펙트럼은 사용료 부과대상에서 했다[9]. 레이다와 항공항행원조업무에 대해 Ofcom은 해당 스펙트럼의 전략적 관리 책임을 정부로 이양했다[10].

또한, 2007년에 비상업 방송사인 BBC를 포함한 지상파 방송사에게 행정적 요금을 부과하는 방안을 검토했으나, 2013년에 해당 제안을 철회했고 요금부과 도입은 2020년까지 연기되었다[11].

스펙트럼 가격이 부과되는 분야의 반대는 광범위했고 영국은 특히 민간 부문에서 성공적이었다. 이것이 시장의 이용을 지지하는 이유이다. 행정적 가격은 회피가 가능하지만, 일단 스펙트럼 시장이 만들어져 작동하면 스펙트럼 이용자가 이를 회피하는 것은 훨씬 어려워지게 된다.

호주의 스펙트럼 규제기관인 ACMA는 2010년에 기회비용 가격을 이용하는 정책을 발표했다. ACMA는 경매, 거래와 같은 시장 방법을 일반적으로 선호했으나, 특히 '시장의 특성(높은 거래비용, 협소한 시장, 불확실성 등)으로 인해 거래량이 작거나, 면허권자(스펙트럼 거래 유인이 없는 정부 이용자 등)가 실제 비용을 부담하도록 하는 것이 유용할 경우에는' 기회비용 가격부과의 역할이 있다고 밝혔다[12]. ACMA는 400 MHz 대역에 초점을 두었다. 이 대역은 주로 육상이동업무를 포함한 고정(점대점, 점대다점), 무선측위, 아마추어업무로 사용되며, 주요 도시에서는 혼잡한 대역이다. 그러나 진행은 느렸고, 일부 할당은 기회비용 가격산정에 근거하지 않았다[13]. 이는 너무 많은 이용자가 있는 대역에서는 앞서 언급한 '일반 균형' 특성 때문에 기회비용 가격 산정이 복잡하다는 것을 보여준다.

요약하자면, 기회비용을 기반으로 스펙트럼 가격을 산정하는 데에는 몇 가지 문제가 있다. 분명한 것은 현재 사용 중인 대역의 대체재 비용을 산정하는 것이 어렵다는 것이다. 그리고 항상 있는 문제는 아니지만 특정 대역을 이용하는 다양한 방법과 관련된 복잡성이 있다.

Box 7-2에서 제안한 것과 같이 적절한 위험성 분석을 통해 행정적 가격 설정 시 발생 가능한 비대칭 오류를 관리하는 것이 바람직하다. 그러나 기회비용 가격의 적용을 고려할 때 불완전한 행정적 가격의 적절한 대안은 가격을 영으로 하는 것일 수 있으며, 이는 매우 비효율적일 수 있다.

7.6 다른 가격산정 적용 사례

앞서 언급한 바와 같이, 스펙트럼의 행정적 가격산정을 위한 다른 방식은 시장 가격을 대신하는 것으로서, 여기에는 기회비용으로 산정된 희소성 지대뿐만 아니라 독점 지대와 옵션 가치, (원칙적으로는) 개념적 경매 또는 시장 기구를 가정한 효과 역시 포함한다. 이 방식은 스펙트럼 이용자에게 부과할 수 있는 가격을 산정할 수 있다. 또한 스펙트럼 규제기관이 경매 시 경쟁자 부재 또는 담합으로 인해 면허의 실제가치가 실현되지 않는 상황을 우려해 최저 경매가격을 설정하는데도 이용할 수 있다(5장 참조).

여기서 고려하는 누 가시 행징직 가격 설정 방법은 시장 가격을 모방하기 위해 만들어진 것이다. 첫 번째 방법은 규제기관이 사업자가 스펙트럼 경매 입찰을 위해 가격을 산출하는 것을 재현하는 것이다. 두 번째 방법은 시장 거래에 대한 관찰을 통해 추론하는 것이다. 원칙적으로 거래 데이터가 필요하지만 이는 매우 적으므로 일반적으로 경매 자료가 활용된다.

7.6.1 사업모델 방법

이 방법은 스펙트럼 면허 경매에서 사업자가 최대 입찰 가능 금액을 추정하기 위한 검토와 계산 과정을 재현한다. 여기서 필요한 것은 운용 중인 무선 시스템(가능하면 단말도 포함)의 전체 수명기간에 대한 순 현재 가치를 계산하는 것이다. 그러나 면허 취득 비용은 제외된다. 이렇게 계산된 값이 해당 사업자가 합리적으로 입찰할 수 있는 최대 가격이라고 할 수 있다.

확실히 이 가격은 전적으로 스펙트럼을 통한 활동의 성공과 서비스의 경쟁 구조 모두에 의해 결정되며, 장비 공급자에 따른 변동이 있을 수 있다. (최대가 아닌) 예상 입찰가는 경매 규칙, 입찰자의 목적, 면허의 개수에 따라 결정된다.[11] 그러나 입찰자는 확실히 그들

[11] 따라서 4개의 동일한 면허가 있는 경매의 경우에, 특정 조건에서 다섯 번째로 높은 입찰자가 지불 가능한 최대 가격 근처의 가격에서 경매 결과를 예상할 수 있다. 왜냐하면 이 가격은 네 번째로 높은 입찰자가 면허를 확보하기 위해 지불해야 할 최저가격이기 때문이다.

의 최대 지불의사 가격까지 지불하지 않으려 할 것이다. 만약 시장 거래를 통해 경매 수익을 확인할 수 있다면 최대 지불의사 가격부터 실제 지불된 가격까지를 산출하는 과정은 불필요하다.

이런 종류의 연구는 쉽지 않다. 규제기관과 자문기관은 사업자가 가지고 있는 해당 부문에 대한 상세한 지식을 보유하고 있지 않을 수 있으며, 경매 입찰 자금이 자신의 소유가 아니기 때문에 입찰자 만큼 정확하게 산출할 유인이 없다. 게다가 최대 지불가격의 분포에 관한 자료를 경매 결과로 변환하는 과정이 특히 복잡하다.

이미 다른 나라에 있는 서비스를 새로 도입하는데 사용할 스펙트럼의 경우에는 확산 모형을 적용하기 위해 해당 국가의 자료 또는 경쟁 결과에서 유추하는 것도 가능하다. 그로 인해 많은 나라에서 아날로그 TV의 디지털 전환이 일어났으며 현재도 진행 중이다. 유럽의 디지털 전환 경험을 통해 저자는 중간 소득 수준의 국가에서 시청자의 디지털 전환과 새로운 디지털 채널로의 전환 과정을 정밀하게 전망하고, 입찰자에 대한 면허 가치를 추정할 수 있었다.

앞서 설명한 기회비용 방식과 마찬가지로 입찰 결과에 대해 '최선의 추정'을 한 후에 어떻게 가격을 정할지 결정해야 한다. 이 때 주의할 점은 추정결과가 과도하게 높아 경매에서 팔리지 않거나 할당받은 사업자가 이를 사용하지 않고 반환하기를 원해 스펙트럼이 완전히 미사용될 위험이 있다는 것이다.

사업모델 방식은 가능한 방식이나 많은 가정이 필요해 오류 가능성이 높다. 만약 규제기관이 다양한 방식으로 추정치를 산출한다면, 이 방식의 적절한 활용이 가능할 것이다.

7.6.2 경매 자료에 기반한 추정

이 방법은 관찰된 거래 결과에서 추론하는 것이다. 목표는 스펙트럼 대역의 가격을 해당 국가 또는 다른 국가의 해당 대역, 다른 대역의 과거 경매 결과로부터 가격을 유추하는 것이다. 당연히 동일 대역, 동일 국가의 최근 데이터가 있으면 추론의 신뢰성이 높고, 먼 국가의 상이한 대역에서 오래 전에 치러진 경매 자료를 활용할 경우 신뢰성이 낮아진다.

아래에서는 이러한 추정에 필요한 단계를 설명한다.

7.6.2.1 여러 국가 자료의 표준화

이 단계는 국가간에 표준화된 경매 수익이 특정 핵심 경제 변수에 따라 변한다는 Hazlett의 관찰에 근거한 것이다[14]. 수익을 표준화하기 위해서는 한 가지 통화로 된 전체 수익을 해당 면허의 MHz 단위의 대역폭으로 나누고, 다시 면허에 포함되는 인구 수로 나눠 'MHz

당 인구당'으로 환산하여 표현한다. 이 값의 조정에 사용되는 주요 변수는 인구당 GDP이다. 이 조정은 다양한 인구당 GDP가 MHz당 인구당 수익의 관찰 표본에 미치는 통계적 영향 분석을 통해 이루어진다. 일단 이 관계가 계산되면, 다른 나라에서 얻은 수익이 현재 가격을 설정하고 있는 국가에서라면 '어떻게 될지' 조정하는 것이 가능해진다.

7.6.2.2 주파수 대역간의 표준화

1 GHz 이하의 스펙트럼은 그 이상 스펙트럼 보다 가치가 있다. 가격 설정 시 다른 대역의 경매 데이터를 활용하기 위해서 두 대역을 모두 경매했던 국가라면 여러 대역에서 관찰된 연관성을 찾는 것이 가능하다. 이 연관성은 평균을 취해 해당 국가에 적용될 수 있다.

7.6.2.3 면허 기간의 표준화

경매에서 다양한 기간의 면허에 대해 낙찰자가 일시 납부하는 것을 일반적으로 볼 수 있다. 이러한 조정을 위한 다양한 방법이 있다. 만약 면허로부터 발생하는 연간 이익이 기간 동안 일정하다면 표준화가 상대적으로 간단하다. 그러나 그러한 경우는 많지 않으므로 대안이 필요하다. 한 가지 방법은 경매 자료와 사업모형 자료를 포함하는 결합 방식을 사용하는 것이다.[12]

7.6.2.4 결과를 연간 금액으로 표현

스펙트럼 면허는 보통 경매에서 선불로 일시 납부한다.[13] 행정적 가격은 매년 납부한다. 납부방식을 일시에서 연간으로 전환할 경우 매년 납부금액을 동일하게 할지, 변하게 할지(명목 요금 또는 인플레이션을 고려한 실제 요금)에 대한 결정과 할인율을 어떻게 적용할지에 대한 결정이 필요하다. 가장 간단한 방법은 실제 연간 가격을 동일하게 유지하는 것이다. 그러나 할인율의 선택은 좀 더 어려운 문제이다. 한 가지 방법은 사업자의 자본 비용, 즉 차입금과 자산에 대한 평균 이자금액이다. 그러나 연간 납부금액이 고정된 경우, 할인금액은 차입금의 이자와 더 비슷해질 것이고, 낮은 할인율을 지불할 것이다. 이것은 중요하다. 왜냐하면 낮은 할인율로 인해 잔여 면허 기간동안의 스펙트럼의 가치는 커지고, 연간 지불금액은 낮게 유지되기 때문이다.

---

12 A 국가의 면허는 20년이고, B 국가의 면허는 25년이라 가정하자. A 국가에서의 스펙트럼 가치로부터 B 국가의 스펙트럼 가치를 추정하기 위해 위와 같은 방법으로 표준화를 한다. A 국가 면허의 마지막 5년 동안의 가치는 해당 사업자의 5년간 수익 전망을 통한 사업모형 방식으로 추정된다. 먼 미래의 수익은 이를 경매 대금 납부 시점인 20년 또는 25년 전의 가치로 표현하기 위해 할인되어야 하므로 전체 가치 평가에 미치는 영향은 상대적으로 적다. ([15]를 참고)

13 이는 사업자가 과도한 금액으로 입찰하고 이로 인해 상황이 악화할 경우 면허를 포기하는 것을 방지한다.

이 절차와 관련해 두 가지 예시를 들 수 있다. 첫 번째는 아일랜드 규제기관인 ComReg (Commission for Communications Regulation)가 시행한 800 MHz, 900 MHz, 1,800 MHz 이동통신용 등의 스펙트럼 경매에서 최저 경매가격을 정하는 것과 관계가 있다. 규제기관은 기존 사업자 이외의 추가 입찰자를 기대하지 않았고, 사업자의 스펙트럼 보유량에 상한을 정했다. 이런 환경에서 최저 경매가격은 적정한 것으로 여겨졌다.

ComReg의 컨설턴트는 새로운 경매 자료를 고려한 벤치마킹 연구를 통해 위에서 설명한 방식으로 과거 경매 자료를 이용했다[16]. 그 과정은 전반적으로 판단에 크게 의존했다. 이를 기반으로 컨설턴트는 보수적인 최소 가격 범위로서 800, 900 MHz 대역에 대한 공통 범위, 1,800 MHz 대역에 대한 하한을 제안했다. 규제기관은 이 범위의 중간 지점 근처 값을 최저 경매가격으로 선택했고, 모든 경매 물건이 최저 경매가와 유사한 가격으로 기존 사업자에게 낙찰되었다[17].

두 번째 사례는 영국 규제기관이 특정 스펙트럼 대역의 시장 가격을 산정해 행정적 가격을 정한 것이다. 이전에는 900 MHz, 1800 MHz 대역에 대해 기회비용에 근거해 산정한 요금을 사업자에게 부과했지만, 2010년 영국 정부는 Ofcom에게 전체 시장 가치를 반영할 수 있도록 가격 조정을 지시했다. 이를 수행하는데 있어 2013년에 시행된 800 MHz대역을 포함한 영국 4G 경매의 입찰 총액에 특히 관심을 보였다.

아일랜드의 경우에서와 같이 Ofcom은 다른 대역 또는 다른 나라의 경매 결과를 가지고 문제를 '분석'하기 위해 앞서 서술한 다양한 절차를 적용했다. 그리고 아일랜드에서와 같이, 제안된 가격을 새로운 경매 결과에 따라 수정하고 계산방식에 대한 수정도 이루어졌다. 이를 통해 제안된 가격은 2015년 발효 예정이며, 가격이 3~4배 인상되어 사업자는 이에 반대하는 입장이다[18].

7.6.3 요약

위에서 제시한 두 가지 방법은 스펙트럼의 시장 가격을 추정하는 현실적인 방법이다. 두 방법 모두 틀릴 수 있다. 그러나 이 방법은 구하고자 하는 가격을 '다각도로' 추정하는 방법과 병행 사용되거나 기회비용 방법과 비교할 수 있다.

7.7 행정적 가격과 거래

행정적 가격은 효율적 이용의 유인을 만드는 방법으로서 보통 경매 미시행 대역에 적용된다. 매우 드문 경우지만 경매에서 경쟁을 통해 취득한 면허에 대해 사후적으로 행정적 가격을 부과하는 것이 의외로 좋은 정책일 수 있다. 그러나 이런 방식은 나중에 시행될 경매에서 입찰을 어렵게 할 위험이 있다.

그러나 경매 미시행 스펙트럼을 거래할 경우 행정적 가격이 유용할 수 있다. 이는 스펙트럼 면허의 재사용 유인을 변화시키는 효과가 있다. 여기에는 다음과 같은 세 가지 경우가 있다.

1. 행정적 가격만 있는 경우, 스펙트럼 포기의 유인은 단지 가격이다.
2. 거래만 있는 경우, 유인은 스펙트럼 보유 비용으로서 포기한 거래 수익에 해당한다.
3. 두 가지가 동시에 있는 경우에 유인은 가격과 포기한 거래 수익이다. (스펙트럼에 대한 연간 사용료 납부의무가 있을 경우 예상 거래수익은 줄어든다)

항상 그렇듯이 행정적 가격은 과도하게 높을 위험이 있고 이는 스펙트럼의 완전한 사용을 어렵게 한다. 이는 (1)의 유인 효과를 제한할 수 있다. (2)와 (3)에서 연간 사용료 납부가 포기한 이론적 거래 수익보다 큰 유인 효과를 갖는다는 것은 명확히 가능하다. 만약 그렇다면 (3)이 가장 최선의 정책이다.

7.8 결론

이 장에서는 스펙트럼의 행정적 가격을 기회비용 또는 사업모형 방식으로 정하는 것이 현실적으로 가능하다는 것을 보았다. 만약 유인이 사실상 사용자에게 있다면, 이러한 가격은 효율적 스펙트럼 이용의 유인을 강화할 수 있다. 12장에서는 공공부문에서의 이 문제에 대해 논의한다.

그러나 행정적 가격 산정을 위한 주요 방법에서의 몇 가지 취약점을 확인했다. 첫 번째는 너무 높은 가격에 따른 부정적 영향을 고려하여 가격을 정해야 한다는 것이다. 두 번째는 많은 경우에서 그렇듯이 규제기관 등에 의해 설정된 행정적 가격은 잘 작동하는 시장의 가격에 비해 자원의 효율적인 할당을 지원하는 가격 신호로 적절하지 않을 가능성이 있다는 것이다. 행정적 가격은 스펙트럼 이용자의 저항에 직면할 수 있다. 이는 행정적 가격이 제한적으로 사용되어야 한다는 것을 의미한다.

그러나 많은 경우에서 선택지는 오류 가능성이 있는 추정을 통해 행정적 가격을 부과하거나 실질적으로 '행정적' 가격을 영으로 설정하는 것이다. 스펙트럼 이용자에 대해 행동의 자유를 부여하는 관리체계에서 가치있는 스펙트럼이라면, 이는 바람직한 결론이 아니다.

참고문헌

[1] Report ITU-R2012, "Economic Aspects of Spectrum Management," Chapter 5.2, at www.itu.int/dms_pub/itu-r/opb/rep/R-REP-SM.2012-1997-PDF-E.pdf.

[2] http://stakeholders.ofcom.org.uk/consultations/900-1800-mhz-fees/?utm_source=updates&utm_medium=email&utm_campaign=alf-consultation.

[3] "Estimating the Commercial Trading Value of Spectrum: A Report for Ofcom" (2009), 85-87.

[4] M. Cave, "Review of Radio Spectrum Management" (report for the Department of Tradeand Industry, 2001), 121-125.

[5] M. Cave, "Independent Audit of Spectrum Holdings (report for Her Majesty's Treasury, 2006), 27-36.

[6] Table 6.1 at http://stakeholders.ofcom.org.uk/binaries/consultations/srsp/summary/srsp_condoc.pdf.

[7] Ofcom, "Policy Evaluation Report: AIP" (2009), 29-35, at http://stakeholders.ofcom.org.uk/binaries/research/spectrum-research/evaluation_report_AIP.pdf.

[8] Ofcom, "Decision to Make the Wireless Telegraphy (Licence Charges) (Amendment) Regulations 2013" (May 2013).

[9] Ofcom, "Decision to Make the Wireless Telegraphy (Licence Charges) (Amendment) Regulations 2013" (May 2013).

[10] Ofcom, "Applying Spectrum Pricing to the Maritime Sector, and New Arrangements for the Management of Spectrum Used with Radarand Aeronautical Navigation Aids," Statement (2010), at http://stakeholders.ofcom.org.uk/consultations/aip_maritime/statement.

[11] Ofcom, "Spectrum Pricing for Terrestrial Broadcasting" (2013), statement, at http://stakeholders.ofcom.org.uk/binaries/consultations/aip13/statement/statement.pdf.

[12] Seep. 2 of www.acma.gov.au/~/media/Spectrum%20Transformation%20and%20Government/Report/pdf/ACMA%20Response%20to%20Submissions%20Opportunity%20Cost%20Pricing%20of%20Spectrum%20Public%20Consultation%20on%20Administrative%20Pricing%20for%20Spectrum%20Based%20on%20Opportunity%20Cost.PDF.

[13] www.acma.gov.au/Industry/Spectrum/Spectrum-projects/400-MHz-band/latest-developments-1.

[14] T. Hazlett, "Property Rights and Wireless License Values" (2008) 51 *Journal of Law and Economics* 563.

[15] J. Poort and M. Kerste, "Setting Licence Fees for Renewing Telecommunication Spectrum Based on an Auction" (2014) 38 *Telecommunications* Policy 1085.

[16] DotEcon, "Award of 800 MHz, 900 MHz and 1800 MHz: Fifth Benchmarking Report," are port for ComReg (March 2012).
[17] ComReg, "Results of the Multi-band Spectrum Auction: Information Notice" (November 2012).
[18] Ofcom, "Annual Licence Fees for 900 MHz and 1800 MHz Spectrum: Consultation" (October 2013); Ofcom, "Annual Licence Fees for 900 MHz and 1800 MHz Spectrum: Further Consultation" (August 2014).

Part 3

공동사용과 새로운 스펙트럼 관리 기법

CHAPTER

08

스펙트럼 공동사용과 공유

8.1 공유에 대한 기본 접근

8.1.1 스펙트럼 공유의 정의

면허를 필요로 하지 않는 스펙트럼 대역을 비면허 또는 면허 면제 대역이라 부른다. 이에 대한 다른 용어는 공유 스펙트럼으로서, 이는 모든 이에게 허용되는(역사적으로는 동물 방목에 이용되는) 공유지와 유사하다. 이 대역에서는 최대 전력 레벨과 같은 몇 가지 규칙만 지키면 누구든 전송이 가능하다. 가장 많이 사용되는 공유 대역은 2.4 GHz로서 Wi-Fi, 블루투스, 다른 유사 응용 서비스에 사용된다.

8.1.2 비면허 방식이 적용되는 경우

스펙트럼 규제기관은 간섭 문제가 없다면 사용자에게 면허를 부여하지 않는다는 입장이었다. 이는 무선 스펙트럼의 용량이 수요보다 많고, 이용자간 간섭 회피를 위해 이용자 스스로 조정 가능한 메커니즘이 있는 경우에 가능하다. 많은 응용 서비스에서 간섭에 대한 상당한 우려가 존재하나, 다음과 같은 특별한 경우가 있다.

- 신호가 멀리 도달하지 못해 간섭 가능성이 제한적인 저전력 전송
- 대역폭이 넓지만 나쁜 전파 특성으로 인해 수요가 제한된 매우 높은 주파수(예를 들어

40 GHz 이상)

- 건물 외장이 차폐 역할을 하여 이용자간 간섭을 주지 않는 실내와 같은 제한된 환경
- 무선 신호가 얇은 빔 형태로서 전방향 전송보다 상호간 간섭 영향이 덜한 고정 링크
- 기술적으로 사용의 조정과 중재가 가능한 지역. 이는 기술발전에 따라 점차 확대될 것으로 예상되며, 다양한 방식이 이 장과 후속 장에서 논의된다.

지금까지 비면허 방식은 신호도달 범위가 좁은 높은 주파수(대부분 2 GHz 이상)와 낮은 전력(대부분 100 mW 이하)을 조합한 형태이다. 이는 Wi-Fi, 블루투스, 무선전화, 차고 개폐장치, 영유아 모니터 등과 같은 수 많은 응용 서비스와 기술을 만들어냈다.

8.1.3 공유에 대한 기본 접근

공유 또는 비면허 스펙트럼에 대한 규제는 공원에 대한 규제와 유사하다. 공원에서는 정상적으로 행동하는 한 누구라도 입장 가능하다. 이는 소음을 줄이고, 다른 사람을 괴롭히지 않으며, 불을 피우거나 파티를 열지 않는 것을 의미한다. 어떤 경우에는 이러한 규칙이 공원 입구에 게시되거나 법으로 규정되어 있기도 하다.

스펙트럼의 경우 동등한 규칙으로 낮은 전송전력 레벨, 인접대역 방사 제어, 그리고 어떤 경우에는 듀티 사이클에 제한을 두기도 한다.[1] 이를 공공 공원에서 다른 사람에게 예의를 지키는 것이 빗대어 '예절 규약'이라 부르기도 한다[1].

도시에 얼마나 많은 공원이 있어야 할지를 명확히 결정하는 것은 어렵다. 마찬가지로 비면허 대역의 정확한 개수와 크기를 정하는 것 역시 어렵다.

8.1.4 현재의 비면허 대역

지금까지 비면허 대역은 계획에 의한 것이라기 보다 우연히 생겨났다. 가장 널리 사용되는 대역은 2.4 GHz의 '산업, 과학 및 의료' (ISM) 대역이다. 이 주파수는 물 분자가 공진하여 전자렌지 및 유사 산업용 기기에 유용하다. 이 기기는 약간의 무선 전파를 유출하기 때문에 이 대역은 무선통신용으로 사용 불가능한 것으로 여겨졌고 그래서 비무선의 '산업' 용도로 따로 두게 되었다. 물의 공진 주파수는 전세계적으로 동일하기 때문에 전세계적으로 동일한 대역을 따로 두었다. 이 대역은 학교에서의 연구와 시험 시스템 구축을 위해 사용되었고, 연구자는 일반적으로 산업 기기에서 발생되는 간섭은 적절한 시스템 설계를 통해 수용가능하다는 입장이었다. 이는 Wi-Fi에 대한 지지와 함께 비면허 대역을 국제적으로

[1] 듀티 사이클(duty cycle)은 기기가 실제로 전송하는 시간 비율이다. 예를 들어 매 10초마다 1초씩 전송하면 듀티 사이클 10%가 된다. 비면허 대역에서 듀티 사이클 제한은 보통 1%-10% 범위에 있다.

조화할 경우 유용하다는 주장을 이끌어냈다. 최근에는 5 GHz 대역이 Wi–Fi 추가 용량 제공을 위해 제안되었고, 일부 국가에서 약간의 제한이 있지만 일반적으로는 전세계에서 이용 가능하다.

비면허 대역이 된 다른 대역으로는 면허 대역 사이의 보호대역이 있는데, 그 이유는 이 대역이 적절한 상하향 배치 방식 등에 '적합'하지 않기 때문이다. 대부분의 비면허 스펙트럼은 2 GHz 이상에 있다. 2 GHz 이하 대역에서는 매우 협소하다. 물론 미국에서 900 MHz 대역에 비면허 대역이 있고, 유럽에 868 MHz와 같은 작은 대역이 약간 있다. 표 8–1은 영국의 비면허 대역을 보여준다. 유럽의 다른 국가도 유사하게 분배되어 있다.

▽ 표 8–1 영국의 비면허 대역

일반적인 주파수 대역	응용
9 kHz – 30 MHz	단거리 유도 응용 서비스
27 MHz	텔레메트리, 원격제어 및 모형 제어
40 MHz	텔레메트리, 원격제어 및 모형 제어
49 MHz	범용 저전력 기기
173 MHz	경보, 텔레메트리, 원격제어 및 의료 서비스
405 MHz	초저전력 의료용 삽입 기기
418 MHz	범용 텔레메트리 및 원격제어
458 MHz	경보, 텔레메트리, 원격제어 및 의료 서비스
864 MHz	무선 오디오 응용
868 MHz	범용 텔레메트리 및 원격제어
2,400 MHz	범용 단거리 응용(CCTV, RFID 등), 블루투스를 포함한 WLAN
5.8 GHz	HiperLAN, 범용 단거리 응용(도로교통 및 운송 텔레메틱스)
10.5 GHz	움직임 감지
24 GHz	움직임 감지
63 GHz	도로 교통 및 운송 텔레메틱스
76 GHz	차량 레이다 시스템

자료: Radiocommunications Agency의 Spectrum Strategy Document

8.1.5 모든 대역이 공유대역이 될 수 있나?

일부는 2.4 GHz대역의 상대적으로 작은 스펙트럼(대역폭 80 MHz)으로 방대한 데이터를 수용한다고 주장한다[2]. 그 결과 bps/Hz/km^2 단위로 측정하면 상당히 효율적으로 사용하고 있는 것으로 보인다. 비면허 시스템이 일반적으로 기술적 측면에서 셀룰러 또는 방송 시스템보다 기술적으로 효율적이며, 이로 인해 일부는 모든 스펙트럼이 비면허라면 이용 효율성이 훨씬 커지고 스펙트럼 부족 문제는 더 이상 없을 것이라고 주장한다.

Wi-Fi가 기술적으로 매우 효율적이지만, 경제적으로 셀룰러 무선에 비해 효율적인 대안이 아닐 수 있다. 동일한 서비스 커버리지 제공에 필요한 Wi-Fi 핫스팟 개수가 비현실적으로 많을 수 있고, 넓은 범위 커버가 필요하면 간섭 가능성이 증가한다. 이런 경우에는 면허가 적절하다. 따라서 단순한 대답은 적어도 현재에는 모든 대역이 비면허가 될 수는 없다는 것이다. 미래에 기술이 충분히 발전하면 면허의 정도와 범위가 다소 완화될 가능성도 있지만 이는 수십 년 후에 가능할 것이다.

8.2 공유의 비극

8.2.1 두려움

스펙트럼은 흔히 토지와 비교된다. 자유로운 접속이 허용되는 스펙트럼에 해당하는 토지는 공원 또는 역사적으로는 방목지였다.

영국의 마을에서는 유럽 산악 국가와 같이 양치기가 공유지에서 양에게 풀을 먹였고 양은 소에 비해 더 밀집되었다. 양이 증가해 목동은 이득을 보았으나 목초지의 풀이 고갈되어 이용자는 공유지 훼손의 피해를 입었다. 만약 목동이 합리적으로 경제적 판단을 한다면 그 공유지는 목초가 모두 고갈되거나 심지어 파괴되어 모두에게 피해를 줄 수 있다. 이것이 공유지의 비극으로 알려진 현상이며, 합리적인 개별적 판단으로 사회 전체가 피해를 입는 상황은 많은 영역에서 일어난다. 예를 들어 뱅크런도 이러한 범주에 포함된다.

이를 스펙트럼에 대응시키면 개인이 공유 또는 비면허 스펙트럼을 과도하게 사용해 간섭이 증가하고 이로 인해 통신이 불가능한 상황에 이르는 것을 예상할 수 있다.

그러나 지금까지 이러한 일은 발생하지 않았다. 여기에는 여러 이유가 있는데, 대체로 기술 자체가 개별 수요보다 공유재의 특성을 반영해 개발된 것과 관계가 있다. 그 이유는 다음과 같다.

- 기술이 'listen-before-talk'를 기반으로 하고 있어 다른 사람이 전송하는 중에는 자원을 소비하지 않는다.

- 간섭이 있는 경우(예를 들어 블루투스와 Wi-Fi의 간섭) 표준화 기구는 협력을 통해 이를 해결하고 기술을 적절하게 개선한다. 이 경우 블루투스는 Wi-Fi 신호를 검출하고 이를 피하기 위해 주파수 이동 패턴을 재구성한다[3].
- 개별 이용자들이 해당 대역의 중복사용을 조정할 수 있다. 예를 들어 기기 상호간에 간섭을 일으키는 제품을 구매한 경우 이를 반품할 수 있다.
- 이용 규칙에 따른 제한된 이용 범위로 인해 간섭 문제가 공유되지 않고 개인에 국한되어 공유지의 비극 문제를 회피할 수 있다.

기술 개발시 '대중'을 '개인'에 우선하고 적절히 공유할 수 있도록 하는 이유는 사회적 책임을 고려해서라기보다, 이 기술이 확산되어 성공하고 그에 따라 혼잡이 발생하는 경우 자원을 공평하게 이용하는 방식으로 동작하기를 원했기 때문이다.

그러므로 여전히 비면허 대역의 성공으로 어떤 용도든지 과도한 혼잡이 발생할 것이라는 우려가 있지만, 이런 상황은 일어나지 않을 것으로 믿을만한 충분한 근거가 있다.

스펙트럼 공유를 Elinor Ostrom의 안정적인 지역적 공유 풀(pool) 자원 관리에 관한 8개의 '설계 원칙'과 비교할 수 있다[4].

1. 명확하게 정의된 경계(외부 무자격자의 효과적인 배제)
2. 지역적 조건에 따른 공유자원의 이용과 제공에 관한 규칙
3. 대부분의 자원 이용자의 의사결정 과정에 참여를 허용하는 공동 선택 협약
4. 이용자의 일원 또는 이용자를 책임지는 감시자에 의한 효과적 감시
5. 지역 규칙을 위반한 자원 이용자에 대한 계층화된 처벌 등급
6. 저렴하고 이용이 편리한 분쟁해결 기구
7. 상위 기관이 인정하는 지역에 대한 자기 결정권
8. 공유 풀 자원의 규모가 큰 경우, 가장 낮은 수준으로 소규모 지역 공유 풀 자원을 가지며 중첩된 복수 계층 형태로 구성된 조직

이 원칙은 수정, 확장되어 자기 조직화된 관리 시스템의 성공에 영향을 주는 사항들을 추가했다. 여기에는 효과적인 의사소통, 내부적 신뢰, 상호 이익과 자원 시스템 전체의 본질이 있다[5].

표 8-2는 스펙트럼 공유가 이 규칙들이 충족하는 수준을 보여준다.

흥미롭게도 원칙 중 일부는 만족하나, 차이점은 감시 기능과 자가 결정 및 조직화가 개인이 아닌 통신 기술에 의해 이루어진다는 것이고 동작 규칙은 성문화될 수 있다. 이는

표준화 단체에 의한 적절한 규제 결정과 스펙트럼 관리자를 통해 대체적으로 공유의 비극을 피할 수 있다는 것을 의미한다.

▽ 표 8-2 Ostrom의 원칙과 비면허 스펙트럼 이용과의 비교

Ostrom의 원칙	스펙트럼 이용
명확하게 정의된 경계(외부 무자격자에 대한 효과적인 배제)	만족 – 스펙트럼 이용 허용 기술의 정의를 통해 가능
지역적 조건에 따른 공유자원의 인가와 제공에 관한 규칙	일반적으로 만족 – 규칙은 특정 대역에 적용되고, 국가마다 다름
대부분의 자원 이용자가 의사결정 과정에 참여하는 것을 허용하는 공동 선택 협약	부분적 만족 – 면허 조건과 표준은 일부에 의해 만들어지나, 의사결정 시 다수의 이익을 고려함
이용자의 일원 또는 이용자를 책임 지는 감시자에 의한 효과적인 감시	부분적 만족 – 기술 자체적으로 감시하고(예를 들어 전송 전 감시), 규제기관이 이용 파라미터를 정할 수 있음
지역 규칙을 위반한 자원 이용자에 대한 계층화된 처벌 등급	부분적 만족 – 면허 조항을 벗어난 동작에 대해서는 법적 강제가 가해질 수 있음
저렴하고 이용이 편리한 분쟁해결 기구	부분적 만족 – 기술 자체에 내장되어 있음
상위 기관이 인정하는 지역에 관한 자기 결정권	부분적 만족 – 자기 결정권은 표준화 기구와 규제기관에 의해 승인된 기기에 의한 수행됨
공유 풀 자원의 규모가 큰 경우, 가장 낮은 수준에서 소규모의 지역 공유 풀 자원을 가지며 중첩된 기업의 복수 계층 형태로 구성된 조직	부분적 만족 – 예를 들어 건물 안에서의 스펙트럼은 규모와 지역 측면에서 작음

8.2.2 지금까지의 현실

실제로 비면허 대역의 혼잡 여부를 파악하는 것은 매우 어렵다. 이용과 혼잡 영향 측정이 어렵고 극적으로 변하기도 하다. 예를 들어 이용이 공항 터미널 안에서는 매우 높지만 공항 주차장에서는 매우 낮다. 또는 하루 동안의 시간에 따라 변하기도 한다. Wi-Fi와 같은 시스템이 느리게 동작할 때 그 원인이 항상 분명한 것은 아니며 스펙트럼과 무관할 수 있다.

지금까지 대부분의 측정 결과에 의하면 2.4 GHz 대역에서의 간섭 또는 혼잡은 매우 드물고 쇼핑몰이나 경기장과 같은 고밀도 공공장소에 국한된다[6]. 이런 장소에서도 일반적으로 기지국 설치 밀도를 증가시키는 방법으로 해결할 수 있다. 그래서 Wi-Fi와 블루투스 기기의 확산에도 불구하고 공유의 비극은 일반적으로 일어나지 않는다. (물론 문제가 생기기도 했다[7]) 면허 대역에서의 혼잡은 비면허 대역과 동일하다.

그러나 문제가 결코 발생하지 않을 것으로 가정할 수 없다. 도달 범위가 넓은 낮은 주파

수는 간섭 가능성이 크고, 문제가 개별적이지 않고 집단적이 되기 쉽다. 특히 가정에서 다수의 네트워크(가정 자동화용, 오락용 등)가 필요한 경우에 가정에 상존하는 많은 비면허 기기는 문제가 될 수 있다. 규제기관은 지속적으로 간섭 가능성을 인식하고 감시하며 가능한한 이용을 조정할 필요가 있다. 여기에는 다른 대역에서 더 많은 스펙트럼을 확보하고 미래 기기의 이용을 위해 이용규칙을 조정하는 것도 포함된다.

8.3 다양한 대역 적용의 제한

8.3.1 이용 제한 방식

모든 비면허 대역에는 '진입 규칙'이 있다. 이는 간섭 방지를 위해 이용을 제한한다.

가장 간단한 제한은 전력 레벨을 낮추는 것이다. 전력을 낮추면 전송 거리가 줄어들고 간섭 유발 가능 지역도 좁아진다.

이는 전송에 의한 영향을 줄이고 대역의 전체 용량을 증가시킨다. 그러나 각 개인의 효용이 감소될 수 있는데, 예를 들어 만약 Wi-Fi 라우터가 집안 전체에 커버리지를 제공하지 못 한다면 거주자는 불편을 느낄 수 있다.

다른 제한은 듀티 사이클의 제한이다. 이는 장비가 전송하는 시간 비율이다. 보통 10초와 같은 일정 구간동안 측정되며, 듀티 사이클은 보통 1% 정도의 낮은 수준으로 장비는 매 10초마다 1%의 시간동안에만 전송할 수 있다. 이로 인해 한 장비가 특정 장소에서 스펙트럼을 독점하는 것이 불가능해 진다. 그러나 일부 서비스가 불가능해져 전반적인 스펙트럼 이용이 감소될 수 있다. 예를 들어 Wi-Fi 라우터는 비콘 정보를 주기적으로 전송하기 때문에 듀티 사이클이 매우 낮으면 동작할 수 없다. 듀티 사이클에 대한 제한은 주파수 대역이 협소해 하나 또는 두 개의 장비로 전체 대역을 이용할 수 있는 경우에 흔히 적용된다.

세 번째 제한은 최대 허용 대역폭 제한이다. 이는 한 장비가 단일 전송 시 전체 스펙트럼을 사용하지 못 하도록 한다. 전력, 듀티 사이클, 대역폭 제한을 통해 특정 응용의 전송 가능 정보량을 제한한다.

마지막으로 다양한 예절 규칙이 적용될 수 있다. 가장 널리 사용되는 것이 listen-before-talk 방식으로서 장비는 대역의 사용을 감시하여 대역이 비어있을 때만 전송할 수 있다. 어떤 경우에는 해당 대역의 기존 면허용도와의 간섭을 피하기 위해 적용되기도 하나 이는 해당 대역 내에서의 간섭 수준을 낮게 유지시켜준다.

원칙적으로 이 모든 제한은 혼잡 수준에 따라 시간적으로 변동할 수 있으며 여기에는 신호 메커니즘과 표준화된 방식이 필요하다.

8.3.2 간소화된 면허 방식

다른 형태의 제한은 일종의 등록을 요구하는 것이다[8, 9]. 이는 보통 '간소화된 면허'라는 이름으로 시행되는데, 일반적으로 이용을 원하는 사람 모두에게(흔히 무료로) 접속을 제공하지만 이용자간 조정을 위해 일부 기록을 보관한다. 이는 간섭을 개선하고 서비스 질의 확실성을 다소 증가시킨다. 또한 사용의 등록은 규제기관이 해당 대역의 이용 수준을 파악할 수 있도록 하며, 이는 해당 대역이 완전하게 사용되고 있는지 그리고 스펙트럼 관리 활동이 필요한지 여부를 결정하는데 유용한 정보를 제공한다.

등록은 비면허 사용자와 공동사용하는 면허 사용자에게도 역시 필요하다. 예를 들어 일부 간소화된 면허는 군 대역에서 이루어지고 있으며, 등록 규정을 통해 문제를 쉽게 해결할 수 있게 된다.

ECC는 간소화된 면허를 다음과 같이 정의한다.

'간소화된 면허체계'는 면허 면제 사용과 스펙트럼 이용자 보호를 결합한 것이다. 이 모델은 선착순 방식으로, 이용자는 규제기관에게 무선국의 위치와 특성을 알려준다. 무선국 설치와 관련된 기술적 파라미터(위치, 주파수, 전력, 안테나 등)에 대한 데이터베이스가 공개되어 있으므로 신규 무선국을 설치하기 전에 참고해야 한다. 만약 새로 설치된 전송장비가 이미 등록된 무선국에게 영향을 주지 않는다면(즉, 사전에 정의된 간섭 기준을 초과하지 않으면) 해당 신규 무선국을 데이터베이스에 등록할 수 있다. 이 방식에서는 새로운 이용자가 등록된 무선국의 실제 사용여부를 확인할 수 있도록 하는 것이 필요하다. 신규 이용자는 간섭 기준을 초과할 경우 기존 이용자와 협약을 체결할 수 있어야 한다[10].

장비의 위치를 데이터베이스에 등록해야 하므로 간소화된 면허는 다음과 같은 고정 용도에 주로 적용된다.

- 고정 링크
- 위성 시스템
- 기지국을 갖는 네트워크

이 방식은 소비자 응용에는 유용하지 않을 수 있는데 일반 소비자는 등록이나 조정을 원하지 않을 수 있기 때문이다.

간소화된 면허는 간섭 발생 가능성이 낮아 면허가 필요없는 경우에 사용되지만, 어떤 경우라도 간섭이 허용되는 것은 아니다. 고정 링크는 고전적인 경우로서 각 링크는 개별적으로 면허가 부여될 수 있지만 이들간에 간섭이 발생할 가능성은 낮다. 그러나 이용자들은 가능성이 높지는 않지만 동일한 장소와 주파수에 있는 다른 링크에 대해 얼마간의 보호가 필요하다고 느끼고 있다.

특정 장소에서 데이터베이스 등록이 거부될 수 있기 때문에 특정 망 구축방식(예를 들어 위성 상향 사이트)의 면허 이용을 통해 해결하는 것도 좋은 방법이다. 그러나 이는 시스템이 등록된 장소에 설치되고 이동하지 않는다는 보장이 필요하다.

간소화된 면허의 가장 간단한 방식은 이용자가 공개된 데이터베이스에 등록하도록 하는 것이다. (비밀 유지가 필요한 경우 사전에 승인되거나 유사한 이용자로 제한할 수 있다.) 기존 이용자는 신규 이용자가 데이터베이스를 확인하고 기존 이용에 간섭을 주지 않기를 원한다. 여기에는 자기 이익의 요소가 있다. 왜냐하면 간섭은 보통 상호적이며 간섭 링크를 설치하는 이용자도 간섭을 받을 수 있기 때문이다.

복잡한 데이터베이스는 새로운 등록 내용을 검토하여 간섭 여부를 알려주기도 한다. 많은 이용자들이 이러한 검토를 스스로 하기 어려우므로 이는 도움이 된다. 그러나 여기에는 전파 모델에 대한 정의, 간섭 시나리오에 대한 이해가 필요하며, 만약 여전히 간섭이 발생할 경우 책임소재가 불분명할 수 있다.

정부가 더 많이 개입하는 방법으로서, 신규 이용자가 간섭 유발 시 이를 해결하도록 규제할 수 있다. 이는 신규 이용자가 전송장비 이용을 중단하거나, 이용장소나 주파수를 이전해야 한다는 것을 의미할 수 있다. 기존 이용자의 의무는 간섭을 발견하여 규제기관에 고지하는 것이다. 이때 시스템의 등록 일자로 최초 이용자를 확인할 수 있다. (시스템이 구축되기 오래 전에 등록된 경우에는 이것이 어려울 수 있다.) 그러나 이는 간섭 구성요소 정의와 같은 어려운 문제 해결의 첫 단계이다. 간섭을 해결해야 한다는 것을 우려해 처음에는 간섭이 발생하지 않았다고 주장하는 경우도 있다.

다른 방식은 해당 대역을 이용하는 모든 이용자들이 이용 규칙과 간섭 경감 방안에 대해 합의하는 것이다. 만약 합의가 불가능하면 규제기관이 조건을 부과할 수 있는데, 이는 해당 대역 이용자들 스스로의 합의를 유도할 만큼의 충분한 위협이 된다. 이 방식은 참여자 수가 상대적으로 제한된 경우(10개 또는 그 이하)에서는 동작하나, 그렇지 않은 경우에는 협상이 매우 어렵다. 이 방식에서는 후속 이용자가 규칙 개발에 참여하지 않기 때문에 일반적으로 주파수 이용 시점에 대부분 또는 모든 이용자의 확인을 필요로 한다. 이 방식은 영국에서 DECT와 GSM1800대역 사이의 보호대역으로 남겨두었던 작은 대역인 소위 'DECT 보호대역'에 적용되었다[11]. 연구를 통해 이 대역이 불필요하고 저전력 GSM 전송용으로 사용 가능하다는 것이 알려져 8개 이용자를 대상으로 경매가 시행되었는데, 모든 이용자는 사용자간 공유를 통해 해당 대역 전체를 이용할 수 있었다. 그러나 경매 대가 지불 문제로 인해 한 사업자를 제외한 나머지가 더 이상 경매 진행하지 않기로 함에 따라 협력 규칙은 적용되지 못했다.

기술이 발전해서 무선 장비가 자신의 위치를 파악하여 간소화 면허 데이터베이스에 요청하면 간섭 검토 결과를 수신받아 망 구축을 진행하는 방식도 가능하다. 이런 종류의 데이터베이스를 이용한 동적 스펙트럼 이용은 엄밀하게는 다음 장에서 설명할 '유휴대역'이며, 동적 이용이 점차적으로 간소화된 면허를 대체하여 결국에는 불필요하게 할 것이다.

요약하자면, 간소화된 면허가 필요한 경우는 혼잡 가능성은 낮지만 사용자가 간섭 또는 용량 감소가 없다는 것을 확신할 수 있는 경우이다. 주로 고정링크가 해당한다. 이 면허 유형은 여러 방식이 가능하나 일부는 계속 유용한 반면 점차적으로 유휴대역과 같은 동적 스펙트럼 이용방식으로 대체될 것이다.

8.4 Ofcom의 면허 면제 프레임워크 리뷰

2007년에 Ofcom은 비면허 이용에 관한 정책 프레임워크를 검토했다[12]. 여기서는 비면허 대역 관리 규칙에 관한 일반적인 사항과 비면허를 적용해야하는 경우를 고려했다. 권고 사항은 다음과 같이 크게 네 부분으로 구분된다.

8.4.1 응용을 특정하는가?

첫 번째 질문은 비면허 대역을 특정 용도로 사용하도록 하는 정도이다. 예를 들어 2.4 GHz 대역을 Wi-Fi 전용으로 사용할 수 있는지에 대한 것이다.

응용을 특정한 스펙트럼은 다음의 두 가지 방식으로 간섭 가능성을 줄여준다.

- 동일 응용을 사용하는 기기간의 간섭은 다른 응용을 위한 기기보다 일반적으로 덜 하다. 왜냐하면 기술 또는 표준 개발 시 일반적으로 간섭이 유사한 다른 기기로부터 발생한다고 가정하기 때문이다.
- 응용을 제한하여 기기 수를 줄일 수 있다. 예를 들어 2.4 GHz를 Wi-Fi 전용으로 사용한다면 블루투스 기기는 배제될 수 있다.

그러나 불리한 점도 많다. 스펙트럼 이용의 유연성이 저하되고, 만약 해당 응용이 실패하면 스펙트럼이 미사용 상태로 남겨질 수 있다. 심지어 성공한다 하더라도 해당 응용이 최적의 스펙트럼 이용이 아닐 수 있다. 각 응용당 한 대역씩의 복수 대역이 필요할 위험도 있으며, 이 경우 대역을 찾고 관리하는 것이 어려울 수 있다. 일반적으로 혁신을 촉진하고 가치를 창출하는 가장 좋은 방법은 스펙트럼 이용 응용과 기술의 범위를 제한하지 않고 (규제기관보다는)시장이 최선의 용도를 선택하도록 하는 것이다.

따라서 효과적일 수 있지만 혁신을 제한할 수 있는 규정에 의한 간섭 관리 조치와 혁신을 촉진하지만 효과적이지 못한 일반적 조치 또는 아무 조치도 취하지 않는 것 사이에서 균형을 찾는 것은 어렵다. 지금까지 비면허 대역에서의 간섭 문제는 심각하지 않았으며 이는 간소한 조치가 더 낫다는 것을 의미한다. 따라서 Ofcom의 결론은 대역을 특정 용도로 정하면 안 된다는 것이다. 그러나 스펙트럼의 전력과 시간 이용의 차이가 커질수록 응용간의 간섭도 심각해질 것으로 전망했다. 그래서 예를 들어 상당 시간 동안 상대적으로 높은 전력으로 전송하는 Wi-Fi와 같은 응용은 매우 낮은 전력으로 간간히 짧게 전송하는 단거리 RFID 테그와 공유하기 어렵다. 왜냐하면 Wi-Fi 신호로 인해 RFID 신호가 검출되지 않을 수 있기 때문이다. 그 결과 Ofcom은 비면허 대역을 예를 들어 서너 개 정도의 등급으로 구분하는 것을 제안했다. 일부 대역은 높은 출력/듀티 사이클 기기용으로, 다른 대역은 중간 및 저출력 기기용으로 구분하는 것이다. 각 대역의 개수와 크기는 수요에 따르며 시간에 따라 변할 수 있다.

유럽의 RFID 테그 전용 대역과 같이 몇 개의 응용/전력 구분이 이미 존재하지만 지금까지 이 제안은 실현되지 않은 것으로 보인다.

8.4.2 예절 규칙

Ofcom은 다음으로 어느 대역에서든지 기기는 예절을 지켜야 한다고 제안했다. 예절있는 동작은 대체로 다음과 같이 정의된다.

- 전송전력 제어와 같은 기술을 통해 가능한 최소의 전송 전력을 이용함
- 가능한 최소 시간동안 전송하고 전송할 데이터가 없는 경우 전송을 중단
- 대역의 이용 여부를 파악해서 해당 대역을 다른 사용자가 이용 중이거나 전송 시 간섭을 일으킬 수 있는 경우에는 전송을 하지 않음

Ofcom은 예절에 관해 더 구체적으로 언급하지 않기로 했다. 예를 들어 전송전력 제어나 간섭 회피와 관련된 특정 방식을 요구하지 않는다는 것이다. 그렇게 할 경우 혁신을 제한하고 미래 기술방식에 적합하지 않을 수 있기 때문이다. 현재 알려진 응용에 대해서도 이러한 특성을 구체화하는 것은 어렵다.

대신에 Ofcom은 특정 기술방식에 대한 예절 규칙은 표준화 단체 등을 통해 정의되어야 한다는 입장이다. 그러나 표준화 단체는 규제기관의 의견을 구해야 하며, 규제기관은 제안된 방식이 예절 규칙의 취지와 부합하는지 여부를 판단할 수 있다. 이때 특정 지침을 사전에 제공하는 것이 불가능하기 때문에 판단은 사안별로 이루어질 수 있다. 그러나 이런 판단은 대부분의 경우에 비교적 간단하다.

비록 비면허 기술 표준화 단체는 예절 방식을 기반으로 표준을 개발하지만 이 방식 역시 실현되지 않은 것으로 보인다.

8.4.3 더 높은 주파수

Ofcom은 높은 주파수에서 혼잡 가능성이 적어 비면허 사용이 증가하는 경향이 있을 것으로 보았다. 이때 높은 주파수로서 40 GHz 부근에서 시작하는 대역을 제안했다. 40 GHz 부근과 100 GHz 사이에서 대부분의 스펙트럼은 기존 용도로 분배되어 있으나, 비면허 기반으로 이용 가능한 대역은 없었다. 여기에는 59 – 64 GHz 대역도 포함된다. 여러 대역의 면허 조건이 시간에 따라 적절히 완화될 것이다.

100 GHz 이상에서는 기존 사용이 있는 경우를 제외하고는 거의 모든 스펙트럼을 비면허로 이동할 수 있을 것이다.

이 대역은 상당한 대역폭 이용이 가능하나 이 대역을 이용하려는 응용이 거의 없어 경제적 효과도 작을 것이다. 그러나 미래의 혁신을 기대할 수 있다.

8.4.4 낮은 전력: UWB와 Part 15

마지막으로 Ofcom은 방사 전력이 매우 낮으면 주파수 대역과 관계없이 면허를 면제하는 것을 제안했다. 미국에는 'Part 15'이라 부르는 이런 종류의 규제가 오래 전부터 있었는데 [13], 이는 −41 dBm/MHz 이하의 전송출력에 대해 면허를 면제하는 것이다. 본래 이 방식은 많은 전자기기가 의도하지 않은 전송장치라는 사실을 고려한 것이다. 예를 들어 컴퓨터는 방사를 막기 위한 개발자의 노력에도 불구하고 보드의 프로세서는 클록 주파수의 전파를 방사한다. 이 레벨이 충분히 낮다면 이들은 수용 가능하며 어떤 면허도 불필요하다.

이러한 저전력 레벨은 초광대역(UWB)이라는 새로운 방식으로 통신용으로 사용 가능한 것으로 여겨졌다. 이는 통신가능 범위를 늘리기 위해 매우 넓은 대역폭(때로 약 1 GHz폭에 이름)을 사용한다. (전송범위가 정해지면 정보 콘텐츠는 대역폭, 전력 레벨에 의존하며 또는 반대로 처리량, 전력 레벨이 주어지면 전송범위는 대역폭 증가로 증가된다.) 그렇지만 UWB는 필요한 데이터율에 따라 1 m에서 10 m 사이에서 동작한다. UWB는 지표 탐지 레이다와 같은 틈새 용도로 사용되기도 하지만 여러가지 이유로 상업적으로 성공하지 못했다. 그러나 미래에 새로운 용도가 있을 것이다.

Ofcom의 방식은 FCC 방식과 같이 단순하지 않다. Ofcom은 그림 8–1과 같은 마스크를 제안했다. 이 복잡해 보이는 마스크는 UWB와 관련해 현재 10.6 GHz 이하를 이용 하고 있는 다양한 응용의 간섭 가능성을 고려한 것이다. 6 GHz 이상에서만 미국 수준인 −41 dBm/MHz가 허용된다. Ofcom은 10.6 GHz 이상에서의 출력제한 값을 10.6 GHz에서의 값을 기준으로 해당 주파수 범위에서 감소하는 전파특성을 반영한 경사선을 통해 추정했다. 두 가지의 선이 있는데, 낮은 쪽은 전파천문과 같이 수동(수신기만 있는) 업무 대역에, 위쪽 선은 이외의 경우에 적용된다.

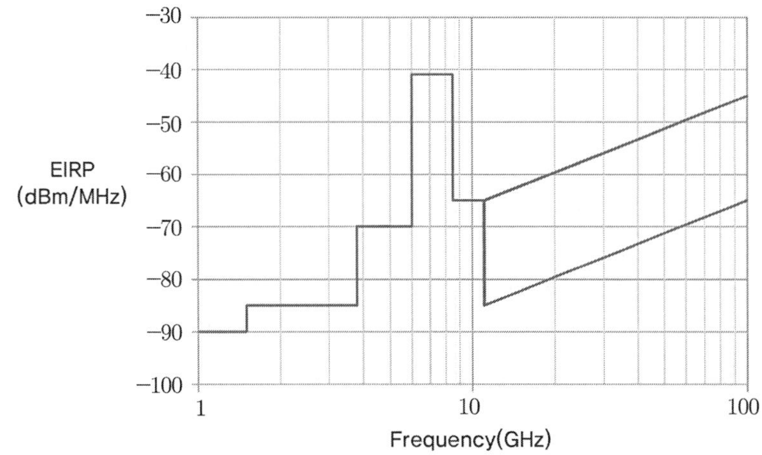

그림 8-1 저전력 면허 면제를 위한 Ofcom의 제안

8.5 요약

무선 스펙트럼 이용시 혼잡과 간섭가능성이 없는(그래서 공급이 수요를 초과하는) 경우 사용자에게 면허를 부여할 필요는 없다. 그 대신 비면허 또는 '공유' 방식을 도입할 수 있다. 이 방식에서는 규제기관이 대역 이용을 위한 기본 규칙을 정하고 누구나 사용할 수 있도록 허용한다. 이 규칙의 목적은 일반적으로 스펙트럼이 공평하게 공유될 수 있도록 이용자간에 '예절있는' 행동을 하도록 하는 것이다.

다른 공유와 마찬가지로 전체 집단의 이익에 반하는 개별 이익을 추구하는 행동을 할 경우 공유의 비극 위험이 증가한다. 이는 무선 스펙트럼의 경우 발생 가능성이 낮은데, 기술이 개별적 이익보다 집단의 이익을 위한 방식으로 동작하기 때문이다. 비면허 스펙트럼은 Wi-Fi, 블루투스와 같은 이용이 지속적으로 증가함에도 불구하고 일반적으로 사용이 많지 않은 것으로 파악된다. 그렇지만 규제기관은 이를 감시하고, 혼잡이 발생하는 경우 조치할 수 있도록 대비해야 한다.

비면허 방식의 대안으로 사용자 등록 방식이 있다. 흔히 '간소화 면허'라고 부르는 이 방식은 지역적으로 보호지역을 허용하는 것과 같은 몇 가지 장점이 있으며, 간섭을 확실하게 보호하고, 이용자들 스스로 조정이 가능하다. 간소화된 면허 방식은 점차적으로 동적 스펙트럼 이용방식으로 대체될 것으로 예상된다.

Ofcom은 면허 면제 프레임워크 리뷰를 통해 비면허 스펙트럼 이용에 관한 연구를 수행한 바 있다. 여기서 Ofcom은 주파수 대역에 응용을 특정해서는 안 되며, (전송 전력과 듀티 사이클 측면에서)유사 용도의 통합이 필요하다고 제안했다. 예절 규칙은 표준화 기구가 채택하는 것이 바람직하다는 의견이다. 약 40 GHz 이상의 대부분의 스펙트럼은 비면허이용이 바람직하며 면허가 불필요한 전송전력 하한치가 있다는 입장이다.

참고문헌

[1] discussion at http://stakeholders.ofcom.org.uk/market-data-research/other/technology-research/research/ exempt/polprot.

[2] See, for example, David Reed's webpage at www.reed.com/dpr/locus/OpenSpectrum.

[3] www.ee.ucl.ac.uk/lcs/previous/LCS192003/125.pdf.

[4] E. Ostrom, *Governing the Commons: The Evolution of Institutions for Collective Action*, Cambridge University Press, 1990.

[5] J. Poteete and E. Ostrom, *Working Together: Collective Action, the Commons, and Multiple Methods in Practic*e, Princeton University Press, 2010.

[6] Ofcom's pioneering work in this space at http://stakeholders.ofcom.org.uk/market-data-research/other/technology-research/research/exempt/Wi-Fi.

[7] E.g. www.wired.com/2010/06/wireless-woes-rain-fail-on-steve-jobs-keynote.

[8] ECC, "Light Licensing, Licence-Exempt and Commons," at www.erodocdb.dk/Docs/doc98/official/pdf/ECCRep132.pdf.

[9] E-band Corporation, "Light Licensing," at www.e-band.com/get.php?f.848.

[10] ECC Report 132, at www.erodocdb.dk/Docs/doc98/official/pdf/ECCRep132.pdf, section2.3.2.

[11] Ofcom, "Proposal for the DECT Guardband," a www.ofcom.org.uk/static/archive/ra/topics/pmc/consult/gsm1800/gsm1800condocfinalweb.pdf.

[12] Ofcom, "Licence-Exemption Framework Review," at http://stakeholders.ofcom.org.uk/binaries/consultations/lefr/summary/lefr.pdf.

[13] FCC, "Title47: Telecommunication," Chapter 1, Subchapter A, "General," Part 15, "Radio frequency devices."

09

동적 스펙트럼 이용

9.1 개요

앞장에서 기기가 동적으로 스펙트럼을 공유할 수 있는 개념에 대해 소개했다. 그래서 예를 들어 일차 사용자가 주어진 지역에서 특정 시간에 스펙트럼을 사용하고 있지 않다면 이차 사용자가 이를 기회적으로 사용할 수 있다. 이는 간소화된 면허가 확장된 형태로서, 데이터베이스 기록이 실시간으로 이루어지고 간섭 분석도 수행할 수 있게 된다.

동적 이용 확대의 근거는 스펙트럼 부족현상에도 불구하고 측정된 실제 이용은 아직 완전 이용 수준에 훨씬 못 미친다는 것이다. 스펙트럼 이용의 측정은 비교적 간단하다. 주파수 대역 범위를 스캔할 수 있는 수신기를 설치하여 에너지가 수신되는 대역을 찾는 것인데, 에너지가 검출되지 않으면 사용하지 않는 것으로 간주한다. 그러나 이 방법에는 몇 가지 문제점이 있다.

- 수신기가 공간적으로 차단되어 신호를 검출하지 못할 수 있다. 예를 들어 기지국 근처에 있는 이동통신 전화기의 상향링크 신호는 수신기가 기지국 근처에 있지 않는 한 검출이 어려울 수 있다.
- 측정대역이 전파천문과 같이 인공적 신호가 없는 용도로 사용될 수 있다.
- 위성 전송용 대역의 경우, 스캔을 위한 수신기의 안테나가 위를 향하지 않으면 수신이 불가능할 수 있다.

- 레이다와 같은 응용은 수신이 매우 어려운데, 그 이유는 에너지가 짧은 펄스 형태로 방출되고, 레이다가 스캔 수신기 방향을 향함과 동시에 스캔 수신기의 주파수와 일치할 가능성이 매우 낮기 때문이다.
- 많은 응용에서 인접 셀과의 동일 주파수 이용을 금지하고 있다. 그러므로 연속되지 않고 이격된 셀에서 주파수가 재사용되고, 한 셀에서는 약 25%의 주파수만 사용된다. 따라서 75%의 스펙트럼은 미사용되고 있음에도 불구하고 간섭 가능성이 있어 유사한 수준의 전력을 송출하는 응용에 사용될 수 없다.

따라서 신호 레벨을 이용한 이용 측정은 스펙트럼의 이용을 과소평가할 수 밖에 없다. 여러 도시에서 수행된 측정 결과에 따르면 약 20%의 스펙트럼만 이용되고 있는 것으로 나타난다.[1]

만약 실제 점유율이 20% 경우라면, 가용도가 다섯 배 증가할 수 있으므로 스펙트럼 혼잡 완화에 많은 도움이 될 것이다. 그러나 앞서 언급한 바와 같이, 특정 신호 수신의 어려움과 함께 주파수 재사용의 필요성으로 인해 기대할 수 있는 스펙트럼 점유율은 25% 이하일 것이다. 이런 점에서 20%의 측정 결과는 스펙트럼이 일반적으로 잘 사용되고 있는 것으로 해석될 수 있다. 물론 효율성 개선의 여지가 없다는 것이 아니라, 효율개선을 신중히 검토해야 하고 그 효과가 크지 않을 수도 있다는 것이다.

9.2 동적 이동의 방법

스펙트럼을 동적으로 사용하기 위해서는 기기가 현재 이용 장소에서의 스펙트럼 사용 여부와, 특히 전송 기기의 일차 사용자 또는 면허 사용자에 대한 간섭 유발 여부를 판단해야 한다. 이를 위해 센싱(sensing), 비콘(beacon), 지리적 측위의 세 가지 방법이 제안되었다. 다음은 이 방법에 대해 논의한다.

9.2.1 센싱(Sensing)

첫 번째로 제안된 방식은 센싱이다. 스펙트럼을 이용하고자 하는 기기는 주파수 범위를 스캔해서 미사용 중이라는 것을 확인한다. 그러면 기기는 사용 가능한 것으로 판단하고 전송을 시작한다. 그러나 전에 언급한 바와 같이 주파수의 이용여부를 검출하는 것은 매우 어렵다. 이는 '은닉 단말 문제'로 알려져 있는데[1], 센싱 기기가 건물 등으로 차폐되면 단말의 존재를 알 수 없기 때문이다. 이 은닉된 단말이 전송을 하더라도, 해당 단말이 통신하

1 예를 들어 Ofcom의 Spectrum Framework Review

고자 하는 기기에는 신호가 도달하지만 센싱 기기에는 도달하지 못한다. 따라서 센싱 기기는 스펙트럼이 비어있는 것으로 잘못 판단하고 전송을 시작하면 간섭이 발생한다.

이와 관련된 사례로서 그림 9-1의 TV 수신 사례가 있다. 지붕에 설치된 안테나는 약한 TV 방송 신호가 수신되는데, 수신 안테나는 장애물 위에 높게 설치되어 있고 지향성을 가지고 있어 TV 시청에 충분한 신호를 수신할 수 있다. 센싱 기기는 도심 장애물 사이에 위치하고 무지향성 안테나를 이용할 수 있다. 따라서 센싱 기기가 수신하는 신호는 TV 수신기가 수신하는 신호보다 작게 되어 해당 TV 신호가 미사용 중이라고 판단할 수 있다. 만약 그렇게 판단해서 해당 채널로 송신하면, 송신이 TV 수신기와 매우 근접해 이루어지고 감쇄가 거의 없어 상당한 간섭을 일으키게 된다.

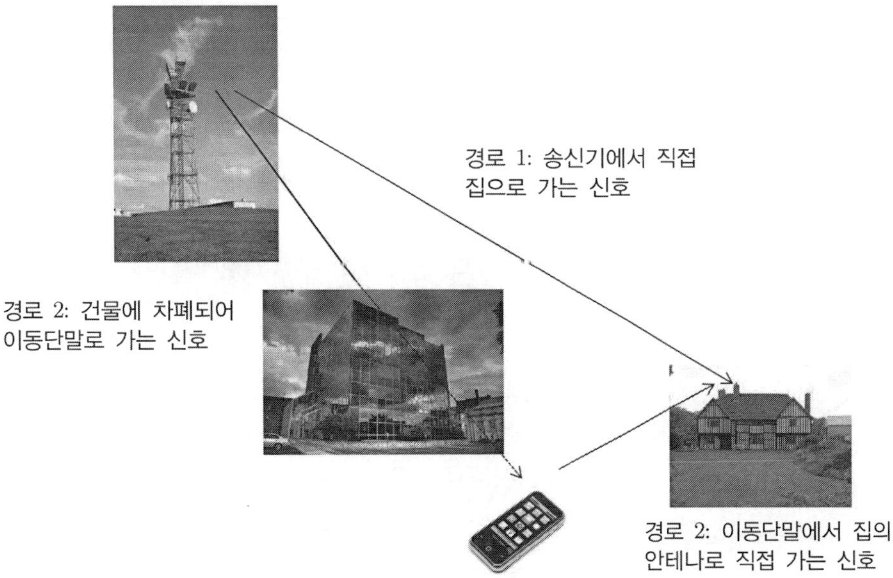

그림 9-1 은닉 단말 문제. 자료: Ofcom

이 문제를 해결하는 방법은 매우 약한 신호도 검출할 수 있도록 스캔 수신기의 감도를 높이는 것이다. 그러나 이는 현실적으로 매우 어렵다. 그림 9-1에 나와있는 TV 수신기의 경우 지붕에서의 신호 레벨은 −80 dBm 정도가 된다. 측정과 모델링이 의하면, 스캔 기기 수신 신호 레벨은 1%의 확률로 이 레벨보다 35 dB 또는 그 이상 작아 신호레벨이 −115 dBm이 된다. 해당 대역의 잡음 전력 수준이 약 −105 dBm인 상황에서, 잡음 수준보다 낮은 −115 dBm의 신호를 검출하는 것은 매우 어렵다. 신호 전력을 잡음보다 크게 하기 위해 신호의 반복 특성을 찾아 상관도를 분석하는 것이 필요하다. 또한 높은 감도를 가지면서 회로의 다른 부분에서 발생하는 잡음에 대한 매우 높은 수준의 차폐가 요구된다. TV 신호는 반복적 특성을 가지고 있긴 하지만 표준이나 표준의 변형(예를 들어 DVB-T,

DVB-T2)에 따라 변하며, 일반적으로 요구하는 신호 레벨에서는 정확한 신호 식별이 어려울 수 있다.

은닉노드 단말 문제로 인해 주파수 이용여부를 정확히 식별할 정도로 충분한 감도를 가진 동적 스펙트럼 접근(DSA) 기기를 상업적으로 설계, 제조하는 것은 불가능할 것으로 보인다. 이것이 미국 FCC가 기기 시험을 통해, 영국 Ofcom이 모델링과 산업계 의견수렴을 통해 얻은 결론이다. 그러므로 많은 DSA 응용에 있어 센싱으로는 불충분하다.

예외는 전장에서 운용하는 군의 경우로서 은닉 단말 간섭 문제에 대한 우려가 상대적으로 작다. 이 경우 센싱이 현실적인 방안이며, 실제로 군용으로 DSA 장비가 이용될 것으로 보인다. 미래에 간섭 내성이 상대적으로 높은 다른 상황이 발생하는 것도 가능하다.

9.2.2 비콘(beacon)

센싱 방식의 대안으로, 좀 더 안전하게 전송이 가능하다는 신호를 받은 후에 전송하는 방법이 있다. DSA 기기는 수신받은 비콘 신호에 있는 정보를 해석해 이용 가능한 주파수 채널을 결정한다. 여기에서는 면허 사용자의 보호를 DSA 기기 성능에 의존하지 않는다. 왜냐하면 감도가 낮은 수신기는 비콘으로부터 멀어지면 비콘 신호를 수신하지 못 하게 되어 결과적으로 해당 기기의 전송 가능 지역이 더 좁아질 것이기 때문이다.

그러나 비콘에는 몇 가지 문제점이 있다.

- 비콘을 위한 스펙트럼 분배 필요
- 비콘 전송망의 구축과 운영 필요
- 비콘 신호를 원하는 지역에만 정확히 전송하는 것의 어려움
- 국제적이지 않더라도 국가적으로 합의된 프로코콜 필요

일반적으로 비콘 신호는 정보량이 적기 때문에 스펙트럼은 분배 소요량이 상대적으로 작을 수 있다. 그럼에도 불구하고 6 또는 8 MHz 폭 채널의 지상파 방송과 같은 다양한 용도로 이용되는 주파수 분배 내에서 작은 대역폭을 찾는 것도 쉽지 않을 수 있다.

현재 동일 대역을 이용 중인 인프라가 비콘신호 전송에 이상적인 장소에 설치되어 있다면 이를 활용할 수 있지만 네트워크 구축, 운영에 비용이 많이 들 수 있는데, 이러한 비용은 DSA가 비면허 대역을 이용해서 사용료 부과가 어려운 경우에 문제가 될 수 있다.

아마 가장 큰 문제는 정보 표현의 정확성일 것이다. DSA 기기는 수신된 비콘신호에 따라 전송하므로 비콘 신호 전송 커버리지가 해당 스펙트럼의 미사용 지역 범위와 일치해야 한다. 그러나 커버리지 모양을 변형하는 것이 어렵고, 수신기마다 감도가 달라 수신 가능

지역범위도 달라질 수 있다. 면허 이용자에 대한 간섭 회피를 위해 일반적으로 비콘 커버리지를 원하는 수준보다 줄일 것이다. 그래서 비콘 신호가 예상보다 더 멀리 전파하거나 기기의 수신 성능이 우수하더라도 DSA 기기는 여전히 전송 가능한 영역 내에 있을 것이다. 따라서 평균적인 DSA 기기 또는 평균적인 전파 조건에 전송가능한 영역이 최적 영역보다 작아지게 된다. 만약 DSA 커버리지 영역이 상대적으로 작거나, 특수한 형태거나, 수시로 변한다면 비콘 방식으로 미사용 중인 스펙트럼을 효율적으로 이용하는 것은 어렵게 된다.

2000년 후반에 EU 지원의 연구 프로그램[2]을 통해 인지 파일롯 채널(cognitive pilot channel)이라는 이름으로 비콘과 관련한 상당한 연구가 진행되었고 많은 논문이 발표되었다. 그러나 이러한 노력에도 불구하고 앞서 언급한 문제로 인해 비콘 개념의 구현은 더 이상 진행되지 않고 DSA 방식의 일부로 이용되기 어려울 것으로 보인다.

9.2.3 지리적 측위(Geolocation)

또 다른 대안은 스펙트럼 이용가능 여부에 대한 판단을 DSA 기기에 전혀 의존하지 않는 것이다. 그 대신 판단은 데이터베이스를 통해 중앙집중적으로 이루어진다. 이 데이터베이스는 충분한 정보를 가지고 있어서 DSA 기기의 위치와 특성이 주어지면 어떤 주파수가 이용 가능한지 결정할 수 있다. 이것이 지리적 측위 데이터베이스라고 알려진 방식이다. 먼저 기기가 GPS와 같은 방법을 이용해 (고정 기기의 경우 사전에 입력된 값으로) 위치를 파악한다. 이 정보는 백홀 또는 셀룰러 데이터 채널 등 일반적인 통신 채널을 통해 데이터베이스로 전달된다. (이 단계에서는 동적 접근을 이용할 수 없다.) 데이터베이스는 일반적인 통신 채널을 통해 해당 위치에서 사용 가능한 주파수를 알려준다. 그러면 기기는 이용할 주파수를 결정하고 해당 주파수에서 동작한다.

데이터베이스는 전송장비의 위치, 커버리지 지역과 같은 해당 스펙트럼의 면허 이용에 관한 상세한 정보를 알고 있어야 한다. 또한 면허 기기가 DSA 기기로부터 받는 간섭 민감도에 대해서도 파악하고 있어야 한다. 이러한 정보는 보통 규제기관으로부터 제공받으며 사용 가능한 스펙트럼 양을 결정할 때 활용한다.

이 방법은 센싱 또는 비콘 전송과 관련된 모든 문제를 해결할 수 있다. 그리고 다음과 같은 장점이 있다.

- 기기가 데이터베이스의 통제하에 있기 때문에 간섭문제 발생시 규제기관 또는 다른 기관이 기기의 동작을 제어할 수 있음
- 기기가 사용 가능한 스펙트럼 대역이 변경되더라도 간단하게 알려줄 수 있음

2 예를 들어 COGEU 프로젝트를 참고[5]

- DSA 기기들 사이의 과도한 간섭 발생을 방지하기 위해 다양한 형태의 제한 또는 기기 제어 구현이 가능함
- 데이터베이스 이용량을 통해 주파수 대역의 이용 수준을 측정할 수 있음

그러나 다음과 같은 단점도 있다.

- 기기가 위치 측위를 할 수 있어야 하고, 데이터베이스 접속을 위한 추가적인 통신 링크가 필요함
- 데이터베이스 구축 및 운용이 필요
- 데이터베이스가 실제 무선 이용환경을 반영하지 못할 수 있어 해당 장소에서 문제가 발생할 수 있음(발견시 수정 가능)

이러한 단점으로 인해 데이터베이스 이용자는 기지국 운영기관에 의존하게 될 수 있다. 왜냐하면 기지국 네트워크 운영기관은 위치 정보와 상시 운용되는 백홀 망을 보유하고 있기 때문이다. 이러한 네트워크에서 운용되는 단말은 종속적으로 운용될 수 있어 지리적 측위나 또는 데이터베이스 접근이 불필요하다.

지리적 측위 방식은 적어도 면허 이용자가 높은 수준의 간섭보호를 요구하는 상황에서는 현재 가능한 유일한 방식이다. 그러므로 전세계적으로 DSA를 허용하는 규제기관들은 현재 이 방식을 채택하고 있다.[3]

9.3 면허 공동사용

만약 특정 대역에 대한 동적 이용이 가능하다면, 면허 또는 비면허 방식이 가능하다. 즉 면허, 비면허에 관계없이 미이용 스펙트럼을 이용하는 방법은 동일하다. 이 절에서는 공동사용 기반의 면허 이용 즉, 면허 공유이용(LSA)[4]을 고려하고, 다음 절에서는 ('유휴대역(white space)' 이용으로 알려진) 비면허 공유접근에 대해 고려한다.

9.3.1 LSA의 개념

LSA는 면허 대역에서 제한된 수의 이차 이용자를 허용하는 것으로 단일 이용자만 있을 수도 있다. LSA는 모바일 브로드밴드 사업자가 조화된 대역이지만 재배치가 어려운 기이용 스펙트럼을 특정 지역에서 이용하려고 할 경우 우선적으로 고려되고 있다. 이 개념은

[3] The Dynamic Spectrum Alliance – at www.dynamicspectrumalliance.org에서 전세계의 규제 진행상황에 관한 정보를 찾을 수 있다.

[4] 허가 공유접근(ASA: Authorized Shared Access)으로도 알려져 있다.

800 MHz 대역의 배타적인 면허와 같지만 기존 이용자와의 공동사용을 조건으로 면허를 부여하는 것이다. 이 방식은 기존 사용자가 군, 항공과 같은 정부 이용자인 경우에 특히 유용하다. LSA 방식으로 고려되고 있는 주파수 대역으로는 2.3 GHz 대역과 3.4 – 3.8 GHz 대역이 있다.

LSA는 유휴대역과 매우 유사한 방법으로 동작한다. 규제기관은 기존 사용자와 협력하여 접속 규칙을 정의하고, 공동사용 이용자에게 주어진 위치에서의 스펙트럼 접근 권리를 부여하는 지리적 측위 데이터베이스를 구축하도록 한다. 차이점은 규제기관이 접속 권한을 경매 또는 유사한 절차를 통해 제한된 수의 이용자에게만 부여한다는 것이다. 많은 주요 셀룰러 장비 제조사가 LSA를 제안했으며 현재 유럽에서 검토 중에 있다.[5]

9.3.2 면허 부여의 근거

어떤 방식을 채택할지는 일차 면허 이용자의 특성에 따라 달라질 수 있다. 만약 일차 사용자의 이용이 많으면 공동사용 기회는 제한될 것이다. 넓은 커버리지를 갖는 네트워크 구축이 어려울 수 있으며, 이로 인해 투자 확실성 측면에서 민감하지 않은 지역 기반 서비스에 적합한 수 있다. 이 경우 비면허 방식이 더 적합할 수 있다. 군과 같이 기존 면허 이용자가 민감한 경우, 일차 이용자는 공동사용 이용자와의 밀접한 의사소통을 위해 면허 방식을 더 선호할 수 있다. 모바일 브로드밴드용 조화대역이지만 해당 용도 이외의 기존 이용자가 있는 경우에 브로드밴드 사업자는 면허 방식을 선호하는 경향이 있고 LSA는 좋은 대안이 될 수 있다.

LSA 권리 할당 시 문제가 있을 수 있다. 규제기관은 대대적인 네트워크 확장 계획과 같은 일차 이용자의 미래 이용계획을 파악하기 어려울 수 있어 경매지침이 모호해질 수 있고, 경매 입찰자는 상당한 위험을 감수할 필요가 있을 수 있다.

전반적으로는 면허, 비면허 여부는 사안별로 결정하는 것이 필요하며 이때 다음과 같은 사항을 고려할 필요가 있다.

- 공동사용이 가능한 스펙트럼의 양 – 만약 지리적, 시간적 제한적이 있는 경우에는 비면허가 바람직
- 면허 사용자의 미래 사용에 대한 확실성 – 불분명한 경우 비면허 이용이 바람직
- 면허 이용자의 비면허 사용에 대한 엄격한 통제 요구 – 필요성이 큰 경우 LSA가 바람직
- 해당 주파수 대역에서의 면허/비면허의 균형에 관한 일반적인 의견 – 만약 비면허 대역이 거의 없다면 비면허가 바람직

5 예를 들어 LSA에 관한 RSPG의 의견은 [6]을 참고

- 대부분의 잠재적 이차 이용자의 선호
- 면허 이용자가 이차 사용권을 직접(거래나 임대등을 통해) 부여할 수 있는 권한 – 만약 해당 권한이 크다면 시장에서 직접적으로 이루어질 수 있도록 함

이 분야는 아직 연구와 실험이 필요하다. DSA가 더 확산되고 TV 유휴대역 이외 대역으로 이전된다면 준 면허 방식이 더 많이 시도될 것이다. 다행히도 데이터베이스 방식이 이러한 발전을 가능하게 하며, 필요하다면 일반적인 데이터베이스 방식을 기반으로 가격부과 메커니즘을 적용하는 것도 가능하다.

9.3.3 현재 상황

2015년을 기준으로 LSA는 아직 제안 단계로서 구현되지 않은 상태이다. 따라서 이 방식이 채택될 만큼 충분히 흥미로운지는 불분명하다.

9.4 비면허 공동사용

9.4.1 비면허 접속의 개요

비면허 공동접속 방식에서는 면허 소유자에게 간섭을 주지 않는 범위에서 누구라도 면허 스펙트럼을 사용할 수 있다. 보통 지리적 측위 데이터베이스를 통해 이루어진다. 이용기기가 접속 규칙을 따른다는 것이 확인되면, 비면허 이용자 수 또는 스펙트럼 이용에 제한이 없다. 이것이 '유휴대역'으로 알려진 TV 대역(약 470 – 790 MHz)에서 제안된 방식이다. 비면허 사용자 입장에서 그 대역은 단지 또 다른 비면허 대역일 뿐이다. 물론 특정 위치와 시간에 이용 가능한 스펙트럼이 존재하지 않을 위험은 있다.

9.4.2 장점과 단점

다른 방식과 비교할 때 비면허 공동 접속은 이용자 선택을 위한 경쟁이나 경매를 필요로 하지 않기 때문에 도입이 비교적 간단하다. 기존 이용자를 다른 대역으로 이전할 필요도 없고, 간섭이 발생하지 않도록 공동사용 규칙을 정해주기만 하면 된다. 다른 국가와의 조화도 상대적으로 용이하다. 왜냐하면 주파수 대역이 정확히 일치하지 않더라도 데이터베이스가 해당 국가 내에서의 이용 가능한 채널 정보를 기기에게 지속적으로 보내주기 때문에 어느 기기라도 유휴대역 이용이 가능하기 때문이다.

비면허 이용을 통해 혁신의 촉진, 신규 서비스의 신속한 도입, 다양한 응용 적용 가능성 등 비면허 스펙트럼의 기본적인 장점을 모두 이용할 수 있다.

9.4.3 간섭의 관리

면허 이용자와의 간섭은 다음과 같은 두 가지 원인으로 발생할 수 있다.

1. 면허 대역을 이용하는 DSA 기기로부터의 방사이다. 일반적으로 DSA 기기의 방사가 면허기기의 대역내에 간섭 영향을 미치는 대역외 방사가 있다.
2. DSA 기기가 면허 대역 범위 바깥에서 방사했으나, 이를 면허 기기가 적절히 필터링 하지 못해 간섭이 발생할 수 있다. 일반적으로 DSA기기의 대역내 방사는 면허 대역과 인접한 대역에서 일어날 수 있다.

실제로는 이 두 가지 원인이 복합적으로 발생할 수 있다. 예를 들어 TV 수신기로부터 두 채널 떨어진 주파수에서 동작하는 DSA 기기가 n+2 채널(n은 DSA 기기가 동작하는 채널)에서 대역외 방사를 하여 간섭을 유발할 수 있다. 이와 동시에 TV 수신기 필터가 두 채널 이격된 신호를 제대로 필터링하지 못해 내역내 방사를 일으켜 간섭을 일으킬 수 있다. 여기에서 중요한 것은 DSA 기기의 송신 필터와 TV(또는 다른 면허기기) 수신 필터의 상대적 성능이다. 특정 기기 위치에 대해서, 데이터베이스가 (1) 면허 수신기의 가능한 위치, (2) 해당 수신기가 사용하는 주파수와 수신전력 레벨, (3) 면허 수신기의 성능, (4) DSA 기기의 송신기 방사 마스크를 알고 있다면, 데이터베이스는 DSA 기기가 간섭을 일으키지 않고 전송 가능한 최대 전력을 결정할 수 있게 된다.

면허대역 수신기의 위치는 면허 서비스 신호 강도를 예측해 해당 신호가 정상적으로 수신되는 영역에 해당하는 커버리지 구역을 설정하여 찾을 수 있다. 일반적으로 이는 전파모델 툴로 계산 가능하다.

사용 중인 TV 주파수는 면허 사용자로부터 알 수 있다. TV 전송과 같은 경우의 주파수 이용은 매우 정적(static)이나, 다른 네트워크의 경우 주파수 도약과 같은 기술이 이용되면 1초 이내의 주기로 변경되기도 한다.

면허 수신기의 성능은 장비 규격 또는 측정을 통해 더 잘 파악할 수 있다. 마지막으로 송신기의 방사 마스크는 기기 제조사, 표준 또는 측정을 통해 얻을 수 있다.

실제 간섭 레벨은 다음과 같이 주어진다.

$$I = P_{IB} * PL + \Sigma_{all\ other\ frequencies}\, P_{OB}(f) * PL * FA(f)$$

여기서 P_{IB}는 수신기 이용 대역에서의 전력 송신 레벨, P_{OB}는 주파수 f 대역 바깥에서의 전력을 나타낸다. 실제로 지배적인 대역외 효과는 송신 기기가 이용하는 대역에 존재하므로 수식을 다음과 같이 간소화할 수 있다.

$$I = P_{IB} * PL + P_{OB} * PL * FA$$

경로손실은 다음과 같이 나타난다.

$$PL = G_{TX} + G_{RX} - CL - SL$$

여기서 G_{TX}는 전송 안테나의 수신기 방향 이득, G_{RX}는 수신 안테나의 송신기 방향 이득, CL은 케이블 손실 또는 유사한 손실(예를 들어 댁내 연결용 동축 케이블을 이용하는 지붕위 TV 안테나에서 발생가능), SL은 신호 손실이다. 신호 손실 레벨과 모델링 방법은 2.3절에 기술되어 있다.

일단 이 정보가 모두 주어지면, 특정 위치에서의 가용 주파수 채널은 다음과 같이 찾을 수 있다. 먼저 지정된 송신 전력 레벨로 동작할 때 송신 전력이 면허 서비스에 간섭을 주는 수준 이하로 줄어드는 범위까지 DSA 송신기 주변 커버리지 영역을 표시하고, 이 영역 내의 각 픽셀마다 스펙트럼 가용 여부를 검토한다. 스펙트럼 가용 여부는 해당 스펙트럼 범위 내의 검토 주파수에서 DSA 기기로부터의 대역외 방사와 면허 수신기의 인접채널 선택도의 불완전성 여부를 종합적으로 고려해 간섭 유발 여부를 판단하여 이루어진다. 만약 간섭을 일으키는 것으로 판단되면 해당 주파수는 검토대상에서 제외된다. 남아있는 유휴대역 채널은 정해진 DSA 기기 송신 전력 레벨까지 사용될 수 있다.

가용 채널을 증가시키는 방법으로는 (1) DSA 기기의 송신 전력을 낮춰 간섭 유발 가능범위를 좁히거나 (2) DSA 기기의 대역외 방사를 줄여 면허 서비스 대역 내로 침투하는 신호레벨을 줄이는 방법이 있다. 대역외 방사 레벨을 감소시키는 것은 DSA 기기로부터의 대역내 방사가 간섭의 지배적 요인인 경우에만 유효하다. 그래서 TV 보호 마진 비율의 예를 들면, DSA 기기에서 캐리어로 부터 'n+1' 만큼 떨어진 채널에 미치는 방사 레벨이 50 dBc 이하라면(즉 원하는 신호보다 50 dB 작으면), DSA 기기로부터의 대역내 방사가 주요 간섭 원인이 되며, 대역외 방사 성능을 추가적으로 개선하더라도 가용 유휴대역 스펙트럼을 확대하는데 도움을 주지 않는다.

9.4.4 비면허 이용자간의 간섭 방지

면허 서비스에 대한 간섭문제가 해결되었다 하더라도, 다수의 DSA 이용자가 동일 장소에서 스펙트럼을 이용하려고 하는 경우에 상호간 간섭이 발생할 수 있다. 이는 2.4 GHz와 같은 모든 비면허 대역의 공통된 문제이나, 새로운 주파수 이용방식에서는 이 문제를 제어하고 회피할 수 있는 새로운 방법이 있을 수 있다. 비면허 대역의 관리 방법은 다음을 포함한다.

1. 다른 비면허 대역과 같이 간섭 문제 해결을 이용자에게 맡김
2. 전력제어, 최대 듀티 사이클과 같이 해당 대역 이용 시 반드시 지켜야 할 행동 규칙을 제정
3. 특정 대역 이용을 특정 기술방식 또는 응용으로 제한하여 공존을 용이하게 하고 해당 대역의 이용을 줄임
4. 대역 관리를 위해 데이터베이스를 사용

첫 번째 경우에 사용자가 원하는 방법을 선택할 수 있다. 적어도 주파수 도약, 최신 오류정정 기술을 적용하기 위해 여러 표준화 기구가 협업할 수도 있다. 이런 상황은 예를 들어 블루투스가 Wi-Fi에 간섭을 주는 경우에 발생할 수 있다. 이 경우 블루투스 규격을 변경하여 블루투스가 Wi-Fi 신호 감지 시 주파수 도약 패턴을 조정해서 직접적인 간섭을 피하도록 할 수 있다. 이러한 규제기관의 개입을 최소화하는 방식은 일반적으로 잘 작동했다. 용도를 제한하지 않아 혁신을 촉진할 수 있고, 일반적으로 간섭 발생이 제한적이며 규제기관의 개입 없이 해결이 가능하다. 그 이외의 방식을 도입하고자 할 경우에는 분명한 장점이 있어야 한다.

Ofcom은 동작 규칙의 적용을 고려했으나[7], 효과적인 규칙을 정하는 것과 새로운 기술 또는 방식에 제한을 두지 않는 것 사이의 균형점을 찾는 것이 어렵다고 밝혔다. 결국 간섭을 회피하는 방법에 관한 높은 수준의 지침인 '예절 규칙'을 사용할 수 있다고 결론지었다. 이는 대략적으로 다음과 같다.

- 가능한 경우 전력제어를 통해 방사 전력이 최소화되도록 함
- 연속적인 전송을 자제하여 다른 이용자가 채널 이용 기회를 갖도록 함
- 유사한 응용들은 특성이 매우 상이한 응용보다 공존이 용이하므로 전력 레벨 또는 듀티 사이클 측면에서 유사한 응용을 묶어 사용함

여기서 마지막은 앞서 설명한 세 번째 선택지 – 스펙트럼 용도를 특정 응용으로 제한하는

것에 해당한다. 예를 들어 TV 유휴대역과 같은 특정 DSA 대역을 사물통신(M2M) 응용으로 제한할 수 있다. 이는 M2M 시스템 이용을 더 확실하게 할 수 있으나 다른 응용의 이용은 차단된다. 어떤 응용이 가장 성공적일지 확신할 수 없는 상황에서 규제기관이 용도를 결정을 하는 것은 위험하고 어려울 수 있다. 아마도 복수의 응용을 허용한 후에 가장 성공적인 응용은 장기간 사용이 가능한 면허 대역을 사용하도록 하는 것이 더 좋을 수 있다.

마지막 선택지는 비면허 대역에서는 새로운 방식인데, 과거에는 데이터베이스가 사용되지 않았기 때문이다. 예를 들어, 동일 지역에서 단기간동안 다수의 주파수 이용요청이 있는 경우 데이터베이스는 혼잡 발생 가능성에 근거해 이를 거부할 수 있다. 아니면 한 채널에 대해 일부 요청은 수용하고 나머지는 다음 채널로 넘길 수 있다. 그러나 이러한 방법은 매우 부정확하다. 왜냐하면 각 요청의 이용 수준과 실제 혼잡발생에 대한 정보가 거의 없기 때문이다.

데이터베이스 방식의 최대 장점은 정책 변경을 기기 변경 없이 수시로 할 수 있다는 것이다. 규제기관은 초기에는 상대적으로 개방된 정책을 통해 어떤 응용이 등장하는지 지켜보고, DSA 기기간의 간섭이 문제가 되면 그 때 적절히 규제를 강화할 수 있다. 이러한 기다리고 관찰하는 방식은 매우 강력한 새로운 스펙트럼 관리 방식이 될 수 있다.

9.5 공동사용 접근의 장점과 단점

긍정적인 측면은 다음과 같다.

- 접근 비용이 없거나 매우 낮으며, 면허를 필요로 하지 않음
- 주요 주파수 대역 사용이 가능

그러나 다음과 같은 단점도 있다.

- 일반적으로 이용 가능성에 대한 보장이 없다.
- 면허 또는 비면허 이용자로부터의 간섭 가능성이 있다.
- 지리적 측위 또는 데이터베이스 접속을 위한 별도의 통신 채널이 필요해 비용과 복잡도가 상승할 수 있다.

이로 인해 공동사용 이용에 가장 적합한 응용을 선택하는데 딜레마가 생길 수 있다. 우선 DSA는 (현재로는) 비면허고, 무선 네트워크는 면허 스펙트럼이 필요하다는 것이 일반적 인식이어서 DSA는 네트워크 구축에 적합하지 않다. 반면에 추가적인 통신 채널과 함께 지리적 측위를 위한 마스터 기기가 필요해 이러한 기능을 제공할 수 있는 네트워크 구축이

선호된다. 이를 어떻게 해결할 수 있을까?

일반적으로 지리적 측위 규칙은 적어도 현재 구현된 바에 따르면 네트워크가 적합하다. 이는 무선통신을 시작하는 마스터 기기가 자신의 위치를 파악할 수 있어야 하고, 데이터베이스 접속을 위해 유휴대역이 아닌 채널을 사용해야 하기 때문이다. 만약 개량된 블루투스 링크와 같이 이용자간 직접연결이 사용되면, 마스터 기기는 GPS(실내에서는 동작하지 않을 수 있다)와 셀룰러 데이터 링크가 필요하다. 이들 기능은 기기비용을 상당히 상승시킬 수 있다. Wi-Fi 형식의 응용은 유휴대역이 실용적이다. Wi-Fi 기지국은 자신의 위치 파악이 필요하나, 설치자가 위치를 신고하거나 장비 제조사가 GPS 기능을 구현하도록 할 수 있다. 백홀 연결도 반드시 있어야 한다. 그러나 가장 간단한 것은 기지국이 고정되고 설치자가 위치를 아는 네트워크이다. 백홀은 또한 오랜기간 동안 이용 가능해 데이터베이스 접속을 쉽게 한다.

DSA용으로 현재 제안된 응용은 네트워크를 기반으로 하는 경향이 있다. 여기에는 댁내 고정 브로드밴드, 모바일 브로드밴드, M2M, 군용 등이 있다.

만약 특정 DSA 대역에서 대부분 또는 거의 모든 응용이 네트워크를 기반으로 한다면 네트워크 운영자간 조정이 가능해져 비면허 DSA 이용자간 간섭을 회피하는데 도움을 줄 수 있다. 이는 DSA 대역의 용량을 개선시키고 해당 대역의 이용증가에 따른 비면허 이용자 사이의 간섭 가능성을 줄여준다.

Box 9-1 게임이론, 공유 및 동적 스펙트럼 접근

게임이론을 동적 스펙트럼 접근에 적용하려는 많은 노력이 있었다. 게임이론은 상호간에 영향을 미치는 의사결정자들의 행동을 연구한다. 스펙트럼 접근을 원하는 회사나 여러 조직은 명백히 이 경우에 해당한다. 게임은 협력적 게임과 비협력적 게임 두 가지 범주로 구분되는데, 협력적 게임은 합의 또는 약속이 완전한 구속력을 가지고 강제력이 있으나 비협력적 게임은 그렇지 않은 경우이다.

이 구분을 일차 사용자(PUs)와 이차 사용자(SUs)와 관련지어 표9-1에 나타냈다.[6] 그러므로 유휴대역의 기회적 이용은 이차 이용자에게 있어 면허 이용방식과 완전히 다른 이용방식이다.

▽ 표 9-1 스펙트럼 접근 방식의 구분

	비협력적	협력적
일차	면허 면제	스펙트럼 면허 거래
이차	유휴대역	면허 스펙트럼 이용

게임 이론의 핵심 개념은 내쉬(Nash) 균형으로서, 어떤 게임 참여자도 자신의 전략을 변경하지 않으려는 상태이다. 여기서 전략은 정해진 '순수전략' 또는 확률적인 '혼합전략'일 수 있다.

[6] [8]을 따름

다양한 환경에서 참여자들의 예상 행동을 설명하기 위해 많은 모델들이 개발되었다. 예를 들어 어떻게 합리적으로 회사들이 스스로 협력적인 이차 사용자 연합을 조직해 센싱 정보를 공유하고 이를 통해 전송 용량을 증가시키는지에 대한 연구 사례가 있다.[7]

비록 이 연구가 동적 스펙트럼 접근을 조직화하는데 주요한 돌파구를 만들어내지는 못한 대신 지시와 규제 방식을 택했지만, 이와 관련된 여러 문제에 대한 면밀한 연구를 촉진시켰다.

9.6 사례 1: TV 유휴대역

9.6.1 왜 TV 대역인가?

UHF TV 대역은 유휴대역 접근의 초기 구현을 위한 후보대역으로 선호되었다.[8] 여기는 다음과 같은 이유가 있다.

- **많은 유휴대역 양.** TV대역은 470에서 790 MHz대역으로 약 320 MHz폭에 달하며, 일부 지역에서는 100 MHz폭 이상을 사용할 수 있다.
- **스펙트럼 가치.** 이 주파수는 전파특성상 신호가 멀리까지 도달해 다양한 응용에 적합할 수 있다.
- **정적인 면허 이용.** 대부분의 이용이 TV 송신기로 고정되어 있고 주파수 또는 전력 레벨 변경이 거의 없어 데이터베이스 입력 값이 대부분 고정적이다. (그러나 다음 장에서 살펴보겠지만 방송 프로그램 제작용의 이용은 동적이다.)
- **면허 이용자는 유휴대역을 소유하지 않음.** 셀룰러와 같은 많은 면허에 있어서 면허는 전국 단일 이용자 자격을 부여하므로 어느 유휴대역이라도 해당 면허권자에 속해 있다. 그러나 대부분의 국가에서 방송 면허는 해당 송신기에 부여되어 송신기간 미사용 스펙트럼은 면허권자의 소유가 아니므로 규제기관이 해당 유휴대역을 사용하도록 할 수 있다.

이러한 이유가 유효하더라도 TV 대역의 공동사용을 어렵게 만드는 문제가 있다.

- **기기의 수신 전용 특성.** TV 수상기는 송신하지 않아 검출이 불가능하여 센싱이 매우 어려움
- **매우 높은 출력의 송신기.** 100 kW 이상으로 동작하는 TV 송신기 사이트는 DSA 기기에 간섭을 유발할 수 있음

---

7 이와 다른 사례와 관련해 [9]를 참고

8 이 절은 [10]을 참고했음

• **밴드플랜 변화.** TV 대역은 점차 줄어들고 있고, 줄어든 800 MHz 대역과 함께 700 MHz 대역도 점차적으로 경매 진행

9.6.2 방송대역 공동사용 관련 이슈

상당한 수준의 간섭이 있는지 여부를 결정하기 위해 TV 수신기에서의 캐리어대간섭(C/I) 비율을 확인하는 것이 필요하다. 여기서 캐리어는 원하는 TV 신호이며, 간섭은 DSA 기기 신호에 의한 간섭을 의미한다. 캐리어는 TV 송신기와의 거리, 사용하는 안테나와 같은 요인에 의해 결정된다. 간섭 신호의 요인은 두가지가 있다. TV 신호와 동일한 주파수 채널에서의 간섭인 대역내 요인과 인접 채널 신호인 대역외 요인이 있다. 대역내 요인은 TV 복호기 회로에 직접 전달되는 반면 대역외 부분은 TV 수신기의 필터에 의해 감쇄된다. 감쇄 정도는 제조사마다 다르다. 이 두가지 간섭 신호의 강도는 DSA 기기의 송신 전력과 DSA 기기와 TV 수신기간의 전파 손실에 따라 변한다. 마지막으로 TV는 캐리어 신호 레벨, 간섭 신호 패턴, TV 신호의 부호화 방식에 따라 다소간의 간섭은 견딜 수 있다.

따라서 여러 고려사항이 있으며 요약하면 다음과 같다.

1. TV 안테나에서 입히는 TV 신호 즉 캐리어 레벨
2. 안테나 이득과 신호가 TV 수신기에 도달하는데 발생하는 케이블 손실
3. DSA 기기의 전송 전력
4. 대역내 및 대역외 전력에 대한 DSA 기기 송신 마스크
5. DSA 기기의 신호 파형
6. DSA 기기와 TV 안테나 간의 전파 손실
7. TV 수신기 필터의 대역외 간섭 제거 효율성
8. 특정 TV '모드'(변조수준과 코딩)에 필요한 C/I, 수신전력 레벨, 간섭 파형 형태

이들 중 일부(7, 8번)는 TV에 따라 다르고, 1, 2번 사항은 가구마다 다르다. 일부 사항(1, 6번)의 경우는 통계적 모델에 의한 예측만 가능하다. 간섭 수준에 대한 명백하고 확실한 평가는 쉽지 않을 것이다. 이에 대해 이 절의 나머지 부분에서 논의한다.

9.6.2.1 안테나에서의 TV 신호레벨

TV 신호레벨은 송신 전력과 송신기와 수신 안테나 사이의 전파 손실에 따라 변한다. 송신 전력은 일반적으로 잘 알려져 있으며 고정되어 있다. 전파 손실은 송신기와 수신기간의 거리와 그 사이의 지형에 의존한다. 이 손실은 'Hata model'과 같은 전파모델을 통해 예측

할 수 있다[11]. 전파 모델링은 책 한 권 분량의 복잡한 분야이나[12], 이 모델은 단지 근사치이다. 모델링 작업을 위해 보통 국토를 '픽셀' 단위로 나눈다. 픽셀 크기는 100 m × 100 m가 될 수 있으며, 이 픽셀에서의 평균 신호레벨을 예측한다. 모델의 부정확성과 수신기 앞의 큰 나무와 같은 세부 지형으로 인해 픽셀 안에서의 신호 레벨은 예측된 평균치와 다를 수 있다. 보통 신호는 약 5 dB의 표준편차를 갖는 log-Normal 분포를 가정한다.[9] 또한 시간적으로 변하는 요소도 있다. TV 신호는 기상조건에 영향을 받을 수 있다. 송신기 지역에 고기압이 형성되면 '대류권 덕팅(ducting)'으로 알려진 현상이 무선 신호를 대기권으로 '통과'시켜 일반적인 경우보다 훨씬 더 멀리 전달된다. 이로 인해 멀리 떨어진 TV 송신기가 TV 수신기에 간섭을 일으킬 수 있다.

이런 이유로 TV 수신은 특정 시간 또는 장소에 대한 확률로 표현되기도 한다. 즉 특정 픽셀은 99%의 위치 및 50%의 시간 확률로 10 dB의 C/I를 갖는다고 할 수 있다. 이는 해당 픽셀 안의 99%의 수신기가 적어도 50%의 시간동안 C/I가 최소 10 dB인 신호 레벨을 갖는다는 것을 의미한다.

이로 인해 DSA 간섭 영향 계산이 어려워진다. 왜냐하면 해당 픽셀 안에서의 간섭 여부를 간단히 말할 수 없기 때문이다. 그 대신 해당 픽셀 안에 위치한 가구 중 TV 수신이 가능한 비율이 약 99%에서 98%로 낮아질 것이다. 이 경우 위치 확률이 1% 낮아졌다고 할 수 있다. 만약 픽셀에 10개 가구만 있다면 이는 영향이 거의 없을 수도 있겠지만 한 가구가 간섭 영향을 받을 수도 있다.

그러므로 TV 신호레벨과 같이 간단하게 보이는 것도 확률 모델로 표현되는 복잡한 추정을 필요로 하게 된다.

9.6.2.2 안테나 이득과 케이블

실외에서의 TV 신호와 TV 수신기에 입력되는 신호는 다르다. 대부분의 시청자는 이득을 갖는 방향성 안테나를 지붕에 설치하여 이용한다. 이 안테나는 방향이 올바른 지점을 향하고 있으면 TV 수신 성능을 향상시킨다. 그리고 안테나와 TV 사이의 케이블은 약간의 손실을 일으킨다. 보통 모델링에서는 TV 안테나 이득은 약 12 dB, 케이블 손실은 약 3 dB로 총 이득이 9 dB인 것으로 가정한다.

그러나 이것도 간략화된 것이다. 일반적으로 시청자들은 TV 시청에 충분한 안테나를 설치한다. 그래서 신호 레벨이 높으면 성능이 낮은 안테나를 사용하거나 또는 전혀 사용하지 않기도 한다. 안테나 성능이 우수하더라도 일반적으로 시간에 따라 열화된다. 신호 레

---

9 log-Normal 분포는 99%의 데이터가 평균의 $\pm 3\sigma$ 안에 있는 특성을 갖는다. 그래서 이 경우 거의 모든 수신기는 평균에서 적어도 15 dB 이하의 신호를 수신한다고 예상할 수 있다.

벨이 약한 지역의 경우 이러한 성능 열화는 영상 손실로 이어지고 수리를 필요로 한다. 신호 레벨이 좋은 지역에서는 이러한 현상이 나타나지 않는다. 영국 정부의 조사[13]에 따르면 이득은 30 dB에서 −30 dB 범위에서 변한다. TV 신호레벨과 안테나 이득간에는 분명한 음의 상관관계가 있다. 이것의 전체적인 효과는 TV가 일반적으로 입력 신호레벨 범위에서 낮은 부분에서 동작한다는 것인데, 이는 중요한 사항으로 다음에 다시 살펴본다.

9.6.2.3 DSA 기기의 전송 전력과 송신 마스크

이것은 비교적 간단하다. 전송 특성은 특정 기기 모델에 대해서는 일반적으로 동일하며 제조사 또는 형식승인 기관이 공개한다. 그러나 이들 파라미터는 M2M 단말, Wi-Fi 라우터 등 DSA 기기마다 달라질 수 있다. 그래서 DSA 기기의 최적 구현을 위해서는 각 기기 형식의 특성과 그에 따른 스펙트럼 이용을 알아야 한다. 영국의 Ofcom은 이를 제안했으나, 미국 FCC는 모든 기기가 FCC가 정한 동일한 특성을 갖는 것으로 취급한다.

9.6.2.4 DSA 기기의 파형

DSA 간섭이 TV 수신기에 미치는 영향에 관한 시험 초기에는 간섭신호 파형을 동일한 연속 신호라고 가정했다. 이는 발생이 쉬우며 간섭 영향 파악에 충분한 것으로 여겨졌다.

실제 DSA 기기의 신호가 사용된 것은 나중이었다. 그 대신 메세지의 송신과 중단을 반복했다. 송신 시에도 버스트(burst) 형태의 신호구조를 갖는데, 대부분의 현대 통신 시스템은 여러 기기의 다중 접속을 위해 자원을 시간적으로 분할하여 이용하기 때문이다. 그 결과 일반적인 간섭은 연속적이기보다 버스트하다고 일컬어지는 온-오프 형태를 갖는다.

버스트 신호는 신호간에는 에너지가 없어 연속 신호보다 에너지가 작기 때문에 TV 수신기에 문제를 덜 일으킬 것으로 예상할 수 있다. 그러나 측정 결과에 따르면 버스트 신호가 연속 신호보다 TV에 더 많은 영향을 준다.[10] 더 나쁜 점은 TV 제조사간 차이가 커서 어떤 경우에는 거의 영향이 없지만 10 dB에서 20 dB 더 많은 영향을 받는 경우도 있다.

이것의 원인은 TV 내부의 자동이득조절(AGC) 시스템 때문인 것으로 보인다. TV가 강한 간섭 신호를 수신하면 과부하를 피하기 위해 큰 단계의 변화로 증폭기 이득을 감소시킨다. 이 단계적 변화는 수신기의 나머지 부분을 불안정하게 하여 안정화에 약간의 시간이 소요된다. 간섭 신호가 일정하다면 완전하게 정상 동작할 것이다. 그러나 버스트 신호의 간섭이 있을 경우 AGC 이득이 오르내림을 반복하고 수신기의 나머지 부분은 지속적으로 불안정하게 되어 화질이 열화된다. TV 제조사는 수신기를 재설계하여 이득 변화단계를

10 예를 들어 Bute Trial 보고서[14]의 그림 4.1을 참고

줄이거나 간섭 신호를 장시간에 걸쳐 평균화할 수 있는데, 대부분은 이 정도 조치만 하는 것으로 보인다. 그러나 이것도 현재 이용 중인 수백만 대의 TV 수상기에는 도움이 되지 않는다.

이야기를 다른 방향으로 돌리면, 버스트 문제는 예상보다 크지 않을 수 있다. TV 수신기 실험은 실험실에서 두 가지 신호, 즉 TV 신호와 DSA 기기의 신호를 TV 수신기에 입력시키는 방식으로 수행된다. 이 경우 버스트 신호는 기기에 수신된 신호 에너지의 90%를 차지해서 AGC에 큰 영향을 미친다. 그러나 일반적인 실제 상황에서는 TV 수신기에 네 개에서 여섯 개의 TV 신호가 수신되고, 간섭 신호 범위는 근처 이동통신 철탑에서 복수의 DSA 기기에 이른다. 그래서 버스트 신호는 수신신호 전체 에너지의 10%에 지나지 않을 수 있고 AGC에 미치는 영향도 적다. 이 부분은 아직 연구 중이지만 여기서 말하고자하는 것은 간섭이 복잡하고 실제 환경에서의 면밀한 테스트가 필요하다는 것이다.

9.6.2.5 DSA 기기와 TV 안테나 사이의 전파 손실

DSA 기기에서 나온 모든 신호가 TV 안테나에 전달되는 것은 아니다. 신호는 기기와 안테나 사이의 거리, 장애물 존재 여부 등에 따라 달라진다. 신호는 TV 안테나가 단말을 향하고 있지 않다면 안테나 방향성에 의해 그리고 DSA 신호와 다른 편파를 가진 경우 편파에 의해 감소하기도 한다.[11]

다음과 같은 두 가지 경우를 고려할 필요가 있다.

- 동일 채널 방사: DSA 기기와 TV 수신기가 약간 떨어진 경우에만 발생한다.
- 인접채널 및 대역외 효과: DSA 기기와 TV 수신기가 서로 근접한 경우에 발생한다.

두 기기의 위치는 일반적으로 자세히 알려져 있지 않다. 앞서 논의한 바와 같이 모델링으로 픽셀을 쉽게 다룰 수 있다. 픽셀의 크기는 모델마다 시간에 따라 변할 수 있으나 현재는 대부분 100 m × 100 m를 이용한다. DSA 기기가 자신의 위치를 알려주면 데이터베이스는 수신기와 동일한 픽셀 안에 있는지 판단한다.

첫 번째 경우인 동일 채널 방사에서 DSA 기기는 TV 수신기와 일정 수준 떨어져 있으면 동일 채널로 송신할 수 있다. TV 수신기 보호조건에 따라 두 가지 기기는 동일 픽셀에 있으면 안 되고 수 킬로미터에서 수십 킬로미터의 이격이 필요할 수 있다. 이 경우에는 두 기기간의 손실을 예측하기 위해 하타 모델과 같은 표준적인 전파모델을 사용할 수 있

[11] TV 신호는 일반적으로(중계국을 제외하고) 수평 편파를 갖는다. DSA 신호는 다소 불규칙적이지만 많은 기지국은 수직 편파를 가질 것이다. 그러므로 최소한 기지국과 TV 수신기 사이에는 약간의 차이를 예상할 수 있다.

다. 보수적으로 약간의 표준편차(예를 들어 3σ)를 사용하여 간섭 유발 여부를 시험할 수 있다. 그러나 이런 보수적인 선택이 간섭 확률을 상당히 낮출 수 있긴 하지만 과도하지 않도록 주의해야 한다.

실제로 유휴대역의 가용 여부를 결정하는 것은 동일 채널 방사라기보다 인접채널과 대역외 방사의 영향이다. 이는 다음과 같은 두 가지 원인에 의해 발생한다.

- DSA 기기로부터의 대역외 방사는 원하는 신호보다 약 50 dB 정도 작으며 그 만큼 약화되어 TV 대역 내로 들어가 동일채널 간섭으로 작용한다.
- TV 수신기가 DSA 신호를 완전히 필터링하지 못해 일부 신호가 TV 채널의 인접 채널에 간섭으로 나타난다.

이상적으로 설계될 경우 이 두 원인의 효과는 대략적으로 동일하며, TV에 미치는 영향은 두 원인의 조합으로 나타난다. 이들 간섭신호는 동일 채널 신호 경우보다 훨씬 작아, DSA 기기가 TV 수신기와 동일한 픽셀에 있는 것도 가능할 수 있다. 이 경우 두 기기가 불과 수 미터 떨어져 있을 수 있으므로 일반적인 전파 모델 대신에 '최소 커플링 손실'(MCL)을 가정할 수 있다. MCL은 DSA 기기 신호의 최소 감쇄량으로서, DSA 기기와 TV 안테나 간의 위치와 거리가 간섭신호를 최소로 감쇄시키는 경우이다. 이러한 인접 채널 효과가 우세하고 데이터베이스는 MCL에 근거한 최악의 경우를 가정하므로 MCL을 통한 판단은 매우 중요하다.

9.6.2.6 TV가 요구하는 C/I

TV는 수신하고자 하는 채널과 해당 채널의 위, 아래의 일정 범위에 걸친 인접 채널(보통 ±9 채널)에 대해 모두 특정한 C/I 비율을 필요로 한다. 원하는 채널의 C/I 비율은 보통 양수여서 TV 신호는 간섭 신호보다 커야 한다. 반면에 다른 채널에서는 음수일 수 있어서 원하는 채널의 TV 신호는 인접 채널의 간섭 신호보다 작을 수 있다. C/I 비율이 음수가 될 수 있는 이유는 TV 내부의 필터에 의해 간섭 신호가 훨씬 작아지기 때문이다. C/I 값을 'TV 보호 비율'이라고 부르기도 한다.

그러나 앞서 논의한 바와 같이 이러한 보호 비율에 영향을 주는 몇 가지 요인이 있다.

- TV 신호 강도 – TV 신호가 강한 경우 더 높은 보호비율이 요구될 수 있다.
- 간섭 신호 파형의 형식으로서 앞서 논의한 바와 같은 버스트 또는 연속 신호의 여부
- TV 내부 필터의 성능

TV 수신기간의 차이도 특별히 문제가 될 수 있다. DSA 데이터베이스는 특정 위치에서 사용 중인 TV 수신기의 모델을 알지 못하므로 최악의 경우(버스트 파형에 취약하거나 필터 성능이 미흡)를 가정해야 할 수 있다. 이로 인해 보수적 가정이 추가될 수 있다.

이 원인은 새로운 수신기가 개발됨에 따라 변할 수 있다. 새로운 수신기는 간섭 제거 성능이 개선될 수 있지만 특히 TV 가격을 낮출 수 있는 저가 수신기가 있을 경우에 항상 그런 것은 아니다.[12] 이로 인해 수신기의 최소 성능을 정하는 것이 바람직할 수 있어 규제 기관은 이에 대해 수 년간 검토한 바 있으나, 일반적으로 실현이 너무 어렵거나 적절하지 않은 것으로 밝혀졌다.[13]

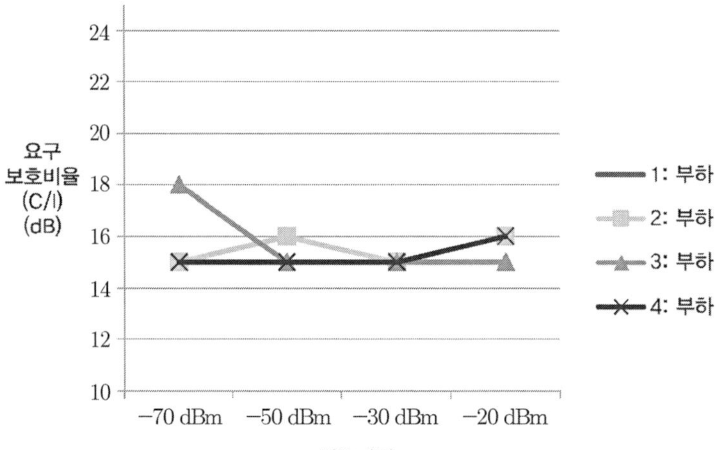

그림 9-2 완전 부하 전송의 동일채널 LTE 송신에 대한 TV 보호 비율 (자료: [10])

요구되는 TV 보호비율을 찾기 위해 많은 측정을 시행했고, 일부 예시는 다음과 같다.[14] 여기에는 네 종류의 TV 수신기와 네 종류의 TV 수신 신호 레벨(정상 수신이 가능한 최소 수신레벨(−70 dBm)에서 매우 강한 신호레벨(−20 dBm))에 대해 정상 동작에 필요한 캐리어대 간섭 비율을 보여준다. 이 그래프에서 일부 선들은 겹쳐서 보이지 않는 경우가 있으나, 선을 특정 수신기에 연관시킬 필요는 없고 중요한 것은 해당 선들이 얼마나 근접해 있는가 하는 것이다.

12 예를 들어 개별 RF 부품이 아닌 반도체 기술 기반의 수신기가 점차 도입되면서 상당한 비용이 절감되었지만 수신기 성능도 저하되는 경향이 있다.

13 특히 여기에서 문제는 TV 설계된 당시 알려지지 않은 신호를 제거할 수 있는가에 대한 것이다.

14 이는 Ofcom을 대표해서 ERA가 수행한 측정에 근거한다[15].

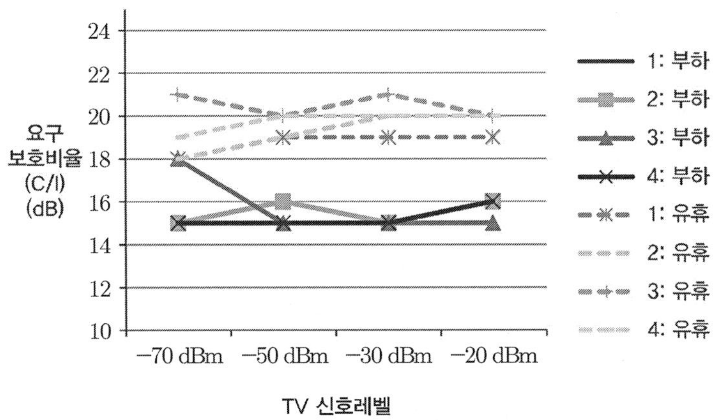

그림 9-3 완전 부하 전송과 비부하(유휴) 전송의 동일채널 LTE 송신에 대한 TV 보호 비율 (자료: [10])

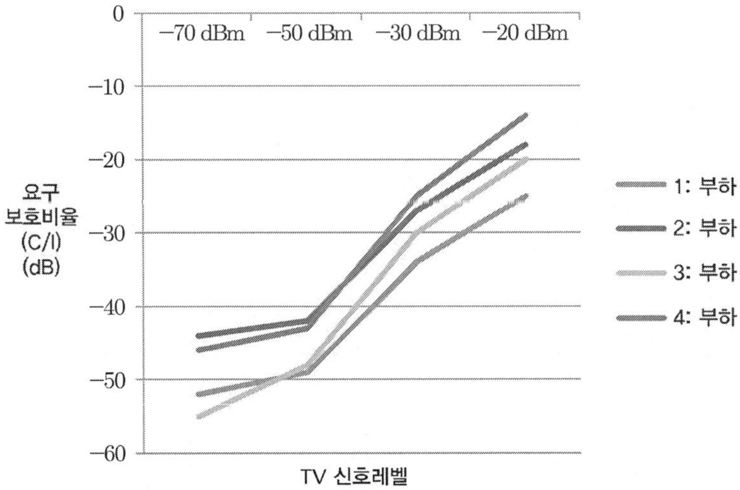

그림 9-4 부하 전송의 18 MHz 이격 LTE 송신에 대한 TV 보호 비율 (자료: [10])

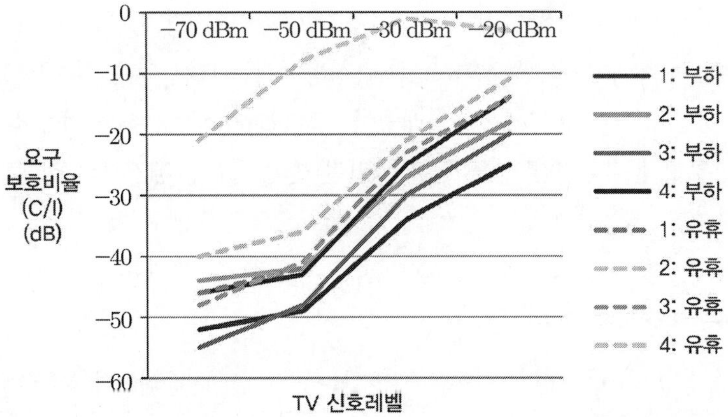

그림 9-5 부하 전송과 비부하(유휴) 전송의 18 MHz 이격 LTE 송신에 대한 TV 보호 비율 (자료: [10])

그림 9-2는 TV 신호와 동일 채널의 LTE 신호가 연속적으로 전송하는 부하 모드로 동작할 경우 네 개의 TV 수신기(1부터 4로 표시)를 보여준다. 이 경우 성공적인 동작을 위해서 TV 신호는 LTE 신호보다 약 15 – 20 dB 더 커야한다. 네 개의 TV 수신기간에 약간의 편차가 있으며 이는 대체로 예상 가능한 결과이다.

그림 9-3은 동일한 상황이나, 부하 LTE 신호(실선)와 버스트 전송을 하는 비부하 또는 유휴상태의 기지국(점선)의 경우이다. 유휴 상태에서는 TV 수신 보호를 위해 약 5 dB 정도 더 많은 보호비율을 필요로 한다.

그림 9-4는 LTE 송신기가 세 개의 TV채널(18 MHz) 만큼 떨어져 있는 경우이다. 이 경우 TV가 LTE 신호의 상당부분을 필터링할 수 있기 때문에 LTE 신호가 TV 신호보다 강할 수 있다. 그림을 보면 10 dB 정도의 편차가 있으나, TV 수신기간 성능이 유사한 것을 알 수 있다. 그러나 중요한 것은 이번에는 TV 수신 레벨에 따라 변화가 크다는 것이다.

낮은 수신레벨에서 TV는 TV 수신신호보다 약 50 dB 이상 큰 간섭신호를 견딜 수 있으나, 높은 수신레벨에서는 약 20 dB만 견딜 수 있다. 원인은 아마도 LTE 신호가 TV 수신기의 전단 처리부분에서 과부하가 발생해 전체 수신기에서 비선형 응답을 나타내기 때문일 것이다. 이 결과는 TV 신호가 강해질수록 간섭신호는 대체로 동일한 수준에 있어야 한다는 것을 의미한다.

그림 9-5에는 그 전 그림에서 버스트 간섭의 경우가 추가되었다. 여기에서는 다소 극적인 결과가 나타난다. 모든 수신기가 적어도 10 dB 정도 더 성능이 악화되었으며, 수신기 4는 연속신호 경우보다 25 dB 악화되어 특히 나쁜 결과를 보였다.

규제기관이 최악의 상황에서 가장 성능이 미흡한 수신기를 보호하려고 한다면 18 MHz 이격 C/I 비율은 약 –1 dB가 될 것이나, 가장 좋은 상황에서 가장 성능이 우수한 수신기를 보호하려고 한다면 약 –55 dB가 될 것이다. 이는 규제기관의 판단을 어렵게 할 정도로 상당히 큰 차이이다.

그러나 앞서 논의한 바와 같이 만약 TV 수신기가 항상 '적당히 충분한' 안테나를 사용하여 최저 수신 신호레벨에서 동작하고, 실제 상황에서는 다른 많은 신호가 있어 버스트 신호가 덜 발생한다고 가정한다면, 수신레벨이 –70 dBm 근처인 부하 전송 상황이 될 수 있다. 이런 상황에서 수신기간 성능 차이는 훨씬 줄어들고, 규제기관의 정책결정은 보다 쉬워질 수 있다.

9.6.2.7 최소 결합 손실(MCL)

MCL은 DSA 기기와 TV 수신기 사이에 발생하는 최소 신호 감쇄이다. 이 손실량을 정하기 위해 DSA 기기와 TV 수신기가 가장 근접한 최악의 배치상황을 예상해야 한다. 여기에는 약간의 판단이 필요하다. 예를 들어 가능한 가장 근접한 상황으로 DSA 기기가 TV 안테나와 손에 닿을 수 있을 정도의 거리에 있는 경우가 있다. 그러나 지붕에 설치된 TV 안테나의 경우 근접 가능성이 거의 없다. 물리적 근접성뿐만 아니라 TV 안테나의 방향성도 큰 영향을 미친다. 예를 들어 DSA 기기가 이층 방에 있고 TV 안테나는 다락방에 있을 수 있다. 이들은 겨우 수 미터 떨어져 있지만 상당한 신호 감쇄가 있다. 왜냐하면 신호가 천장을 통과해야 하며, 신호가 안테나의 이득이 음수인 방향으로 도달하여 안테나에 의한 감쇄가 생기기 때문이다.

현실적인 최악의 상황은 피간섭 수신기가 설치된 집보다 더 큰 집이 길 건너에 있는 경우이다. 만약 안테나가 집 상층을 향하고 있고 DSA 기기가 피간섭 기기의 정확히 반대 방향에 있다면, 이격 거리는 단지 도로폭(약 6 미터)에 불과하므로 안테나 최대 이득으로 간섭을 주게된다. 이 경우 경로 손실은 32 dB 정도로 낮아 DSA 기기로부터의 방사는 약간만 감쇄되고 더 간섭을 일으킨다. 만약 TV 안테나의 방향을 임의로 정할 수 있다면 log–normal(49, 8)[15]이 MCL의 분포로 합리적일 것이다. 그러나 이 상황이 얼마나 현실적일 것인가? DSA 기기가 없더라도 신호가 거리 건너편 건물에 의해 차단되기 때문에 TV 수신기는 잘 동작하지 않을 것이다.

9.6.2.8 실내 TV

TV 수신기 보호에 있어 중요한 사항은 실내 수신 여부이다. 즉 TV 위에 설치하는 안테나 사용이 가능하냐는 것이다. 실내 수신 상황에서는 앞서 설명한 요인 중 몇 가지가 변한다.

- 안테나 이득이 훨씬 작고, 방향성도 작음
- DSA 기기가 TV 수신기에 훨씬 가까울 수 있으므로 MCL 계산도 매우 다름
- TV는 흔히 최소 수신 레벨에 근접해 동작하므로 간섭 영향을 더 많이 받음

최악의 경우 실내 TV를 보호하게 되면 유휴대역이 모두 없어질 수 있다. 왜냐하면 MCL이 매우 작아 DSA 기기로부터의 낮은 출력도 간섭을 일으키기 때문이다. 실제로 규제기관은 이를 완화하기 위해 다양한 방법을 취하고 있다.

일부 규제기관은 실내 수신을 보호하지 않는다.[16] 그들의 입장은 TV 면허가 지붕 위 안테나에 서비스를 제공하는 것을 전제로 하고 있기 때문에 시청자가 우연히 실내 안테나를 사용하더라도 보호 받을 수 없다는 것이다.

---

[15] 즉 평균이 49 dB이고 표준편차가 8 dB인 log–Normal 분포이다.

[16] [16]의 5:13을 참고

다른 입장으로는 MCL에서 실내 TV와 동일한 방 또는 동일한 건물에 있는 상황을 고려하지 않는다는 것이다. 그 이유는 DSA 기기와 TV 수신기가 동일인의 통제 하에 있어 전원을 끄거나 서로 떨어뜨리는 자체적인 간섭 관리를 할 수 있기 때문이다. (실제로는 어떤 DSA 기기가 간섭을 일으키는지 모를 수 있다.) 이 경우 MCL 계산 시 기기가 일반적으로 약 10m 이격된 인접 건물에 있으며 신호가 벽을 통과하는데 따른 투과손실도 고려한다. 대부분의 계산 결과, 이러한 상황의 MCL은 앞서 설명한 실외 안테나의 경우와 매우 유사하게 나타난다.

9.6.3 현재 상태

이 책의 집필 시점에 유휴대역 시스템 구축한 사례는 제한적이었다. 심각한 간섭 문제는 없었으나, 망 구축 밀도가 어떤 결론을 도출하기에는 불충분했다. 그러나 LTE의 경험에 비추어볼 때 위험 회피 요소들을 결합하여 고려할 경우 상당히 과보호되는 결과가 도출될 수 있다.

9.7 사례 2: 미국의 3.5 GHz 대역

9.7.1 미국의 제안

2013년 미국 FCC는 현재 정부(군) 이용자가 주로 사용하는 3.5 GHz 대역을 이용하는 새로운 방안을 추진했다[17]. 이 방안은 약 100 m 범위의 스몰셀로 특정 실내구간, 국소범위의 실외, 가정과 사무실에서 경기장, 쇼핑몰, 병원, 도심 실외 공간까지의 범위를 커버할 수 있다. 또한 FCC는 스몰셀은 고객, 기업 이용자 또는 서비스 사업자가 상대적으로 쉽고 저렴하게 구축할 수 있기 때문에 완전한 면허와 다른 면허 체계가 적합할 수 있다는 점에 주목하고 있다.

FCC는 3.5 GHz 대역이 스몰셀에 적합하다고 판단했다. 도달 범위가 넓지 않고 많은 가용 스펙트럼이 존재하므로 높은 주파수는 장애가 되지 않았다. 해당 대역은 현재 국방부의 고출력 레이다, 민간용 고정위성업무(FSS)의 우주대지구 동작을 위한 수신전용 지구국과 피더(feeder) 링크도 사용중이다. 이로 인해 상당히 넓은 '제외 지역(exclusion zone)'이 생기는데 이는 미국 국민의 약 60%에 해당하여, 3.5 GHz 대역은 매크로셀에는 적합하지 않을 수 있다.

FCC는 다음과 같은 3 계층 서비스를 제안했다.

1. 기존 이용자 이용
2. 우선 이용
3. 일반 허가 이용(GAA)

우선 이용 계층은 3.5 GHz 대역의 일부분으로서 스몰셀을 통해 특정 지역에서 특정 목적으로 서비스 품질이 중요한 서비스를 제공하는데 활용될 수 있다. 이러한 서비스로는 병원, 사회기반시설, 주 정부 및 지방 정부와 같은 특정 시설과 같이 브로드밴드 스펙트럼의 신뢰성 있고 우선적인 이용을 필요로 하는 수요를 포함할 수 있다.

이러한 요구를 충족하기 어려운 지역에서 서비스 품질을 기대하기 어렵기 때문에 우선 이용은 기존 이용자에 의한 유해한 간섭이 없고, GAA 이용자의 기존 이용자에 대한 간섭이 없을 것으로 예상되는 지역에서만 허용된다. 우선 이용 이용자는 등록이 필요하며, 서비스 이용 시설에서 하위 계층 이용자와 다른 우선 이용 이용자에 의한 간섭으로부터 보호가 필요하다. 이는 그림 9-6에 나타나 있다.

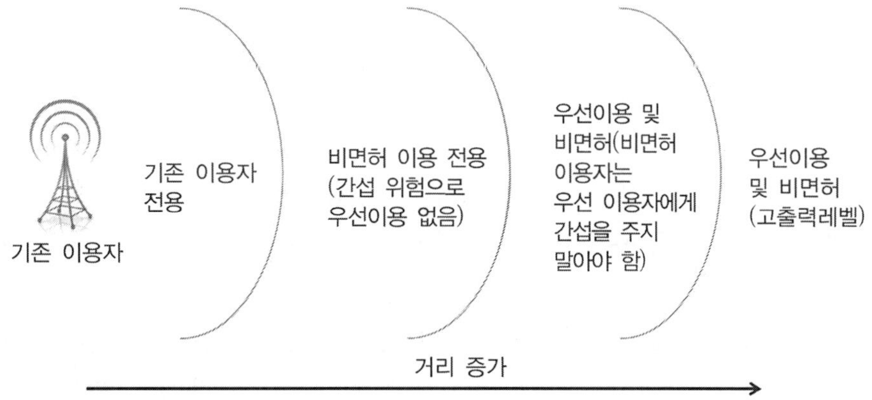

그림 9-6 3.5 GHz 대역의 공동사용 체계

FCC는 계층간과 계층내에서의 동작을 관할하기 위해 스펙트럼 접속 시스템(SAS: Spectrum Access System)을 제안했다. SAS는 기존 TV 유휴대역 데이터베이스 요구사항을 모델로 하는 동적 데이터베이스로서, 지리, 시간, 주파수를 포함한 여러 요소를 관리하는 지리적 측위 기능과 다른 기술적 조정 기능을 결합하여 운영한다. 3.5 GHz 대역에 SAS를 적용하여 일부 새로운 문제를 해결하며, 동적 데이터베이스 기술과 관련한 새로운 요구가 제기될 수 있다. FCC는 여기에 상당한 계획과 실험이 필요할 것으로 예상하고 있다.

제안사항의 핵심은 다음과 같다.

- 이용자 추적 및 특정 지역에서의 이용을 제한, 하위계층 이용에 의한 상위계층 이용자 보호를 위해 데이터베이스를 사용
- 면허 대역에서 공동사용을 하는 유휴대역과의 일부 유사성
- 다양한 이용 형태와, 가용성 요구사항을 조합한 다층적 이용
- 응용을 '스몰셀'로 규정

실제로 새로운 점은 'LSA'와 'TV 유휴대역'의 혼합 즉, 면허 공동사용과 비면허 공동사용이 동일 대역에서 동시에 이루어진다는 것이다.

9.8 사례 3: 정부이용과의 공동사용

이미 검토가 시작된 분야로 정부 또는 연방 이용자와 공동사용하는 방안이 있다. 실제로 대부분의 규제기관은 정부 이용자와 수십 년간 공동사용을 해왔다고 밝히고 있다. 예를 들어 일부 유럽 국가가 5 GHz 대역을 군 레이다용으로 사용하는 것과 마찬가지로 2.4 GHz의 비면허 대역을 군과 공동사용하기도 한다. 셀룰러 시스템 구축 초기에는 스펙트럼 일부를 군과 공동사용하여, 밀집 도심에서는 셀룰러용으로 다른 지역은 군용으로 사용하다가, 결국 군이 다른 대역으로 이전하였다.

2012년 중반에 미국이 공개한 대통령과학기술자문위원회(PCAST) 보고서는 유휴대역 이용기술을 정부 스펙트럼으로 확대하는 것을 제안하였다. 1,000 MHz폭의 공동사용 가능 대역을 정해 3계층 공동사용 방식으로 사용할 수 있도록 하고 제3계층에 대해서는 간소한 면허로 이용할 수 있게 하는 것을 권고했다. 또한 이 방법이 현재 정부가 사용하는 스펙트럼을 이용할 수 있는 유일한 현실적 방법일뿐만 아니라 혁신적인 무선 기술과 서비스를 위한 토양을 제공할 것으로 밝혔다. 이 방안에 대해서 일반적으로 환영하는 반응이었지만, 결론에 모두 동의한 것은 아니었으며, 일부는 이 보고서에서 제안하는 방안의 추진과 더불어 지속적인 스펙트럼 회수 노력 역시 필요하다는 의견을 제기했다.

이 보고서에 나온 제안이 모두 새로운 것은 아니고 이전부터 언급되어온 것이지만, 보고서 공개 시점이 실현 가능성, 현재 이슈와의 적합성, 스펙트럼 공간의 가능성 측면에서 적절했다. 그러나 보고서의 아이디어는 '제도화'를 통해서 구현될 수 있다. 예를 들어 NTIA는 3년간 공동사용 테스트베드를 운영했지만 큰 진전이 없었다. 그 결과 다른 방식이 도입되지 않는 한 새로운 테스트베드 구축 추진은 성과를 내기 어려울 수 있다.[17] 국가 브로드밴드 계획[19]에서 공동사용에 대한 논의가 있었으나 추진되지 못했다. 이는 정책 의지의

[17] NTIA는 간섭 문제가 있을 때 신속히 사용할 수 있는 실험 시설 구축을 추진하고 있다. 해당 시설에서는 다양한 실험실, 실험 환경, 장비를 갖추고 신속한 실제 환경 실험을 가능하게 한다.

부족 때문이라기보다 이러한 아이디어를 실현할 권한을 가진 단일 주체가 없었기 때문이다. 그 대신 정책결정이 많은 거부권으로 인해 분산되고 이에따라 해당 정책을 반대하는 편에서 시행을 제지할 수 있게 되었다. 정부와 산업체와의 협업을 통해 이러한 문제를 극복하고, 관련 문제와 정부용 시스템 관련 정보에 대해 폭넓게 이해할 수 있을 것이다.

이 제안을 성공적으로 도입하기 위해서는 정부 관계자 특히 NTIA에 대한 유인을 명확히 정립할 필요가 있다. 현재로서는 기존 스펙트럼 이용자가 다른 이용자와 공동사용할 유인이 매우 적다. 이러한 공동사용은 기존 이용자의 업무수행에 있어 혜택은 거의 없지만 복잡성, 비용, 시간지연이 추가될 수 있다. 상업부문에서 널리 이용되는 고전적인 유인은 이익에 관한 것이다. 상업 이용자는 수익이 증대된다면 저이용 스펙트럼을 공동사용 또는 판매할 유인이 있다고 할 수 있다. 정부 입장에서는 이러한 유인이 일반적으로 크지 않은 것으로 알려져 있다. 일반적으로 정부부처가 수익을 거두면 재무부가 이를 직접 사용하거나 다음 해 예산을 삭감한다. 영국에서의 유인가격 도입 시도는 초기에는 절반의 성공이었다. 직접적인 금전 지원은 유용하지 않을 것이다. PCAST 보고서에서는 대안으로 일종의 인공 화폐 사용을 제안했었다. 그러나 정부 밖에서는 정부 관료에 대한 압력과 유인에 대한 이해가 부족하고, 스펙트럼에 관한 적절한 의사결정을 위한 명확한 개선 방안이 없다.

정부용 스펙트럼을 이용하지 않게 하는 한 가지 방법은 정부가 적절하게 상용 시스템을 이용해 자가 시스템을 이용하지 않도록 하는 것이다. 그러나 실제로는 가능한 경우에는 이미 시행되고 있고 군 레이다와 같은 시스템의 경우 이용 가능한 상용 시스템이 거의 없다. 그러므로 빠른 성과를 기대할 수 있는 방법은 없을 것이다. 정부 밖에서는 정부 이용에 대해 정확히 알지 못하지만, 정부와 상용 스펙트럼 이용자간의 긴밀한 상호협력을 통해 이를 극복할 수 있을 것이다. 이러한 상호협력은 이해를 촉진할 뿐만 아니라 스펙트럼 공동사용에 필요한 핵심 정보를 원활하게 공유하는 것도 가능하게 한다. 이는 상용 사업자에게 공개되지는 않을 수 있지만 FCC와 NTIA간의 논의에는 적용될 수 있다. 문제에 대한 이해를 증진하는 과정으로서 이러한 논의를 공개적으로 진행하는 것이 중요하다. PCAST가 제안한 데이터베이스는 이와 관련된 많은 자료를 보유하고 있으며, 상호작용과 이해를 위한 좋은 시작점이 될 수 있다. 대체 용도 이용 시 스펙트럼의 경제적 가치와 같은 정보는 제안에서 빠져있지만, 정보에 근거한 의사결정을 위한 핵심 정보이다.

좀 더 유연한 면허체계는 특히 새로운 스펙트럼 이용이 필요한 혁신적인 아이디어에 도움을 줄 수 있다. 수 년동안 유연성 확대에 관한 많은 연구가 있었고, PCAST에서도 이 분야를 고려한 바 있다. 예를 들어, 운영 및 보안 문제로 데이터베이스를 업데이트하기 어려운 경우에는 센싱 방식이 데이터베이스와 함께 사용될 수 있다. 또한 이용자간 직접 통신이 필요하거나 데이터베이스 접속이 불가능한 경우에는 센싱 방식 단독으로 동작하거나 사전에 저장된 데이터베이스를 이용할 수 있다. 이 분야는 새로운 아이디어와 해결방안이 나올 수 있어 활발한 연구가 가능한 분야로서 규제가 이를 막지 않도록 해야 한다.

Ofcom 역시 정부와의 공동사용을 검토하고 있으며, 이 책을 쓰는 시점에는 명확한 계획이 발표되지 않았으나 이 분야를 더 확대할 의지는 있다. Ofcom 관계자는 TV 유휴대역 서비스는 데이터베이스 방식이 결국 정부용 스펙트럼 등으로 확대되는데 필요한 실험이 될 수 있다고 언급한 바 있다. 전 세계의 다른 규제기관도 이 선례를 따를 것으로 예상된다.

9.9 결론: 유연성 확대의 필요성

스펙트럼 관리는 한 세기 이상 발전되었다. 스펙트럼 이용이 증가하면서 이에 대응하기 위해 스펙트럼 관리를 업데이트하고 변화시키는 것이 더욱 어려워지고 있다. 간단한 비유로서 디스크 조각모음을 들 수 있다. 컴퓨터에서 주기적으로 파일을 연속적인 덩어리로 재조합하여 디스크의 다른 쪽을 비우는 것이 좋다. 스펙트럼 이용은 극도로 파편화되어 있어 조각모음이 매우 유용할 것이나, 많은 경우 새로운 기기 구매가 필요한 수백만의 이용자를 재배치하는 것이 어렵기 때문에 거의 불가능하다. 또한 면허가 다양한 조건으로 십 년 또는 이십 년의 기간동안 발급되어 만료 전까지는 변경이 어렵다.

이로 인해 스펙트럼 개선 과정이 복잡하게 되지만 그 정당성 또는 장기적 필요성이 없어지지는 않는다. 그러므로 바람직한 스펙트럼 관리의 지향점이 무엇이고 그곳에 도달하기 위해 어떻게 노력할 수 있는지에 대해 고려해야 한다.

스펙트럼에 관한 최근 작업의 뚜렷한 특징은 공동사용에 초점을 두고 있다는 것이다. 이것은 핵심 대역에서 급격하게 스펙트럼 수요가 증가하고 있다는 점과 가장 가치있는 상당한 스펙트럼이 저이용되고 있다는 인식의 조합으로 나타난 당연한 결과이다. 스펙트럼은 지역적 측면과 시간적 측면(예를 들어 일주일에 하루씩)에서 제한적 공유를 통해 항상 공동사용해왔다. 그러나 공동사용을 위한 새로운 실시간 기술이 개발되어 여러 이용자들이 십년 전만 해도 불가능했던 방식으로 혼잡환경의 변화에 동적으로 대응할 수 있게 되었다. 대부분 국가 수준에서 이루어지고 있는 규제는 오버레이, 언더레이, 유휴대역, 면허 스펙트럼 이용 등과 같은 방법을 통해 이러한 추세를 따라가고 있다. 정부와 공공기관이 이용하는 공공 부문 스펙트럼은 이런 측면에서 변화가 가장 용이하다(12장 참고). 그러나 공공 이용자의 스펙트럼 수요와 그들의 보수성을 과소평가해서는 안 된다.

이러한 환경에서 유연성을 확대하는 방법으로 이용자의 배타적 스펙트럼 이용에 대한 기대를 축소시키는 것을 생각할 수 있다. 단지 예외적인 경우에만 할당받은 주파수를 전적으로 소유하고 통제할 수 있는 것이다. 다양한 규칙이 가능한데, 높은 우선순위를 부여하는 이용자 권리 계층을 두거나, (한 기관의 이용 규모에 기반한) '선착순 원칙'에 따라 한 계층의 이용자에게만 우선권을 부여하는 방안 또는 이들의 조합이 가능할 수 있다.

여러 대역과 용도에 적용할 수 있는 다양한 선택지가 가능하다. 어떤 경우에는 사업자가 일차 이용권을 가질 수 있으나 다른 이용자는 이를 피해 사용하는 것이 허용될 수 있다. 면허에는 합의된 간섭 수준과 문제 해결방법과 동시에 위와 같은 사항이 반영되어야 한다.

공존은 현재 활용 가능한 기술인 위치 측위 데이터베이스로 구현할 수 있다. 비록 사용자간 직접통신 기기는 가능할 때에만 데이터베이스에 가끔 접속해야 하겠지만, 기본적으로 이 기술은 모든 기기에 적용될 것이다.

이러한 체계에서 현재 면허 보유자는 스펙트럼 이용의 확실성이 줄어드는 것을 우려할 수 있다. 그러나 필요한 만큼의 우선순위가 부여되도록 이용 규칙을 구성할 수 있다. 스펙트럼 이용 가격은 이용 권한에 따라 달라질 것이다. 주파수 대역을 이용 권리에 따라 여러 범주로 구분하기 위해 규제기관 또는 경쟁적 경매 절차를 통할 수 있다. 경쟁적 경매에서는 여러 수준의 이용권 입찰을 비교하여, 최고 수익을 발생시키는 지불의사를 가진 이용자에게 주파수 대역의 이용권을 부여할 수 있다. 5.6절에서 언급한 바와 같이 비면허 대역에 대한 지불의사를 이 과정에 포함시키는 것도 고려할 수 있다. 배타적 이용이 가능한 유형의 스펙트럼 비율에 상한을 두는 것도 가능하다. 이는 신규 사업자를 위한 스펙트럼을 별도로 두는 방법과 동일한 효과를 가질 수 있다. 이 방법은 스펙트럼 할당 시 사용되기도 했는데, 이 경우의 다른 점은 공동사용 목적으로 할당될 스펙트럼을 별도로 둔다는 것이다. 일단 대역이 정해지면, 해당 대역의 이용자와의 협상을 통해 보상금을 지불하거나 필요에 따라 유사한 방법으로 이용 권리를 변경할 수 있다.

당분간은 임시방편적인 스펙트럼 이용 방식이 될 것이나, 공동사용의 비중이 증가할 것이고 이는 스펙트럼 이용증가 및 가격 하락을 유도할 것이다. 특정 대역에 대한 가능한 방법으로 Eli Noam이 수 년 전에 제안한 것과 같은 스펙트럼 현물시장이 있을 수 있다[20]. 그는 배타적 할당 방식 대신에 이용자가 지불한 대가 만큼 스펙트럼을 이용할 수 있을 것으로 전망했다. 현물시장, 선물시장은 발전하게 될 것이다. 이것이 가능할 것으로 예상하는 이유는 Noam의 제안 이후로 배타성 이외의 방법으로 간섭을 해결할 수 있는 기술적, 경제적 연구가 많이 진행되었기 때문이다.

전력 판매사와 고객을 여러 발전소와 연결해 전 세계적으로 성장하고 있는 전력 도매시장과의 유사성을 비교하는 것도 가능할 것이다. 이 경우 특별한 균형 장치가 동작해 공급과 수요의 균형이 즉시 이루어진다. 스펙트럼의 경우, 스펙트럼 이용시간의 유연성을 달리하는 다양한 시장이 존재할 수 있을 것이다. 일부 국가에 있는 도매 전용 이동통신 네트워크의 성장은 이러한 서비스의 전조라 할 수 있다[21].

그러나 만약 더 효율적인 스펙트럼 이용에 대한 유인이 생기고 시장 지배력을 가진 스펙트럼 이용자가 시장 진입을 막지 못하는 상황에서 이러한 체계가 발전할 수 있을지에 대해 지나치게 엄격할 필요는 없다.

이러한 이전의 조속한 진행을 위해 필요한 절차는 무엇인가? 여기에는 다양한 계층의 스펙트럼 규제를 담당하는 여러 기관의 조치가 필요하다.

첫 번째 단계로는 스펙트럼을 재분류하는 것이다. 스펙트럼을 '고정', '이동', '방송'과 같은 용어 대신에 출력 레벨, 듀티 사이클에 따라 구분하는 것이 필요하다. 더 단순화해서 대출력 대역, 중간출력 대역, 소출력 대역으로 구분할 수도 있다.[18] ITU 또는 다른 범국가적 규제기관이 추진하면 더욱 도움이 될 것이다.

기존의 배타성으로부터 이전하는 것은 진보적인 절차로서, 데이터베이스 또는 이용자 보호 장치의 기술적 성능에 대한 신뢰가 커질수록 이전이 가속화되고, 간섭회피 및 계약 또는 규제측면에서 우선순위가 실현될 것이다. 일부 응용은 당분간 공동사용 대상에서 제외될 수 있다. 그러나 공동사용 방식은 여러 대역에서 재경매 또는 반환, 용도변경 시 점진적으로 도입될 것이다. 일부 면허는 면허 기간이 길고 실질적으로 영원할 수도 있는데, 매우 긴 면허 기간으로 인해 산업체의 기술개발 투자 촉진이 어려울 수 있다.

다른 방법으로는 배타적 면허에 만료기한을 정하는 것으로, 각 핵심 서비스(예를 들어 방송, 이동통신)의 면허기한을 수 년에 걸쳐 단계적으로 다르게 정할 수 있다. (이것은 Ofcom 및 다른 기관이 스펙트럼 거래를 위해 도입한 방법이다.) 일정과 단계를 여러 국가가 합의할 경우 장비 시장 활성화에 도움을 줄 수 있다. 일단 배타적 면허 말소 과정이 시작되면, 스펙트럼 이용 가능성이 더 커져 나머지 배타적 면허권자에게 생기는 상업적 이익은 감소될 것이다.

이러한 체계에서 현재 면허권자에 대한 확실성이 줄어드는 것으로 보인다. 그러나 필요한 만큼 우선권을 부여할 수 있도록 스펙트럼 이용 규칙을 제정할 수 있으며, 장비도 동적 스펙트럼 이용에 적합하도록 진화할 것이다.

배타성의 소멸이 아마 가장 중요할 것이나, 스펙트럼의 유연한 이용을 확대하는 유일한 방법은 아니다. 규제와 스펙트럼의 이용권 그리고 이용권을 결정하는 전체 과정은 송신기 성능만큼 수신기 성능과도 관련이 있다. 또는 좀 더 엄밀하게 말해서, 규제기관이 관심을 가져야 하는 것은 송신기와 수신기 파라미터 전체이다.

이러한 과정을 통해 더 많은 비면허 및 간소화된 면허가 스펙트럼 전체에 확산될 것으로 전망된다. 폭넓은 다양한 방법을 혁신을 촉진하는데 적용할 수 있을 것이다. 어떤 대역은 해당 대역에서의 응용이 성숙하면서 비면허에서 간소화된 면허로 이전하는 것이 필요할

---

[18] 세부적인 논의는 Ofcom의 Licence Exempt Framework Review를 참고

수 있고, 이용의 확실성이 필요할 수도 있다.

이와 관련한 몇 가지 주제로서 정부와의 공동사용, 이용 권한 명세서, 수신기 성능 기준에 대해 다음에 장에서 좀 더 자세히 다룬다.

참고문헌

[1] A. Tsertou and D. I. Laurenson, "Revisiting the Hidden Terminal Problemina CSMA/CA Wireless Network" (July 2008) 7(7) *IEEE Transactions on Mobile Computing* 817.

[2] http://stakeholders.ofcom.org.uk/binaries/spectrum/spectrum-policy-area/projects/ddr/eracog.pdf.

[3] http://hraunfoss.fcc.gov/edocs_public/attachmatch/FCC-10-174A1.pdf.

[4] Ofcom, "Statementon Licence Exempting Cognitive Devices Using Interleaved Spectrum" (July1, 2009), at http://stakeholders.ofcom.org.uk/consultations/cognitive/ statement.

[5] www.ict-cogeu.eu.

[6] RSP Gopinionon LSA, RSPG 13-529 rev1.

[7] http://stakeholders.ofcom.org.uk/consultations/lefr/statement.

[8] M. Weiss, "Dynamic Spectrum Access" (2013) 37 *Telecommunications Policy* 193.

[9] B. Benmammar, A. Amraoui, and F. Krief, "A Survey on Dynamic Spectrum Access Techniquesin Cognitive Radio Networks" (2013) 5 *International Journal of Communications Networks and Information Security* 71.

[10] W. Webb, *Dynamic White Space Spectrum Access* (2013), at www.webbsearch.co.uk/publications.

[11] http://en.wikipedia.org/wiki/COST_Hata_model.

[12] C. Haslett, *Essentials of Radio Wave Propagation*, Cambridge University Press, 2008.

[13] http://stakeholders.ofcom.org.uk/binaries/research/tv-research/aerials_research.pdf.

[14] www.wirelesswhitespace.org/media/28341/tsb100912_bute_ws_report_v01_00.pdf.

[15] http://stakeholders.ofcom.org.uk/binaries/consultations/949731/annexes/DTTCo-existence.pdf.

[16] Ofcom, "TV White Spaces: Approach to Coexistence" (September 2013), at http://stakeholders.ofcom.org.uk/binaries/consultations/white-space-coexistence/summary/white-spaces.pdf.

[17] FCC 14-49, "Further Notice of Proposed Rulemaking (3650 MHz Band)," at www.fcc.gov/document/proposes-creation-new-citizens-broadband-radio-service-35-ghz.

[18] "Realizing the Full Potential of Government-Held Spectrum to Spur Economic Growth," at www.whitehouse.gov/sites/default/files/microsites/ostp/pcast_spectrum_report_final_July_20_2012. pdf.

[19] FCC, "Connecting America: The National Broadband Plan," 76, (www.fcc.gov/ national-broadband-plan).
[20] E. Noam, "Today's Orthodoxy, Tomorrow's Anachronism: Taking the Next Step to Open Spectrum Access" (1998) 41S2 *Journal of Lawand Economics* 765.
[21] E. Flores-Roux, "Mexico's Shared Spectrum Model," at http://broadbandasia.info/wp-content/uploads/2014/04/EFloresRoux-Mexicos-shared-spectrum-model-March-2014-2.pdf.

10

간섭 제어 – 면허와 수신기

10.1 개요

이전 장에서 스펙트럼 관리의 핵심 기능 중 하나로서 간섭 방지를 살펴보았다. 2장에서는 간섭이 어떻게 발생하는지 그리고 2장 마지막에서 간섭 수준을 최적으로 규제하는 것의 어려움에 대해 언급했다.

이 장에서는 간섭에 대한 이해를 기반으로, 면허를 어떻게 구성하여 간섭 수준을 정의하고 통제할지에 대해 살펴본다. 이를 통해 인접 스펙트럼 이용자에게 영향을 주지 않고 용도를 변경하는 것과 같은 시장 메커니즘이 가능할 수도 있다. 따라서 간섭 환경에서 수신기 성능 향상의 필요성을 살펴볼 필요가 있다.

10.2 스펙트럼 이용 권리

10.2.1 개요

스펙트럼 대역의 이용이 변하지 않을 때에는 규제기관이 특정 용도와 기술방식을 고려해 전송 출력레벨, 보호대역과 같은 다양한 파라미터를 정할 수 있다. 이는 한 세기 동안 채택된 방식이었다. 그러나 방송에서 이동통신으로 변화하는 것과 같이 스펙트럼 용도 변화의 확대로 이러한 가정은 더 이상 유효하지 않게 되었다. 주파수 대역의 이용이 변할 때 간섭 수준과 패턴에도 상당한 변화가 발생하고 기존 이용자에게 잠재적인 문제를 야기할 수 있다. 만약 기존 이용자가 미래(어떤 경우에는 10 – 20년 후)에 받을 간섭에 대해 어느 정도의 확신을 갖지 못한다면 비용이 많이 드는 인프라 투자에 나서지 않을 수 있다. 그러므로 용도 변경을 허용하고 간섭 수준의 확실성을 제공하는 해결책이 필요하다.

면허권자가 받는 실제 간섭은 인접 무선국에 의한 방사 전력과 해당 무선국과의 이격거리에 따라 달라질 수 있다. 방송 시스템과 같이 고출력 무선국의 개수가 비교적 적은 네트워크의 경우 간섭 영향을 받는 지역은 상대적으로 줄어들 수 있지만, 해당 지역의 범위는 넓어질 수 있다. 이와 반대로 셀룰러 시스템과 같이 중간 출력 또는 소출력 무선국의 수가 많아질 경우 간섭이 발생할 수 있는 지역의 수는 많아지는 반면 지역 범위는 더 좁아질 수 있다.

이러한 문제를 해결하기 위한 몇 가지 방법은 다음과 같다.

- 기지국 밀도의 변화가 크지 않다고 가정하고 간단히 최대 출력으로 정하는 것이다. 그러나 이 가정은 유효하지 않을 수 있으며 인접 지역의 네트워크 구축에 간섭 위험을 증가시킨다.
- 모든 송신기 시설자가 인접 이용자와 합의하도록 한다. 이를 통해 인접 이용자는 어떤 간섭의 변화에서도 보호를 보장받을 수 있지만, 구속적이고 행정적이며 현실적으로 적용이 어려울 수 있다.
- 일정 수준의 간섭이 발생 가능한 지역의 수와 넓이를 기반으로 간섭의 한계를 정하는 것이다. 이 한계가 지역을 실제로 정하지는 못하지만, 확률적으로 정할 수 있다.

이들 중 어느 것도 완벽하지는 않지만 여기서는 마지막 방법을 우선적으로 고려한다. 이 경우 네트워크 운영자는 발생하는 간섭이 특정 한계치인 단위 대역폭 당 x dBm, 특정 시간비율인 y%와 특정 지역 비율 z%를 초과하면 안 된다. 이것이 사실인지 검증하기 위해서 5 km^2와 같은 단위 면적에 대해 변화를 감지할 수 있는 충분히 긴 시간동안 충분히 많은 회수의 측정이 수행되어야 한다. 현실적으로는 실제 측정보다는 시간과 비용 절감을 위해 모델링이 사용될 것이다.

이 방식은 대역외와 대역내 방사에 모두 적용될 수 있다. 왜냐하면 인접 수신기에 대한 간섭 레벨은 이 두 가지 방식에 대해 모두 동일한 방식으로 정해지기 때문이다.

그러나 이러한 권한 설정을 통해 면허 보유자는 송신기 최대 출력을 정하는 현행 방식과는 다른 제약을 받게 된다. 현행 제도에서 면허 보유자는 일반적으로 고정, 이동통신 또는 다른 특정 기술방식과 같은 스펙트럼 이용 용도에 제약을 받지만, 이러한 제약과 최대 출력 제한 범위 내에서 원하는 만큼의 무선국 설치가 가능하다. 만약 이용권리를 이러한 새로운 조건으로 다시 정한다면 용도와 기술방식에 관한 제약은 없어질 것이다. 그러나 기지국을 밀집하여 구축하려면 각 기지국의 평균 전송 전력을 줄여야 할 것이다. (이것은 일반적으로 사실이다.)

10.2.2 간섭의 판단

면허 보유자는 간섭 수준을 예상할 수 있기 때문에 과도한 간섭 여부를 판단하는 것은 수신 간섭의 분포를 측정하여 인접 이용자가 용인할 수 있는 수준을 초과하는지 여부를 결정하는 문제이다. 이는 표준적인 측정 장비로 이루어질 수 있다. 간섭의 시간과 위치가 변할 경우 장기간의 모니터링이 필요해 측정이 현실적으로 어려울 수 있다.

일단 면허권자가 과도한 간섭이 있다고 판단하면 해결을 위해 규제기관에 보고할 수 있다. 그 대신에 원한다면 간섭 제공자와 직접 협상도 가능하다. 이는 오늘날의 상황과 유사하다. 호주의 경우 간섭 제공자와 직접 협상하는 것이 가장 일반적인 방식이다.

간섭은 비합법적, 합법적의 두 가지로 구분된다. 비합법적 간섭의 경우 직접 협상으로 해결되지 않으며 규제기관이 적절한 강제조치를 취해야 한다. 이때 피간섭자는 민사법정에서 법적 조치를 취할 수도 있다.

합법적 간섭은 다소 복잡하다. 이는 규제기관이 인접 면허에 대한 권리를 잘못 설정했다는 것을 의미한다. 이 경우에 규제기관은 면허 조건을 적절히 수정해야 한다.

10.2.3 영국의 SUR

영국에서는 재산권(스펙트럼 이용 권리 – SUR(Spectrum Usage Right)로 칭함)에 대한 면밀한 연구가 수행되었으며[1], 면허 조건 방안을 도출한 바 있다. 이를 설명하면 다음과 같다.

인접 지역으로의 방사를 제한하기 위해 다음과 같이 규정할 수 있다. '경계의 범위 또는 그 너머에서의 총 PFD(Power Flux Density)는 지상으로부터 H m까지 P%의 시간동안 X_1 dBW/m^2/[기준 대역폭]을 넘지 말아야 한다.' 인접 사용자의 대역내 간섭으로 작용하는 면허 소유자의 주파수 대역외 방사를 제한하기 위해 다음과 같이 규정할 수 있다. '지표에서 H m까지 높이에서의 OOB PFD는 Y%의 시간동안 A Km^2 지역에서의 Z% 이상의 위치에서 X_2 dBW/m^2/MHz를 넘지 말아야 한다.' 인접 사용자의 수신필터 불완전성으로 간섭을 유발할 수 있는 면허 소유자의 주파수 대역내 방사를 제한하기 위해 동일한 방법이 사용될 수 있다. '지상에서 H m까지 높이에서의 대역내 PFD는 Y%의 시간동안 A Km^2 지역에서의 Z% 이상의 위치에서 X_3 dBW/m^2/MHz를 넘지 말아야 한다.' Ofcom은 표 10–1과 같이 일부 가능한 기준치를 제시하기도 했다.

▽ 표 10-1 SUR의 가능한 값

경계의 범위 또는 그 너머에서의 총 PFD는 지상으로부터 Hm까지 P%의 시간동안 X_1 dBW//m^2/[기준 대역폭]을 넘지 말아야 한다.	X_1 =(인접지역 서비스의 민감도와 국제적 협약에 근거) H = 30m (지상높이) P = 10%
지상에서 H m까지 높이에서의 OOB PFD는 Y%의 시간동안 A km^2 지역에서의 Z% 이상의 위치에서 X_2 dBW/m^2/MHz를 넘지 말아야 한다.	H = 30m (지상높이) X_2 =(서비스와 가장 가능한 기술방식의 표준 마스크에 근거하며, 대역 끝단으로부터의 이격에 따라 여러 값을 가질 수 있음) Y = 10% Z = 50% A = 3km^2
지상에서 Hm까지 높이에서의 대역내 PFD는 Y%의 시간동안 A km^2 지역에서의 Z% 이상의 위치에서 X_3 dBW/m^2/MHz를 넘지 말아야 한다.	H = 30m (지상높이) X_3 =(서비스와 가장 가능한 기술방식의 최대 송신전력에 근거) Y = 10% Z = 50% A = 3km^2

10.2.3.1 예시

위에서 제기한 몇 가지 사항을 설명하기 위해 방송사업자가 디지털 TV 도입으로 UHF 대역 전체를 이용할 필요가 없어진 상황을 생각해 보자. 방송사업자는 남는 주파수를 전원 지역 커버리지용으로 저대역을 원하는 셀룰러 사업자에게 팔기로 결정했다. 해당 스펙트럼의 권리는 셀룰러 사업자에게 이상적이지는 않을 것이다. 왜냐하면 해당 권리는 사업자가 선호하는 다수의 저출력 기지국보다는 소수의 고출력 송신기를 허용할 것이기 때문이다. 이러한 면허를 구매하기 전에 스펙트럼 판매자이기도 한 인접 이용자와의 협의를 원할 것이다. 인접 사용자는 이용권 변화에 대해 협의하려 할 것이다. 만약 그렇지 않다면 셀룰러 사업자는 스펙트럼 구매를 진행하지 않을 것이다.

하향링크와 상향링크가 개별적으로 고려될 수 있다. 만약 시분할 다중(TDD) 시스템이 이용되면 하향링크와 상향링크가 실질적으로 같은 대역에 있게 된다.

하향링크. 국토가 넓은 국가에서 셀룰러 시스템은 수천 개의 기지국이 있는 반면 TV 시스템은 단지 수십 또는 수백 개에 지나지 않는다. 그 결과 셀룰러 시스템의 송신 전력은 일반적으로 TV 시스템보다 작지만 이용자들은 TV 송신소에 비해 기지국에 더 가깝게 존재한다. 여기에는 셀룰러가 방송에 주거나, 방송이 셀룰러에 주는 두 가지의 간섭이 가능하다.

- 셀룰러가 방송에 주는 간섭은 셀룰러 기지국이 TV 수상기에 가깝게 있을 경우에 발생할 수 있다. 최악의 상황은 TV 수상기가 TV 송신기 커버리지의 가장자리에 있고 셀룰러 기지국이 수신 가구 근처에 설치되어, TV 수신 안테나와 직접 바라보는 경우이다. 이 경우 셀룰러 송신기로부터의 대역내와 대역외 방사 모두 문제가 될 수 있다. 그러나 셀룰러 사업자가 인계받은 이용 권리에 따라 방송보다 더 많은 기지국이 있을 때 상대적으로 출력을 줄여야 할 수 있다. 이러한 낮은 전력 레벨은 심각한 간섭을 막을 정도로 충분히 작을 수 있으나, 셀룰러 사업자가 네트워크를 경제적으로 구축하는 것이 어려워질 수 있다. 셀룰러 사업자와 방송 사업자는 셀룰러 사업자가 간섭을 유발하지 않고 사용할 수 있는 최대 출력을 검토하여, 이에 따라 주파수 이용 권리를 수정하는 것을 원할 수 있다. 아니면 그들은 이러한 가능성을 최소화하는 네트워크 구축 시나리오에 동의할 수 있다.
- TV가 셀룰러에 주는 간섭은 셀룰러 이용자가 TV 송신국에 근접해 있어 높은 신호 레벨로 수신하는 경우에 발생할 수 있다. 방송용 송신국 수가 많지 않고 보통 멀리 떨어져 있기 때문에 이 경우는 상대적으로 덜 발생한다. 셀룰러 사업자는 이러한 간섭을 면허 구매 조건의 일부로서 용인해야만 할 수 있다. 이 경우 TV 송신기 근접지역에서 서비스 제공이 불가능해지므로 셀룰러 사업자에 대한 면허 가치가 다소 낮아질 수 있다. 셀룰러 사업자는 송신 전력을 줄이기 위해 방송 사업자와 협의할 수도 있으나 실제로 보편적 서비스 의무를 가지고 있는 방송사업자가 서비스 커버리지를 줄이는 일은 발생하지 않을 것이다.

상향링크. 셀룰러 시스템 이용자가 TV 시스템 이용자에게 주는 간섭과 TV 송신기가 셀룰러 기지국 수신기에 주는 간섭이 있다.

셀룰러 시스템이 TV 시스템에 주는 간섭은 셀룰러 단말기 이용자가 TV 수상기 안테나 근처에 있는 경우에 발생할 수 있다. 대부분의 TV 안테나는 지붕에 설치되어 있기 때문에 간섭 상황이 자주 발생하지는 않을 것이다. 가장 문제가 되는 상황은 셀룰러 단말기가 수상기에 설치된 안테나를 이용하는 TV와 동일한 방에 있는 경우이다. 초기의 이용권리에서는 이동단말의 송신을 어렵게 할 것이다. 왜냐하면 이동단말의 밀도가 높아 간섭 기준을 초과할 가능성이 높을 것이기 때문이다. 그러므로 이동단말의 전송 전력을 낮출 필요가 있으며, 이는 시스템의 비용을 높일 수 있다.

그 결과 셀룰러 사업자는 전력 제한 상향을 협의하고자 할 것이다. 셀룰러 단말의 대역내와 대역외 제한은 이러한 간섭 가능성을 최소화하도록 설정될 필요가 있다. 그러나 약간의 판단이 필요할 수도 있다. 만약 단말이 TV 안테나 옆에 있어도 간섭을 감지할 수 없을 정도로 제한을 설정하면 방사 제한이 너무 엄격해 셀룰러 시스템이 적절히 동작하지 못할 수 있다. 그 대신 단말이 TV 안테나로부터 1 미터 이상 떨어져 있을 때 간섭을 거의 감지하지 못 하도록 제한을 둘 수 있다. 아니면 이 두 응용의 주파수를 이격시키는 보호대역을 둘 수도 있다.

TV 시스템이 셀룰러 수신기에 주는 간섭이 가장 심각한 경우가 될 것이다. 여기서는 단말로부터의 상대적으로 미약한 신호를 수신하려는 셀룰러 기지국에 TV 송신기로부터의 신호가 수신된다. 두 무선국 모두 높은 곳에 설치되어 있기 때문에 한쪽에서 다른 쪽으로 신호가 전파하는데 문제가 없을 것이고, 이로 인해 셀룰러 기지국에 강한 간섭 신호가 유입될 수 있다. 실용성과 보편적 서비스 의무 때문에 셀룰러 사업자는 방송 사업자에 의한 높은 출력을 다시 한번 수용할 필요가 있을 것이다. 문제를 완화시키기 위해 셀룰러 시스템 설계자는 기지국 위치를 TV 송신기로부터 가능한 멀리 떨어뜨리거나 간섭 완화를 위한 필터를 추가할 것이다.

위에서의 논의를 통해 최대 네 가지의 간섭 상황 즉 시스템 A가 시스템 B에 주는 간섭, 시스템 B가 시스템 A에 주는 간섭 그리고 각각의 경우에 대해 상향링크와 하향링크가 있을 수 있다는 것을 알 수 있다.

이러한 경우를 분석한 후에 셀룰러 사업자는 이용 권리 변경에 관한 제안을 제출하면서 인접 방송 사업자와의 논의를 시작할 수 있다. 셀룰러 사업자는 방송 사업자에게 보상금을 지급하거나 다른 양보를 할 수 있다. 일단 협상이 끝나면 셀룰러 사업자는 구축할 시스템의 종류를 정하고 사업계획을 수립할 수 있다. 이를 통해 구매하고자 하는 스펙트럼에 대한 지불 가능 금액을 산출할 수 있게 되고, 만약 가능하다면 구매를 추진하게 된다.

10.2.4 SUR의 도입

지금까지 Ofcom은 한개 대역(1452 ~ 1492 MHz의 'L-밴드')에만 SUR을 발급했다. 이 대역 외에는 SUR이 복잡하고 검증되지 않았다고 보는 기존 면허 보유자가 SUR 도입을 반대했다. 이것이 사실이긴 하지만 용도 변경에 따른 간섭 위험은 지속적으로 증가하고 있다. 미국은 현재 유사한 방식(아래를 참고)을 연구하고 있으며, 다음 십 년 동안 전 세계에서 점진적으로 도입되면서 SUR 또는 간섭에 기반한 유사한 면허 조건이 등장할 것으로 전망된다.

10.2.5 유해성 주장 기준

미국에서의 유사한 방법이 '유해성 주장 기준(harm claim thresholds)'이라는 표현으로 제안되었다[2]. 제안내용은 시스템이 유해 간섭을 받고 있다고 주장할 수 있는 대역내 및 대역외 간섭의 최소 기준을 FCC가 정해야 한다는 것이다. 이것의 목적은 면허권자가 보유한 간섭 보호 권한을 명확하게 하고, 수신기 성능에 대한 명확한 지침을 제공하는 것이다. 이 제안은 규제기관이 스펙트럼 면허를 수정해서 면허에서 면허권자가 유해 간섭을 받았다고 주장하기 전에 수용해야하는 신호 레벨을 정의하는 것이다. 그러므로 면허 소유자가 불충분한 보호 성능을 가진 수신기를 이용하여 간섭 영향을 받더라도 현재와 같이 규제기관에 간섭보호를 요청할 수 없게 된다.

인접대역 신호로 인한 '전계강도 프로파일'[1]을 설정하는 것을 제안했으며, 이는 면허 대역 안쪽과 바깥쪽 모두에서 정의된다. 특정 지역에서의 위치와 시간 비율 이상으로 이 기준을 초과하는 경우에만, 간섭영향을 받은 사업자가 인접대역 이용자에게 문제를 제기할 수 있다. 이 기준은 인접대역의 용도, 미래 발전 전망과 기타 변수를 고려해 설정될 수 있고, 대역마다, 사업자마다 달라질 수 있다.

현재 이는 단지 제안 수준이지만 미국에서 지속적으로 발생하는 간섭 문제로 이러한 방법이 고려될 필요가 있다.

10.3 수신기 표준

10.3.1 개요

수신기 성능에 관해 2.5.2절에서 논의했으며, 수신기 성능이 간섭 유발의 핵심 요인 중 하나라고 언급한 바 있다. 성능이 미흡한 수신기로 인해 스펙트럼 이용효율이 실질적으로 악화되지만, 시장 경쟁으로 인해 제조사는 성능을 낮추려는 경향이 있다. 그러므로 규제기관 또는 다른 기구가 수신기 성능 표준을 만들고 표준을 만족하지 못한 경우 적절한 조치를 취하도록 해야 한다는 주장이 있다. 그러나 이 주장에 대한 10여 년간의 논의에도 불구하고 규제기관은 여전히 이행하지 않고 있다. 그 이유는 대체로 (1) 필요한 법적 도구가 없고, (2) 가장 적절한 조치가 무엇인지 불명확하기 때문이다. 이 절에서는 이 문제에 대해 검토하고 가능한 해결책을 제시한다.

10.3.2 문제의 사례

성능이 미흡한 수신기로 인해 스펙트럼 이용이 제한되거나 심지어 새로운 서비스가 도입되지 못하게 된 여러 사례들이 있다. 예를 들면 다음과 같다.

- WCS 대역의 이동통신 기기로부터 기존 위성 디지털 라디오 서비스(SiriusXM으로 알

---

1 전계강도 프로파일은 전력으로 측정된 무선 신호의 최대 허용 레벨로서, SUR용으로 정의된 간섭에 해당한다.

려진 DARS)에 대한 과부하 간섭이 예상되어 엄격한 기술기준을 적용하고 DARS 분배대역 양쪽에 5 MHz폭의 보호대역을 두도록 했다.[2]

- 3,700 – 4,200 MHz에서 동작하는 많은 C–밴드 위성의 지구국 수신기는 공공용에서 상업용으로 전환된 3,650 – 3,700 MHz 대역의 신호에 의한 영향을 받기가 쉬워 공공용에서 전환된 상당양의 스펙트럼이 쓸모없게 될 가능성이 있다.
- 20 MHz폭의 AWG–3 대역(2,155 – 2,175 MHz)을 시분할 다중 방식으로 사용하지 못하게 되었는데, 그 이유는 아래쪽에 인접한 AWS–1 F–블록(2,145 – 2,155 MHz)의 셀룰러 단말이 국제 분배(그러나 미국은 제외)에 맞춰 AWS–3 스펙트럼에 걸쳐 동작하도록 설계되어, 인접한 AWS–3 단말 전송에 의한 간섭을 제거하지 못하기 때문이다[5].
- AWS–1 하향 스펙트럼인 2,110 – 2,155 MHz는 2,015 – 2,110 MHz의 방송보조업무(BAS)의 상단에 인접했다. AWA–1 면허권자는 신규 이용자로서 BAS 동작에 유해한 간섭을 주지 말아야 했다. BAS 장비의 필터 특성 미흡으로 AWS–1 동작이 BAS에 유해 간섭을 주는 것으로 밝혀짐에 따라 AWS–1 면허권자는 BAS 장비를 위한 새로운 필터의 설계, 구매 및 설치를 위한 비용을 지불해야 했다.[3]
- 비면허 기기의 TV 유휴대역 이용에 있어 TV 수신기의 성능은 중요한 문제이다. TV 필터의 롤–오프 특성은 유휴대역에서 TV 유휴대역 기기 방사 에너지의 총량과 그에 따라 기기의 응용을 제한하는 주요 요인이다.
- 영국에서는 2.7 GHz 대역의 레이다 수신기 성능 미흡으로 2.5 – 2.6 GHz 대역에서의 이동통신 서비스 도입이 약 5년 동안 지연되었으며, 새로운 필터를 레이다에 설치하기 위해 정부는 수백만 파운드의 비용을 부담해야 했다[7].
- 인접 채널과 관련한 수신기 성능과 혼변조 특성은 Nextel과 공공안전 대역과의 간섭을 피하기 위한 800 MHz 스펙트럼 대역정비의 주요 원인이었다[8].
- LightSquared가 제안한 지상–위성 혼합 서비스의 일부로서 보조지상요소(ATC) 기지국 구축은 상위 인접 대역에서 동작하는 GPS 수신기에 과부하에 의한 유해 간섭이 예상되어 상당한 관심을 불러 일으켰다. 즉 LightSquared 면허 주파수의 송신 전력을 충분히 필터링하지 못하는 GPS 기기의 성능이 저하될 것이다.[4]

이 사례의 대부분은 미국에서 발생한 것인데, 그 이유는 일반적으로 미국에서 새로운 서비

---

[2] 이 주제에 관한 유용한 자료는 [3]을 참고

[3] 이 주제에 관한 FCC의 발표자료는 [6]을 참고

[4] LightAquared의 권리포기 보류에 관한 FCC 공지를 참고[9].

스가 처음 제안되고 그래서 이러한 문제가 표면화되기 때문이다. 분명한 것은 수신기 성능이 핵심적인 문제가 되는 다수의 사례가 있으며, 스펙트럼 이용자가 많아질수록 그 사례도 증가하고 있다는 것이다.

10.3.3 이해관계자

수신기 규제에 따른 문제점 중 하나는 다음과 같이 많은 이해관계자가 있다는 것이다.

1. 많은 실제 또는 잠재적 스펙트럼 이용 서비스 제공자(예를 들어 방송사업자)
2. 수신기기 제조사(예를 들어 TV 제조사)
3. 일반적으로 장비를 구매하고 수신하는 최종 이용자(예를 들어 시청자)

이들의 관심은 일치하지 않을 것이며, 서로 연계되지 않을 수도 있다. (예를 들어 방송사와 시청자 상호간에 경제적, 규제적 연관성이 거의 없다.)

디지털 TV 또는 셀룰러 단말기 수신과 같은 서비스의 경우, 공급 사슬은 소수의 거대한 글로벌 공급자(일반적으로 다섯 개의 공급자가 전 세계 시장의 80% 이상을 차지)와 많은 수의 면허 소유자(일반적으로 국가마다 두 개에서 다섯 개로 전체적으로 수백 개에 달한)로 일반적으로 구성된다. 그러므로 기기 제조에 있어 제조사는 사업자보다 더 큰 권한을 갖는다. 심지어 사업자가 특정 제조사를 권장하지 않는다고 결정하더라도 해당 제조사에게는 시장 측면에서 작은 영향만 있을 뿐이다.

면허 소유권자가 국제적일 수 있다. 예를 들어 Vodafone은 많은 나라에서 면허를 가지고 있다. 그렇지만 어떤 면허 소유자라도 일반적으로 하나 또는 그 이상의 제조사의 상대적으로 작은 고객일뿐이다. 그러므로 단일 면허 소유자가 제조사에게 우수한 성능의 수신기를 제조하도록 요구하는데 있어 강제력은 제한적일 것이다. 단지 면허권자가 집단적으로 행동할 경우에만 기기 제조사가 대응할 것이다.

집단적 행동은 분명히 가능하며 GSMA와 같은 단체도 있으나, 일반적으로 집단행동이 필요한 경우 원하는 결과의 달성이 어려워진다.

수신기 성능이 실제로 떨어진다면 제조사가 나쁜 평판을 피하려는 유인이 있을 수 있지만, 면허권자가 효율적인 간섭 레벨을 위해 협상하려 한다면 이에 대한 유인은 크지 않을 것이다.

TV에서는 방송 사업자와 시청자의 구매 선택에 대해 통제권이 없으며, 수신기 품질과 관련한 권장도 제한적이다. 수신기 필터와 인접 대역의 변경 가능성에 대응할 수 있는 성능에 근거해서 TV 구매를 결정할만큼 시청자가 충분히 잘 알고 있을 가능성은 매우 적으며, 단지 모든 TV가 적절하게 신호를 수신해서 동작할 것으로 생각한다. 이러한 경우에 면허권자가 문제를 해결하려고 해도 가능한 수단이 제한될 것이다.

10.3.4 실패하기에 규모가 큼

일부 서비스의 경우 실패가 어려운 정치적, 사회적 이유가 있다. TV가 분명한 사례다. 대부분의 사람들은 인접 대역에서의 스펙트럼 이용이 변경되어 자신의 TV 수신기를 교체해야한다는 것을 수용하지 못할 것이며, 문제해결을 위한 대안을 찾도록 하는 정치적 압력도 있을 것이다. 물론 제조사는 수신기 성능을 개선할 유인이 없다. 왜냐하면 그들이 어떤 성능 수준을 선택하더라도 인접 서비스가 여기에 맞출 것이라고 사실상 확신하기 때문이다.

이것은 '실패하기에 너무 규모가 너무 큰' 문제이다. 결과적으로 인접대역은 다른 용도로 사용하게 될 것이다. 이는 장기적인 관점에서 소비자가 더 비싼 수신기를 구매하는 것이 비합리적일 수 있다는 것을 의미한다.

10.3.5 수신기 규제 방법

수신기의 성능을 관리하기 위한 몇 가지 방법은 다음과 같다.

1. 시장 지배력에 맡겨 두기
2. '막후에서의' 간접적인 규제 개입
3. 직접적인 규제 조치

첫 번째의 시장 지배력은 지금까지 작동한 적이 없고 이것이 변할 것이라고 생각할 만한 이유가 거의 없다. PCAST 보고서에서는 공동사용 권리에 대한 경매 범위를 정할 때, 다른 사용자에 대한 수신기 보호 관련 제한을 최소화하도록 일정 수준의 재정적 유인을 제공하는 수신기 보호 요구의 외부성을 포함하는 것을 제안했다. 이것이 실행가능한지, 실제 영향이 있는지 여부는 현 시점에서 명확하지 않다.

두 번째 방법에서는 대부분의 표준화 활동과 같이 간접적으로 영향을 행사하는 규제기관이 포함된다. 많은 표준은 수신기 동작 신호 레벨을 정하고, 이 신호에서 기기가 동작 가능한지를 테스트한다. 많은 기기가 충분한 여유를 갖고 이 레벨을 초과하나, 이것이 규제기관에 의한 것은 아니고 앞으로도 그렇지 않을 것이다. DVB 그룹과 같은 일부 단체는 수신기 성능에 관한 권고를 만들고 이러한 기준을 만족하는 TV에는 이를 표시하는 마크를 발급한다. 그러나 이 수준은 스펙트럼 관리 목적이 아니라 상업적 동작의 최적화를 위해 설정된 것이므로 충분히 만족스럽지 못할 수 있다.

좋은 방법은 표준화 단체에서 인접 대역에서의 잠재적 용도를 고려하고, 비용-편익 분석 후 적절한 대역에서 이러한 용도가 수용될 수 있도록 수신기 성능을 정하는 것이다. 현재의 표준화 단체는 보통 이러한 분석을 수행할 전문성을 갖추지 못하고 있으므로 표준화 과정에서 더 많은 규제 개입으로 가능해질 수 있다. 중요한 문제는 제한된 자원으로 규제기관이 수 많은 표준화 회의에 참석하기 어렵다는 것이다. 이것 역시 확실한 방법은 아니다. 표준화 단체는 보통 규제기관 의견을 지지하는 입장이나 규제기관의 제안을 채택할 의무는 없다. 그럼에도 불구하고 표준을 개선하는 것이 현재 가능한 방법 중 하나이며, 규제기관이 더 많은 역할과 함께 이상적으로는 활동을 해야 할 분야이다.

간접적인 활동의 다른 분야로서 성능이 미흡한 수신기를 공개하여 특정 브랜드 제품을 구매하지 않도록 하고 제조사의 성능개선을 독려하는 것이 있다. 이 방법의 효과성 여부는 규제기관이 기술 정보를 소비자에게 공개하도록 할 수 있는지 여부에 달려 있다. 그러나 제조사가 사업을 방해하는 것으로 인식해 규제기관에 소송을 제기할 위험이 있으므로, 시행시 세심한 주의가 필요하다. 지금까지 규제기관은 이 방법이 위험하며, 그들의 권한 밖에 있다고 생각하고 있다. 다시 말하면, 규제기관의 협력 활동을 통해 이 문제를 해결할 수 있으며, 이것이 제조사의 실질적 관심을 이끄는데 충분할 수 있다.

마지막 방식은 직접적인 방식으로서, 면허 보유자에게 해당 대역 수신기의 예상 성능을 알려주고 이를 기반으로 인접 대역에 새로운 서비스를 도입하도록 하는 것이다. 이는 스펙트럼 시장의 역할을 제한할 가능성이 있어 규제기관은 이를 회피하려는 경향이 있으나 때로는 이것이 필요하다. 면허 조건은 최소 요구성능보다는 현실적으로 달성 가능한 요구사항을 기반으로 설정하거나, 수신기의 지속적 개선에 따라 수정될 수 있다. (물론 이것이 항상 일어날지는 확실하지 않다.) 그러나 앞서 논의한 바와 같이 제조사가 이러한 조건에 주목하고 적절하게 대응하지 않는다면 이러한 방법으로 문제를 해결하기 어려울 것이다. 또한 규제기관이 실제로 무엇이 가능한지에 대한 의견을 가져야 하지만 규제기관은 이에 적합하지 않을 수 있다.

다른 방법으로서 규제기관이 직접 수신기의 특성을 정할 수도 있다. 이는 해당 국가에서 판매된 특정 형식의 수신기에 대해 기존대비 우수한 성능 규격을 만족하도록 할 수 있다. 여기에는 다양한 변형이 가능하다. 예를 들어 처음에는 비용 추가가 드러나지 않고 교체주기가 긴 비싼 기기에만 적용하고, 규모의 경제가 성장함에 따라 다른 수신기로 점진적으로 확대시킬 수도 있다. 이러한 개입을 진행하기 위해서는 개입이 장점이 있고 적정한지에 대한 세밀한 평가가 선행되어야 한다.

10.3.6 제한 수준의 설정

이 방법은 수신기 성능의 적정 수준을 정할 수 있다는 것을 가정한다. 그러나 이는 간단하지 않다. 만약 성능이 미흡한 수신기도 이용될 수 있도록 성능 수준을 완화시키면 영향이 거의 없고 심지어 성능이 미흡한 수신기의 개발을 유도할 수도 있다. 수신기 성능 수준을 너무 높게 설정하면 소비자 또는 구매자에게 불필요한 비용 부담을 줄 수 있다. 만약 성능 수준 결정에 너무 오랜 시간을 소모하게 되면 성능이 개선되는 기술 진보 시점을 놓칠 수도 있다. 만약 국내에만 기준을 적용하면, 제조사는 상대적으로 작은 시장에 공급하지 않거나, 높은 가격을 요구할 수도 있다. 그러나 성능수준을 국제적으로 설정하면 모든 국가에 적합한 수준을 찾기가 어려울 수 있고, 관련 연구와 협상에 많은 시간이 소요되어 결론에 도달한 때에는 이미 적절한 시점을 지나버릴 수 있다.

이것은 어려운 문제이다. 그러나 이 어려움은 면허 허용 조건과 같이 규제기관이 다루는 다른 문제와 비슷한 수준이다. 답이 간단히 나오긴 어려우나, 관련 분야 전문가의 연구를 통해 최적 값에 충분히 근접하고, 지금까지보다는 확실히 더 좋은 제한 수준 값을 얻을 수 있을 것이다.

주목할만한 사실은 SUR이 설계 특성에 반영되는 명시적인 간섭 수준의 형태로서 직접적인 문제해결 방안을 제시한다는 것이다. 그러나 SUR 간섭 수준을 설정하는데 여전히 주의가 필요하며 SUR은 아직 실현된 적이 없다.

10.3.7 관련 연구

이 분야에서 몇 가지 연구가 이루어졌다. Ofcom을 위해 TTP가 수행한 연구에 의하면 3–6 dB의 수신기 필터 성능 개선을 위해 약 1 – 2달러의 기기 비용이 추가된다[10]. TV 수신기와 같은 많은 기기에 있어 이 정도 비용이 실질적인 스펙트럼 효율성 개선을 유도할 수 있는 최소 비용일 것이다.

최근의 TTP 연구인 '80 dB DTT ACS: 가능성과 비용'에서는 DTT 수신기에서 80 dB의 ACS(인접 채널 선택도)를 달성하는 방법을 연구했다. 80 dB의 ACS 성능은 ACS가 수신기 간섭 유발의 주요 원인이 되지 않을 정도로 충분히 우수하다고 여겨지는 수준이다. TTP는 오늘날 최고 수준의 수신기는 대부분 이 수준을 만족하지만, 미흡한 수신기도 많다는 점을 지적하고 있다. 또한 성능 개선을 위한 다양한 방법이 있지만 비용 압력으로 인해 성능을 낮추려는 경향이 있고, 국가 표준에 대한 현재의 자체 테스트는 최고 수준의 성능을 달성하지 못하고 있으며, 강제적 표준이 유럽 수준에서 달성 가능하다고 하더라도 도입이 어렵다는 점을 언급한다. 이 연구에서는 자체적으로 기준을 정해 준수하는 것이 좀 더 적합할 것으로 제안하지만 제대로 동작할 것으로 확신하기는 어렵다.

이 연구의 결론은 "이상적으로 DTT 성능 문제는 제조사가 회피하기 어렵고 소비자가 법적 강제력이 동원될 수 있다는 점을 쉽게 인지할 수 있는 적절한 표준을 통해 해결될 수 있다"는 것이다. 그러나 이를 어떻게 달성할 수 있을지는 명확하지 않다.

EC 역시 이 문제를 검토한 바 있다. Radio Spectrum Policy Programme(RSPP)가 정책 변화의 선례를 만들었다. RSPP의 조항 3k는 스펙트럼 이용효율 개선을 위해 수신기의 간섭 극복 성능 개선의 필요성을 지적하고 있다.[5] 게다가 2013년 6월에 Radio Spectrum Policy Group(RSPG)는 '무선 브로드밴드 수요 증가에 대응하기 위해 유럽이 직면한 전략적 도전에 관한 견해'를 발표하면서, 수신기 규제강화를 통해 스펙트럼 효율성을 개선시킬 수 있다는 점을 언급했다[12].

이 견해의 권고 4d에서는 "스펙트럼 효율성 개선에 관해 분명한 EU의 정책이 필요하며, 이는 유해 간섭을 피할 수 있는 TV 수신기 개발에 필수적인 요구사항일 것"이라고 말하고 있다. 마찬가지로 RSPG는 2013년 7월에 간섭 관리에 관한 보고서를 채택했으며[13], 이는 무엇보다도 다음의 사항을 검토하고 있다.

- 현행 ETSI와 CENELEC 절차 및 EU 제도 체계 하에서 수신기 표준의 개선을 촉진하고 이러한 문제 해결을 위해 유럽의 관련 기관에 역할을 부여하는 방법
- 모범 사례 분석을 통해 수신기 표준 개선에 있어 EU 스펙트럼 정책, 특히 R&TTE와 EMC 훈령의 역할에 대한 검토

10.3.8 요약

규제기관은 수신기 표준의 장점을 잘 알고 있지만 이 분야의 어려움으로 인해 아직 현실화되지는 못했다. 그러나 무선 서비스가 서로 근접한 대역을 사용하게 되고 공동사용이 문제가 됨에 따라 필요성은 더욱 증가할 것이다. 자체적인 규제, 시장 지배력 그리고 기존 표준에 의한 방법은 충분하지 않으며, 그러므로 결국 표준 제정시 직접적인 관여가 있을 것이다. 어떤 형태가 가능할지는 매우 불명확하다. 여기서 제안하는 것은 이상적으로는 다국가 차원에서 각 주파수 대역의 필요한 성능 수준을 명확히 하고자 하는 요구가 규제기관으로부터 먼저 제기되어야 한다는 것이다. 이는 독자 방식이 가능할 정도로 시장이 충분이 큰 미국에서 먼저 등장할 수 있다. 이 경우 표준화 단체와 제조사를 설득할 수 있다. 그러나 만약 그렇지 않다면, 규제기관은 어떤 방식으로든 법적 수단을 동원하거나 면허 관련 정책을 추진할 필요가 있으나, 이는 정치적으로 지지를 받기 어려울 수 있다.

[5] 유럽 의회와 위원회의 Decision No. 243/2012/EU(2012년 3월 14일)는 다년간의 연간 무선 스펙트럼 정책 프로그램을 규정했다.

참고문헌

[1] http://stakeholders.ofcom.org.uk/consultations/sur.

[2] J. Vries and P. J. Weisner, "Unlocking Spectrum Value through Improved Allocation, Assignment, and Adjudication of Spectrum Rights," the Hamilton Project, discussion paper, 2014-1.

[3] http://transition.fcc.gov/bureaus/oet/receiver-workshop1/Session4/SESSION-4-6-Schaubach-WCS.pdf.

[4] Comsearch, "Estimating the Required Separation Distances to Avoid Interference from Part 90 3650–3700 MHz Band Transmitters into C-Band Earth Stations," at www.comsearch.com/files/TP-102516-EN_LR_3650-3700_MHz_Interference_into_CBand_ES.pdf.

[5] T-Mobile, "AWS-3 to AWS-1 Interference," at http://apps.fcc.gov/ecfs/document/view?id=6520035723.

[6] http://transition.fcc.gov/bureaus/oet/receiver-workshop1/Session4/Session-4-4-NAB-Victor-Tawil.pdf.

[7] Ofcom, "Notice of Coordination Procedure Required under Spectrum Access Licences for the 2.6 GHz Band: Coordination with Aeronautical Radionavigation Radar in the 2.7 GHz Band" (March 2013).

[8] http://transition.fcc.gov/pshs/public-safety-spectrum/800-MHz.

[9] www.fcc.gov/document/spokesperson-statement-ntia-letter-lightsquared-and-gps.

[10] Ofcom, "Study of Current and Future Receiver Performance," at http://stakeholders.ofcom.org.uk/market-data-research/other/technology-research/research/spectrum-liberalisation/receiver.

[11] http://stakeholders.ofcom.org.uk/binaries/spectrum/UHF700MHz/DTT_RX_study_stakeholder_presentation_20131125_released_20131122.pdf.

[12] RSPG13–511Rev1.

[13] RSPG13–527Rev1final.

Part 4

사례 연구와 결론

CHAPTER

11

UHF 대역에 대한 경쟁

11.1 문제점

영토전쟁은 척박한 땅에서는 군사적, 상징적 중요성이 있지 않는 한 결코 일어나지 않는다. 이는 스펙트럼의 경우에도 마찬가지다. 오늘날의 기술로 가장 가치 있는 스펙트럼은 3 GHz 이하 대역이며, 그 중에서도 가장 좋은 대역은 UHF TV 대역 또는 바로 그 위 대역으로서 400과 800 MHz 사이에 해당한다.

이 스펙트럼은 전파특성으로 인해 지상파 방송과 이동통신에 특히 적합하다. 이 주파수에서 무선 신호는 수십 킬로미터까지 도달하지만 수신기의 안테나 크기는 휴대용 기기보다 크지 않아도 된다. 이러한 특성으로 인해 방송의 경우 상대적으로 적은 수의 철탑으로도 대부분의 국토에 서비스가 가능하다. (예를 들어 영국 전체에 약 100개가 있다) 이동통신의 경우 확장된 도달거리, 시골지역 커버리지와 타 대역 대비 실내 투과 성능 측면에서 가치가 있다.

이 두 서비스의 제공을 위해 다른 방법이 사용될 수 있다. 방송의 경우 다른 대역의 스펙트럼을 사용하거나 광케이블과 같은 비스펙트럼 수단을 이용할 수 있다. 위성 방송을 통한 TV 전송은 12 GHz 대역을 사용하는데, 이는 UHF 대역에 비해 가치가 낮다. 동축 또는 광 케이블로 TV 콘텐츠 전송이 가능하며, 밀집 도심지역에서 이용이 증가하고 있다.

이동통신과 관련해서는 이용할 수 있는 높은 대역이 많은데, 특히 1800 MHz, 2.1 GHz, 2.6 GHz 등이 그러하다. 음성과 데이터 서비스 또한 Wi-Fi와 결합한 유선 기술을 통해 고정 또는 휴대 서비스가 가능하다. 그러나 경매 데이터에 의하면 높은 주파수의 가치는 훨씬 떨어진다. (5장을 참고) 전기통신 규제기관은 (확신은 낮지만) 고정과 이동 음성 및 데이터 서비스가 서로 다른 경제적 시장에 속하는 것으로 간주하고 있다. 왜냐하면 서비스 이용자는 한 서비스가 다른 서비스에게 영향을 줄 수 있을 만큼 충분히 대체가능하지 않다고 보기 때문이다.

이러한 상황은 변할 수 있다. 2020년과 2025년 사이에 실현될 것으로 예상되는 5G 이동통신 스펙트럼과 관련해서는 최근 60 GHz 정도의 훨씬 높은 대역을 이용하는 방향으로 논의가 전개되고 있다. TV 수상기를 적절히 개조해 지상파 수신에서 케이블 또는 위성 수신으로 완전히 전환하는 것도 고려할 수 있다. 방송과 이동통신이 동일한 기술로 수렴하게 될 수도 있다. 그러나 당분간은 UHF 대역에 대한 두 서비스의 경쟁은 심화될 것이다.

이러한 상황으로 인해 간섭 문제가 중요해진다. 아래에서 설명한 바와 같이 지상파 텔레비전은 높은 철탑에서 고출력으로 송신하여 동일 및 인접 대역에서 서로 간섭을 일으킬 수 있다. 이러한 이유로 스펙트럼 분배는 국제적으로 계획되어야 하며, 디지털 지상파 방송 도입과 같은 큰 변화가 있는 경우에는 세밀한 조정이 필요하다. 방송용 스펙트럼의 중간 부분에 강한 출력이 생기는데, 이는 인접한 이동통신 스펙트럼의 관리에 영향을 줄 수 있다.

스펙트럼 관리 관점에서 UHF 대역에 대한 경쟁은 또 다른 이유에서 흥미로운 문제이다. 경쟁을 해결할 수 있는 빠르고 쉬운 방법이 있을 수 있다. 즉 경쟁이 있는 대역에서 경매 또는 연속적인 경매를 시행하는 것이다. 각 부문의 사업가 입찰할 수 있는 금액은 결국 가입자의 해당 서비스에 대한 지불의사에 의해 결정된다. 따라서 경매에서 승리한 회사는 해당 서비스에 가장 큰 지불의사를 가진 소비자를 보유하고 있다고 할 수 있다.

여기에서의 문제는 서비스에 대해 소비자로부터 직접적으로 얻은 사적 가치가 유일한 편익이 아니라는 것이다. 예를 들어 이동 음성 및 데이터 서비스의 경우 경제적 가치가 해당 서비스 소비자에게 직접적으로 발생하는 편익으로 완전하게 나타낼 수 없다는 주장이 있을 수 있다. 예를 들어 온라인 고객은 해당 부문을 더 경쟁적으로 만들 수 있고 모든 소비자에게 이익이 될 수 있다. 음성과 데이터 서비스 가입율의 10% 증가(예를 들어 30%에서 40%로 증가)로 인한 혜택이 직접적인 구매 또는 금전적 관계와 무관한 다른 사람에게도 영향을 미쳐 GDP를 영구적으로 1.5%[1]까지 증가시킨다는 사실은 위의 주장을 지지하는 근거가 된다.

방송과 관련한 유사한 주장은 더 오랜 역사를 가지고 있다. 특히 공공 서비스 방송에 대해서는 모두에 대한 폭넓은 사회적 혜택으로서 교양있는 시민을 양성하며, 차별에 대항

---

[1] 아래의 13.3절을 참고

하고, 국가를 통합할 수 있다는 등의 주장이 제기된다.

이 문제는 UHF 대역의 할당과 관련해 광범위하게 논의되었다. 그래서 이는 스펙트럼 관리와 관련한 다양한 이슈를 제기하여 사례연구의 주제가 되었다. 이 장에서는 먼저 UHF 대역에 관한 방송과 이동통신의 주장을 살펴보고, 이들이 어떻게 해결될 수 있는지를 논의한다.

11.2 방송, 디지털 전환과 현재 트랜드

라디오와 텔레비전 방송 서비스는 모두 지상파 방송, 위성방송, 스펙트럼을 사용하지 않고 구리 또는 광 케이블을 이용한 유선 네트워크 기반의 인터넷 방송과 같은 다양한 매체를 통해 이루어지고 있다. 이 장에서는 텔레비전 방송이 라디오에 비해 약 20배 많은 스펙트럼을 사용한다는 점을 고려해 텔레비전 방송을 중점적으로 다룬다. 또한 위성 방송은 스펙트럼 이슈가 크지 않고 인터넷 방송은 보통 유선을 이용해 이 책의 범위를 벗어나므로 지상파 방송으로 논의를 한정한다. 그럼에도 불구하고 여러 대안이 존재한다는 사실은 원칙적으로 이용자가 지상파 방송으로부터 해당 대안으로의 전환이 가능하다는 점에서 앞으로의 논의에서 중요한 역할을 한다.

텔레비전 방송은 약 90년에 가까운 역사를 가지고 있다.[2] 그 동안 많은 것이 변했으나, 소수의 송신기를 이용해 넓은 지역에 서비스를 제공한다는 개념은 계속 유지되고 있다. 일반적인 방송 송신기는 높이가 약 100 – 200 m 정도이고 송신 출력은 100 kW 이상이다. 이는 높이가 10 – 20 m이고 출력이 100 W 이하인 이동통신 기지국과 비교된다. 이런 이유로 방송은 때로 'High–Tower, High–Power'(HTHP)로 일컬어지기도 한다. 이는 영국과 같은 나라에서 이동통신 커버리지를 위해 10,000개 이상의 기지국이 필요한데 비해 약 100여개의 송신기로 커버가 가능하다. 이러한 100개의 HTHP 송신기와 함께 10배 정도의 저전력 중계장치를 추가해 깊은 계곡과 같이 커버리지에서 벗어나는 지역을 보완한다.[3] 그러나 커버리지 계획 시에는 일반적으로 지붕에 설치된 지향성 안테나를 고려한다. 이는 실내 커버리지는 정확성이 떨어지며, 이동 수신은 송신기에 상대적으로 근접한 경우에만 가능하다는 것을 의미한다. 또한 방송 네트워크는 정보를 송신기에서 TV로 보내지만 반대 방향으로는 정보를 보내지 않는 단방향으로 동작한다.

낮은 주파수와 높은 철탑을 이용하므로 TV 신호는 멀리까지 도달한다. 송신기로부터 50 km 떨어진 지점에서 수신이 가능하기도 하고 100 km 밖에서도 신호의 에너지가 존재

2 라디오 기기 제조사들이 공동소유한 British Broadcasting Company는 1920년에 운영을 시작했으며, 1926년에 공공 소유의 British Broadcasting Corporation으로 전환되었다.

3 영국의 지상파 전송 네트워크는 전체 가구 중 대략 98.5%에서 수신 가능하다.

할 수 있어 만약 해당 주파수가 재사용된다면 간섭을 일으킬 수 있다. 이는 여러 나라의 TV 송신 주파수가 국제적 차원에서의 합의가 필요가 있다는 것을 의미한다. 예를 들어 유럽의 합의는 아일랜드에서 러시아에 이르는 43개국에 적용된다.[4] 이는 또한 인접 수신기가 동일 주파수를 사용할 수 없기 때문에 스펙트럼 이용이 비효율적일 수 있다는 것을 의미한다. 지도색칠 이론에 따르면 지역마다 서로 다른 채널을 이용할 때 네 개의 주파수가 필요하다는 것을 알 수 있으나, 실제로는 이 보다 더 많이 필요하기도 한다.[5]

이러한 특성으로 인해 방송 주파수의 변경은 매우 어려운 경향이 있다. 주파수에 어떤 변화가 있으려면 십여 개 또는 그 이상의 국가들이 결론에 도달하는데 수 년이 걸릴 정도로 많은 비용이 드는 절차를 거쳐 합의에 도달해야 한다. 송신기를 이전하는 경우 수신 안테나의 방향 조정이 필요하다. 심지어 송신기의 주파수가 변경될 경우에서도 UHF TV 대역의 상위 또는 하위에 위치하는지에 따라 수신 안테나가 달라질 수 있어 TV 안테나를 교체해야 할 수도 있다. 그 결과 시청자가 수신 장비 전체를 점검해야할 수도 있다.

TV에서 수 년동안 변화된 부분은 전송 신호의 형태이다. 초기에는 405선 해상도의 흑백이었다. 그 후 미국에서는 1954년에, 그리고 전세계의 방송 사업자가 60년과 70년대에 탄력을 얻어 향상된 해상도(미국, 일본 이외 지역에서 약 625선)의 컬러 TV로 전환했다. 다음의 주요한 변화는 지금도 진행 중인 아날로그에서 디지털로의 전환이다. 영상 정보의 디지털 전송은 아날로그보다 훨씬 더 효율적이다. 그 이유는 다음과 같다. TV 영상은 연속된 정지 화면으로서 보통 초당 25회 전송되는데, 연속된 정지 화면은 영상이 변하지 않는 한 거의 동일하다. 아날로그 전송 방식에서는 각 정지 화면을 무조건 송출하는 반면, 디지털 시스템은 전체 화면을 보내는 대신 각 화면의 차이를 부호화하여 전송한다. 이로 인해 정보량이 십분의 일 또는 그 이하로 감소하게 된다. 그러므로 디지털 전송이 도입되면 한 개의 아날로그 채널 대역폭에 6개에서 8개의 채널까지 수용하는 것이 가능하다. 이를 통해 다음과 같은 장점을 얻을 수 있다.

- 더 많은 채널/선택이 가능해서 일부 국가의 경우 채널이 4개에서 거의 40개로 증가했음
- 고해상도 방송(다음을 참고)
- 일부 스펙트럼을 다른 용도로 반환 – 이를 흔히 'digital dividened'라 칭함

TV 해상도 역시 개선되었다. 고해상도(HD) 전송은 표준해상도의 약 두 배로 보통 1,080선이 사용되고, 이 보다 더 높은 4,000선의 해상도를 갖는 UHDTV와 같은 시스템이 등장

[4] 가장 최근의 것은 2006년 제네바에서 합의된 GE06로서, 세부 내용은 [1]을 참고

[5] 이 잘 알려지 정리는 평면에 그려진 어떤 모양의 구획에 대해서도 4가지 색을 이용하면 각 인접한 구획을 같은 색을 이용하지 않고 모두 칠할 수 있다는 것이다.

하고 있다.[6] 그러나 해상도가 증가하면 정보량이 표준해상도 대비 2－3배 증가해 가용 채널 수가 감소하게 되는데, 고해상도 수신이 불가능한 시청자가 방송을 볼 수 있도록 하기 위해 표준해상도와 고해상도 신호를 동시에 전송하는 경우(이런 전송 방식을 '동시방송(simulcasting)'이라 함)에 특히 그러하다. 3차원 포맷(3D–TV) 역시 시도된 바 있으나 지금까지는 널리 보급되고 있지 않고 있으며 대부분 방송이 중단되었다.

이동 방송(이동통신 기기를 통한 TV 수신)도 수 년간 반복적으로 시도되고 있다. 1980년대에는 휴대용 기기가 등장했고, 2000년대에는 이동전화 기반의 수신이 시도되었다. 이동 TV는 일반적으로 휴대 기기에서의 전력소모 요구를 제외하고는 표준적인 방송 TV와 매우 유사하다. 이런 종류의 시스템이 전 세계적으로 구축되었으나 지금까지 정부가 강력히 지원하는 한국을 제외하고는 모두 실패했다. 그 이유는 다음과 같다.

- 거리에서 휴대용 기기의 수신 품질이 불완전함
- 단말기에 추가 장치가 필요하나 제조사는 일반적으로 원하지 않음
- 사업모델이 불분명함
- 사용자는 일반적으로 이동중 방송 수신을 원하지 않고 그 대신 저장된 팟캐스트 또는 이와 유사한 것을 원함

일부에서는 특히 테블릿 또는 대형 스마트폰의 보급으로 이동 방송이 결국 역할을 찾을 것으로 기대하고 있다.

11.2.1 디지털 전환

아날로그에서 디지털 방송으로 전환하는 두 가지 이유는 스펙트럼 효율성과 개선된 화질이다. 그러나 디지털 전환에 따른 여유 대역은 아날로그 방송이 종료될 경우에만 발생하고, 이는 모든 또는 거의 모든 가구가 디지털 수신이 가능한 새로운 텔레비전 수상기 또는 셋톱박스를 갖추게 되어 아날로그와 디지털 동시 방송이 종료된 후에 가능하다. 디지털 방송은 시청자가 아날로그보다 더 많은 채널을 시청할 수 있다. 그러나 많은 나라의 경우 장비 교체가 늦거나 특정 조건을 만족하는 가구를 대상으로 셋톱박스 보조금을 지원하여 이 과정을 완료한다. 아날로그 종료에 따라 스펙트럼 공급과 함께 대부분의 경우 스펙트럼 경매에 대한 기대가 생겨나고, 정부는 이 절차에 착수하게 된다.

디지털 전송은 전 세계적으로 몇 가지의 표준이 사용되며, 이중 가장 흔히 사용되는 것이 유럽과 일부 다른 지역에서 사용하는 DVB–T(Digital Video Broadcasting – Terrestrial)이

[6] 2014년 6월에 열린 브라질 FIFA 월드컵에서 최초로 UHD 중계되었다. 유럽방송연맹(EBU)은 FIFA 월드컵 경기를 북미, 중남미, 유럽, 아시아에 SES의 NSS–7, SES–6 위성을 통해 UHD로 방송했다.

다. DVB 시스템은 복수의 다중화된 TV 채널을 아날로그 전송과 동일한 8 MHz 폭의 단일 주파수 채널로 전송한다. 다중화 프로그램의 개수는 다양한 요소에 의해 좌우된다. 여기에는 표준 또는 고해상도의 여부, 신호 수신의 신뢰성이 있는데, 장거리 전송이 필요하다면 수신 신호의 신뢰성이 떨어져 다중화 용량이 감소할 수 있다. 보통 5개 프로그램이 다중화되어 전송된다. 최근에 소개된 DVB-T2로 알려진 개량된 방식에서는 다중화 용량이 증가되었다. 개선된 영상 부호화 방식을 적용해 다중화 용량을 2배까지 향상시켰으나, 새로운 수신 장비가 필요하다.

11.2.2 방송 트랜드와 스펙트럼 관리에 미치는 영향

디지털 전환과 아날로그 종료 과정에서 기존 아날로그 네트워크는 일반적으로 무료 시청 방송용으로 활용된다. 그러나 세 가지의 새로운 트랜드를 볼 수 있다. 첫 번째는 암호화한 방송신호를 전송하는 유료 TV의 시청 비율이 증가하고 있다는 것이다. 두 번째는 시청자들이 무료 방송 채널을 다양한 방법으로 접근할 수 있어 전통적인 아날로그 채널의 시장 점유가 점진적으로 하락한다는 것이다. 세 번째는 프로그램이 미리 고지된 일정에 따라 방송되는 전통적인 '선형' 채널의 시청이 급격하지는 않지만 줄어드는 반면, 특히 젊은 시청자들은 기존 방송보다는 일반적인 방송 전송망을 통하지 않고 스마트폰 또는 태블릿을 이용하는 주문형 시청을 더욱 선호하고 있다.

이러한 트랜드가 강화됨에 따라 방송의 UHF대역 의존은 점차 감소할 것이다. 이미 여러 나라의 스펙트럼 관리기관은 UHF 방송 스펙트럼 일부를 이동통신 용도로 전환했으며, 이러한 전환의 압력은 더욱 증가할 것이다. 다음 절에서는 미래의 방송 전송을 위한 선택지에 대해 논의한다.

11.3 방송의 기술적 선택지

11.3.1 개요

UHF 대역의 미래를 고려하는데 있어 몇 가지 기술적 선택지가 있을 수 있다. 이들은 크게 다음과 같이 구분된다.

- 지속적인 방송을 위해 더 적은 양의 스펙트럼을 사용
- 방송과 이동통신의 결합
- 대체 전송수단의 선호로 UHF TV 방송을 전면 중단

11.3.2 더 적은 양의 스펙트럼을 사용

정해진 채널 수로 정해진 해상도의 TV 콘텐츠를 방송하는데 필요한 스펙트럼 양은 (1) 채널당 스펙트럼 폭, (2) 인접 지역에 간섭을 주지 않는데 필요한 스펙트럼 재사용 수준과 관계가 있다. 채널당 스펙트럼 폭은 전송 전 콘텐츠의 압축율과 전송 시스템의 효율성에 따라 결정된다. 전송 시스템 효율성의 경우 이미 현재 전송 장비는 달성 가능한 이론적 한계에 근접해 있다. 그러나 압축을 통해 추가적인 이득을 얻을 수 있다. 표 11-1에서는 압축 기술이 시간에 따라 어떻게 발전했고, 그 결과 동일 콘텐츠 전송에 소요되는 대역폭이 어떻게 감소했는지를 보여준다.

▽ 표 11-1 영상 코딩의 트랜드

표준	시기	Mbps/SD 채널
MPEG-1/H.261	1993	35
MPEG-2/H.262	1995	25
MPEG-4/H.264	2004	12
HEVC/H.265	2013	4

만약 이 트랜드가 계속된다면 다음 10년동안에는 소요 대역폭이 절반으로 줄어드는 상황이 일어나는 것도 가능할 것이다. 이를 통해 스펙트럼을 절반만 이용하거나 고해상도 채널을 더 보내거나 아니면 이 두 가지의 조합이 가능해질 것이다. 그러나 수치에서 알 수 있듯이 이러한 개선은 MPEG-2, MPEG-4와 같은 새로운 압축 알고리즘이 개발될 때마다 일어난다. 이 경우 수 년안에 상당한 이득을 가져오나 다음의 새로운 알고리즘이 개발되기 전 까지는 개선이 크지 않다. 거의 변함없이, 새로운 알고리즘은 처리능력이 기존 장비에 비해 훨씬 우수한 수신장비를 필요로 하며, 기존 장비는 충분한 메모리나 처리 성능을 갖추지 못하는 경향이 있다. 새로운 장비는 시청자가 TV와 개인 비디오녹화기(PVR)과 같은 보조 기기를 교체해야 하므로 큰 문제가 된다. 이는 많은 시간이 걸리는데 특히 이 기간에는 대부분 기존과 신규 방식의 전송이 동시에 일어난다(simulcasting). 이는 기존 압축 방식보다 효율성이 떨어진다. 그래서 방송사가 이 기간에 사용할 수 있는 여분의 스펙트럼을 확보하지 못하면 방식을 변경하는데 문제가 있을 수 있다.

두 번째 방식은 필요한 재사용 양을 줄이는 것이다. 일반적으로 인접 셀에서 다른 주파수를 사용해야 하기 때문에 한 셀에서 필요한 스펙트럼의 네 배 만큼의 스펙트럼이 필요하다. 이를 복수 주파수 네트워크(MFN)라 부르며, 지금까지 널리 활용된 방식이다. TV 표준이 새로 개발되어 모든 송신기가 동일한 주파수를 사용하는 소위 단일 주파수 네트워크

(SFN)를 사용할 수 있게 되었다. 더 먼 곳에 있는 송신기로부터의 신호도 수신할 수 있도록 각 비트(bit)가 전송된 후에 일정 시간 간격을 두고 다음 비트가 전송된다. 이 시간 간격으로 인해 효율성이 다소 떨어질 수 있으나(약 10 – 15%), 재사용 주파수의 미사용에 따른 감소와 비교하면 작은 수준이다. SFN의 문제는 모든 송신기가 동일한 콘텐츠를 전송해야 한다는 것이다. 다른 국가와 인접한 국경지역에서는 국가마다 다른 콘텐츠를 송신하기 때문에 동일 콘텐츠 전송은 불가능하다. 심지어 동일 국가 내에서도 방송 콘텐츠나 광고가 지역마다 다를 수 있다. 열 개 이상의 국가와 인접한 유럽과 같이 지역적 제한이 있는 상황에서는, 국토의 중심 지역에서만 활용 가능하기 때문에 SFN 이용의 장점이 크지 않다. SFN은 미국에서도 가능하지 않는데, 도시마다 다른 콘텐츠가 방송되기 때문이다. 그래서 SFN은 장래성이 큰 기술이지만 대부분의 나라에서 도입될 가능성은 크지 않아 보인다. 요약하자면, 채널 개수를 줄이는 것 외에는 DTT용 스펙트럼을 상당히 절감하는 것은 제한적이며 현실화하는데 십여 년이 소요될 것이다.

11.3.3 결합 플랫폼

다른 방법은 방송과 이동통신을 동일한 플랫폼으로 통합시키는 것이다. 이는 전송의 효율성 뿐만 아니라 두 서비스 간의 통합을 촉진해 이동 방송의 가능성을 높인다.

수 년간 이동통신 시스템은 방송 기능을 갖추고자 노력했다. 당초 의도는 동일 셀 내의 많은 이용자가 동일한 콘텐츠를 수신하고자 할때 이를 각 이용자에게 개별 전송하지 않고 동일한 방송 채널을 통해 수신하도록 하는 것이었다. 이는 셀의 부하를 상당히 감소시키고 운영 비용을 절감할 수 있게 한다. 3G 표준에 이 방식이 포함되긴 했으나 별도의 스펙트럼이 필요하고 대부분의 사업자가 여기에 필요한 충분한 스펙트럼을 보유하지 못해 이 방식은 많은 지지를 받지 못 했다. 그러나 4G/LTE 규격의 일부로서 eMBMS(evolved Multimedia Broadcast Multicast Service)라는 개선된 방식이 개발되었는데, 이는 한 셀 내에서 방송 채널용으로 스펙트럼 자원을 동적으로 할당할 수 있는 많은 유연성을 제공한다[2]. 이 책을 쓰는 시점에 호주에서 초기 시범 서비스가 있었다.

이 방식의 등장으로 일부에서는 모든 방송을 기존 DTT 플랫폼(즉 전송망과 DVB 기술)에서 이동통신 사업자로 이전하는 것에 대해 의문을 갖게 되었다.[7] 이 경우 기존의 HTHP 송신기는 송신을 중단하고(물론 라디오 방송용으로 유지될 수 있다) TV 신호가 낮은 높이의 이동통신용 저전력(LTLP) 송신기를 통해 송신된다. 핵심적인 장점은 다음과

---

7 이와 관련한 연구는 EU의 보도자료를 참조[3]. 여기에서 위원장 Kroes는 "젊은 세대의 TV 시청 행태는 나의 세대와는 다르다. 규제는 더 많은 우수한 품질의 텔레비전과 브로드밴드가 제공되는 방향으로 만들어져야 한다. 현재의 스펙트럼 배분은 브로드밴드와 IPTV를 통해 상당한 양의 동영상을 소비하게 될 미래 이용자의 이용행태를 지원하지 못 할 것이다"라고 말했다.

같다.

- 운영비용 절감
- 양방향 방송, 방송과 스트리밍과의 전환 등을 가능하게 해 방송과 브로드밴드의 융합을 수월하게 함.
- 향상된 스펙트럼 효율성

여기서는 마지막에 관해서만 논의한다. 처음 두 가지는 확인이 어려운 사항이다. LTLP 방식으로 스펙트럼 효율성을 개선할 수 있을지에 대해선, 대체로 LTE의 효율성이 기술적으로 DVB-T2와 유사하며 현재 기술은 DTT쪽이 우세하다고 할 수 있다. 넓은 LTE 셀에 대해서는 예외가 있을 수 있다. LTLP의 핵심적인 장점은 SFN을 사용할 수 있다는 것이다. SFN의 문제는 국경에서 발생한다. 간단하게 말하면, 한 셀은 자신의 반경에 두 배까지 되는 거리에 간섭을 유발할 수 있다. 그래서 50 km의 반경을 갖는 HTHP 셀의 경우 인접국가 안에서 50 km까지 주파수 재사용이 불가능할 수 있다. 그러나 셀 반경이 5 km인 LTLP셀의 경우 그 정도가 상당히 줄어든다. 이는 SFN이 국토의 중심 뿐만 아니라 대부분의 지역에서 사용 가능하다는 것을 의미한다. 이는 스펙트럼 소요량을 4분의 1로 줄일 수 있어 일반적으로 오늘날 사용하는 320 MHz폭을 80 MHz폭까지 줄일 수 있게 된다.

그러나 LTE eMBMS 시스템의 효율성은 셀 반경에 의존한다[4]. 그 이유는 다음과 같다. eMBMS 방송에서는 셀 가장자리를 포함한 셀 내 모든 가입자에게 동일한 형태로 전송해야 하는데, 셀 크기가 커질수록 셀 가장자리의 신호 품질은 떨어지게 되고 이로 인해 낮은 수준의 변조와 많은 오류 정정을 필요로 하게 된다. 대략적으로 사이트간 거리(ISD)는 약 5 km 이상으로 이는 약 2.5 km의 셀반경에 해당하는데, eMBMS의 효율성은 DTT보다 낮아지며, 10 km가 되면 DTT의 1/6에서 1/10만큼 떨어지게 되어 SFN이 가능하더라도 전체적인 스펙트럼 효율은 낮아지게 된다. 이동통신 사업자가 UHF 대역을 원하는 이유 중 일부는 셀 넓이를 크게 하여 경제적인 서비스를 제공하는 것인데, 10 km의 ISD는 일반적이며, 특히 도심 외곽에 해당한다.

eMBMS로의 전환은 시청자에게 큰 변화를 줄 수 있다. 새로운 수신 장비가 필요할 수 있으며, 지붕 위에 설치된 TV 수신 안테나를 근처의 이동통신 기지국 방향으로 재설치하는 것이 필요할 수도 있다. 이러한 작업을 하는데 분명한 유인은 없을 것이다. 다른 방법으로서 이동통신 사업자가 기지국에서 LTE eMBMS 대신에 DVB-T 신호를 전송할 수도 있다. 이 경우 새로운 수신 장비는 불필요하나(안테나 재조정이 필요할 수 있다), 융합 서비스 가능성에는 제한이 있을 수 있다.

이러한 모든 방법에는 사업 측면의 준비가 필요하다. 한 국가에서 모든 이동통신 사업자가 전체 TV 채널을 송출하는 것은 불필요하고 한 사업자만 그렇게 해도 될 것이다. 이 서비스를 모든 사업자의 가입자에게 제공해야할 수 있는데, 이는 경쟁 문제를 야기할 수 있고, 최소한 공공 서비스 방송(PSB) 채널의 송신을 보장해야 할 수 있다.

11.3.4 결론

TV 콘텐츠의 전달 및 TV 대역의 미래 이용을 위한 기술적 방법은 많다. 그러나 현행 플랫폼과 장비에서 이전하는 문제는 어려우며, 다양한 국제적 조정이 필요하다. 이로 인해 진행이 지연될 수 있으며, 다른 트랜드 또는 기존 플랫폼의 이전으로 인해 뒤쳐질 위험이 있다.

11.4 모바일 데이터, 국가 브로드밴드 계획과 스펙트럼 관리

이제부터 UHF 대역의 주요 수요자인 모바일 브로드밴드를 살펴본다. 대부분의 국가는 브로드밴드 확산과 관련된 상당한 의지를 가지고 있으며, 이는 대부분의 경우 국가 브로드밴드 계획을 통해 구체화되었다. ITU와 UNESCO가 설립한 브로드밴드 위원회(Broadband Commission)가 지지하는 정책으로서, 브로드밴드 네트워크, 서비스 및 응용의 효과적인 사용을 통해 빈곤과 영양실조의 퇴치, 모든 사람의 건강한 삶 영위, 경제발전과 천연자원 이용 또는 소모와의 분리 등 이 시대의 핵심적인 문제의 해결을 할 수 있다고 주장한다[5]. 브로드밴드 위원회는 이러한 큰 목표를 달성하기 위해 브로드밴드와 정보통신기술(ICT)이 모든 사람들에게 제공되어야 하며, 특히 사회적 차별을 당하거나, 격오지 거주민, 환경적 또는 경제적 요인에 취약한 사람들에게 필요하다는 점을 언급하고 있다. 브로드밴드의 핵심 특징은 범용 기술로서 의료, 교육과 같은 사회 서비스 제공을 포함한 거의 모든 측면의 생산과 소비에 영향을 미친다는 것이다.

많은 개발도상국은 고정 네트워크가 없거나 매우 제한되어 있어, 이동(또는 좀더 일반적으로 무선) 브로드밴드에 의존할 수 밖에 없다. 그러나 선진국에서는 스마트폰과 테블릿 이용의 증가로 이동 브로드밴드 이용이 점점 증가하고 있다. (유럽연합 회원국을 위한)유럽 위원회, (회원국을 위한)OECD, (모든 나라를 위한)브로드밴드 위원회는 고정과 이동 브로드밴드의 확산에 관한 데이터를 정기적으로 축적하고 있다.

일반적으로 이러한 큰 목표를 달성하기 위해서는 민간 자본이 주로 필요하고, 민간 투자가 어려운 빈곤지역, 격오지에는 공공 자본을 통한 지원이 필요하다. 음성 이동통신 서비스가 전세계로 확산된 경험에 의하면 민간 자본의 투입은 쉽게 나타나나, 일반적인 경제 불안정, 안보 불안, 예측할 수 없는 규제개입의 위험, 규제의 일관성 결여 등과 같은 국가적 위험을 최소화하는 환경이 필수적이다.

스펙트럼 관리와 관련해서 이러한 위험성의 해소는, 스펙트럼 면허와 계약의 투명성에 관한 조치, 규제기관의 스펙트럼 전략과 미래 스펙트럼 공급 계획 공표, 적절한 경매 규칙, 간섭에 관한 적절한 규제 등을 통해 이루어질 수 있다.

정부는 서비스 커버리지 확대를 위해 경매 수익의 일부를 포기할 수 있다. 스펙트럼 면허에 특정 지역의 80% 이상의 가구에게 음성, 데이터 서비스를 제공하는 조건을 둘 수 있는데, 만약 조건이 구속력을 갖는다면 경매 수익이 감소할 수도 있다. 확실히, 커버리지 요구사항은 국가마다 다를 수 있으며 심지어 한 국가의 지역에 따라 다를 수 있다. 요구사항은 국가별 상황과 수요에 부합해야 하며, 포기할 수 있는 경매수익과도 부합해야 한다. 정부는 단순히 시골지역 네트워크 구축 의무를 부과하거나(예를 들어 독일의 800 MHz 면허), 좀 더 구체적으로 스웨덴의 경우와 같이 800 MHz 대역 경매에서 한 면허에 대해 브로드밴드 접속이 어려운 특정 지역에 대해 최저 통신속도를 보장하도록 하는 의무를 부과할 수도 있다[6]. 상업적으로 중요하지 않아 사업자가 일종의 가격 통제를 통해 독점이 일어날 수 있는 지역에서 커버리지 의무조건를 하나의 면허에만 부과할지, 다수의 면허에 부과할지에 대한 정책결정이 필요하다.

커버리지 조건을 기획, 감시, 이행하는데 있어 몇 가지 문제가 있다. 정부 또는 규제기관은 정해진 커버리지 확보를 위한 투자와 운영비를 조속히 지출하도록 해야 하며, 사업자의 커버리지를 모니터링해서 해당 지역에 서비스 제공이 안 될 경우 불이익을 주어야 한다. 정부가 넓은 커버리지를 대가로 스펙트럼을 낮은 가격에 제공했으므로 이는 중요한 사항이다. 이 정책에서 고려해야 할 사항은 사업자가 재정적 어려움이 발생할 경우 추가 커버리지 제공 의무를 이행하지 않는 것을 기대하고 입찰할 가능성이 있다는 것이다. 규제기관은 예방책으로서 면허권을 제3자에게 매각하도록 하여(가능하면 구매자가 원하는 투자 담보와 함께) 면허권자로부터 면허권을 회수할 수 있도록 하는 조건을 면허에 추가하는 것이 필요할 수 있다.

브로드밴드 계획을 달성하기 위한 핵심 요구사항은 공유 가능한 스펙트럼을 면허권자에게 할당하거나 지정하는 것이다. 정부는 스펙트럼 부족 상황을 인위적으로 조성해 가격을 상승시켜 큰 경매 수익을 거두려는 유혹을 가질 수 있다. 이 정책은 일반적으로 근시안적이라 할 수 있다. 왜냐하면 이러한 인위적인 희소성의 결과는 가격을 상승시켜 스펙트럼 이용을 감소시키고, 소득 증대 및 경제 규모 증가로 인한 세입 증대 등 브로드밴드의 효용을 감소시키기 때문이다. 그러나 3장에서 스펙트럼 경매에 대해 설명한 바와 같이 주파수 대역과 관련한 희소 지대를 취하기 위해 경매를 활용하는 것은 서비스 이용료의 증가를 수반하지 않는다. 예를 들어 2.6 GHz 대역과 비교해 700 또는 800 MHz 대역을 이용하여 비용을 절감할 수 있다. 경매는 희소지대를 면허권 보유 사업자로부터 정부로 이전하는 것일뿐이다.

11.5 스마트폰과 데이터 위기

모바일 데이터 폭증은 스펙트럼 관리의 흥미로운 연구주제이며 아직 진행중이다. 이동전화 시스템의 이용은 수 년간 느리게 변화했고 수요를 따라잡기 위해 주기적 인 경매가 가능했다. 2000년대 3G의 도입과 높은 경매가격은 데이터 이용이 급격하게 증가할 것이라는 가정에 기반한 것이었으나 당시 대중으로부터의 관심은 거의 없었다. 이 상황은 스티브 잡스가 아이폰을 소개한 2007년 1월 9일에 완전히 변했다. 터치 스크린의 이용 편리성으로 인해 모바일 데이터 이용이 급격히 증가했고, 네트워크 자원을 많이 사용하는 아이폰은 이러한 상황을 가중시켰다. 몇 달 사이에 네트워크 혼잡이 발생했고, 일년 후에는 수요가 엄청나게 증가하고 있다는 것이 명확해졌다.

2007년과 2011년 사이의 4년간에 대한 그림 11-1에서 알 수 있듯이 모바일 데이터 트래픽은 2007년에 거의 없었으나 3년 만에 음성과 비슷하게 성장하여 네트워크 부하를 두 배로 만들고, 그 다음 해에 다시 두 배로 성장했다. 이러한 현상은 그림 11-2와 같이 지속될 것으로 전망되고 있다(주: 1엑사바이트 = 1,000 페타바이트).

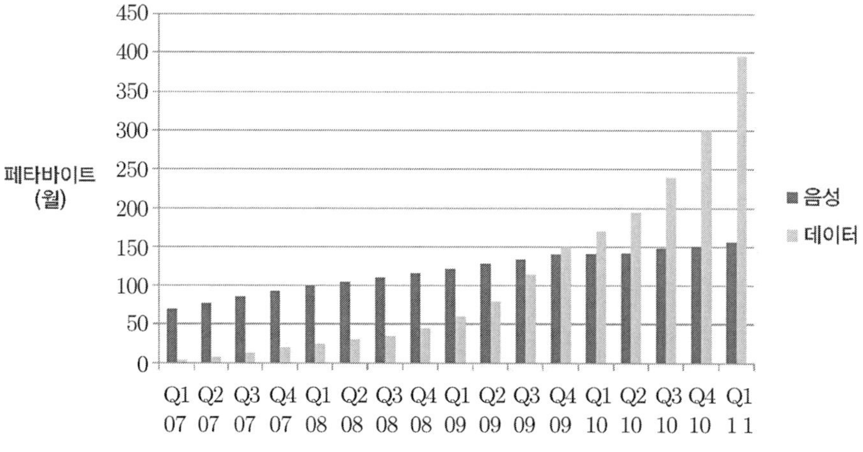

그림 11-1 글로벌 모바일 음성 및 데이터 트래픽 2007-2011. 자료: 웹 데이터

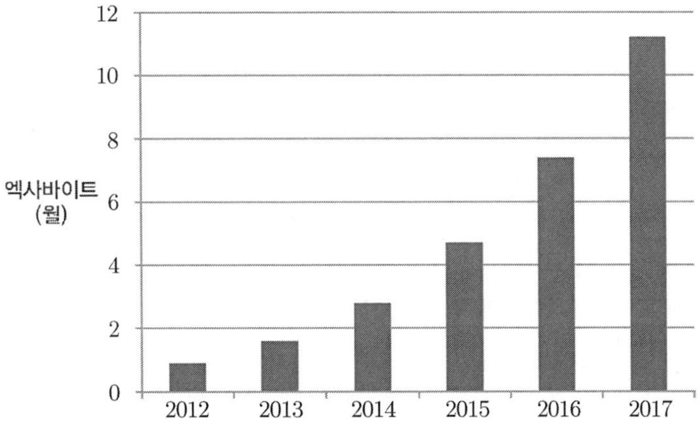

그림 11-2 글로벌 모바일 트래픽 성장. 자료: 웹 데이터

시스코와 다른 업체들은 2017년까지 연간 성장율이 66%이고, 결과적으로 2017년의 트래픽은 2012년 대비 13배, 2009년 대비 100배, 2008년 대비 1,000배에 달할 것으로 예측하고 있다[7].

이러한 급격한 증가로 인해 사업자는 수요에 대응하기 위해 노력하거나 적어도 가격 조징 또는 데이터량 제한을 통해 이를 완화시킬 필요가 있었다. 네트워크 용량을 늘리는 방법은 대략적으로 다음의 세 가지가 있다.

- 기술적 효율성 증대
- 스펙트럼 확대
- 셀 크기 축소

당시에는 새로운 기술 도입이 없어 기술적 효율성을 증가시키는 것이 불가능했다. (이후 4G 등장으로 가능해졌다.) 사업자는 서둘러 스몰셀을 추가로 설치했지만, 동시에 전세계의 규제기관에게 조속한 추가 스펙트럼 할당을 요청했다.

규제기관은 아니라도 정부는 이를 브로드밴드를 확산시키고 혁신을 촉진하는 방법으로 간주하여 스펙트럼 할당 요청을 수용하는 입장이었고, 대중적 서비스를 장려한다는 것을 보여주었다. 이러한 요청은 대통령과 같은 지도자로 하여금 모바일 브로드밴드를 위한 상당한 가용 스펙트럼 확대를 요구하도록 했다. 예를 들어 미국 대통령은 2020년까지 500 MHz폭의 추가 공급을 요구했으며[8], 다른 국가도 비슷한 상황이었다. 이러한 스펙트럼 발굴 과정에서 스펙트럼 이용의 혁신을 촉진하는 정책은 우선적으로 고려되지 않았고, 단지 기존 혁신에 의한 수요에 대응하는 것으로 충분했다.

스펙트럼을 발굴하고, 용도를 변경하는 것은 항상 문제가 발생하고 더 심해져서 스펙트럼은 점점 더 혼잡해졌다. 대통령의 요구를 이행하는 것은 모두에게 매우 어려운 일이었다. 2012년, FCC 의장은 다양한 정책수단을 통해 2015년까지 300 MHz폭의 스펙트럼을 확보하는 중기 목표 달성방안을 발표했다[9].

1. 2013년까지 75 MHz폭의 AWS 스펙트럼 경매
2. 이동위성 스펙트럼의 40 MHz폭, WCS 대역의 30 MHz폭, 총 70 MHz폭의 이용 제한을 철폐
3. UHF 대역에서 추가 스펙트럼 확보를 위한 유인 경매 활용(대역폭은 약 100 MHz폭)
4. 주로 TV 유휴대역에서 스펙트럼 공동사용을 이용한 추가 스펙트럼 공급(대역폭 미정)

이것이 실제로 300 MHz폭의 스펙트럼을 확보한 것인지에 대해서는 논란의 여지가 있다. 위에서 제시된 대역은 확보라기보다 이용 규제를 완화한 것이며, 특히 마지막 두 개 항목에 대한 결과는 확실하지 않다. 대부분의 대역은 아직 활용되지 못 하고 있다. 주파수를 할당하고, 장비를 제조하며, 단말기가 인구의 상당한 비율로 확산하는데 많은 시간이 걸릴 것이다. 그래서 실제로 이동통신 사업자는 4G 경매를 통해 추가 스펙트럼을 얻기 전까지는 스몰셀과 데이터 상한제를 통해 데이터 폭증에 대응하고 있다.

사실 이것의 대부분은 관계자가 실상과 다른 겉모습만 보여주는 것으로 보여질 수 있다. 정부는 달성하기 어려운 목표를 세웠고 실행을 촉진했다고 주장할 수 있으며, 규제기관은 중요한 수요를 만족시키기 위해 신속히 대응했다고 주장할 수 있다. 그러나 실제로 이미 수립된 계획 이외에 변한 것은 거의 없다. 그러나 이는 여러가지 해석이 가능하다. 하나는 이동통신 사업자가 현재 스펙트럼에 대한 욕심이 커서 스펙트럼이 확보될 때마다 사업자가 취득하게 될 것이고 이로 인해 일부 다른 이용자에게 피해를 줄 수 있다는 것이다. 그리고 이전 장에서 살펴보았듯이 이는 이동통신 사업자의 스펙트럼 수요가 증가한다는 가정하에 UHF대역의 장기적 이용에 관한 논란을 촉발시켰다.

물론 거의 논의되지는 않았지만 이 문제에 대한 다른 의견도 있다. 사업자는 수요와 공급이 일치할 때까지 데이터 요금을 올릴 수 있다는 것이다. 그러나 대부분은 이용자 수요가 물론 증가하긴 하지만 고정 요금으로 충족시켜야 한다고 생각하고 있다. 이것이 상업적으로 가능한지 알기는 어려우나, 데이터 고이용 응용을 중심으로 데이터 비용은 지속적으로 증가할 것으로 예상된다.

11.6 비경제적 가치 관련 문제의 해결

UHF 딜레마를 직접 언급하기 전에 앞서 논의한 스펙트럼 이용의 외부적 또는 간접적 가치에 관한 사항을 좀 더 논의할 필요가 있다. 스펙트럼 관리를 위한 효율적인 시스템은

동일 대역에서 용도 A와 용도 B의 한계 효용이 일치하는 스펙트럼 분배량을 찾는 것이다. 이러한 한계 효용에는 서비스 이용자에게 직접적으로 발생하는 사적 효용과 함께 사회적, 정치적 외부 효과 역시 포함된다. 여기에는 새로운 무선접속 기술 도입에 따른 경쟁적 시장 환경 조성으로 인한 일반적인 경제적 효율성의 개선 또는 공공 방송서비스를 통한 사회적 연대 확대가 포함될 수 있다.

외부 효용은 스펙트럼 이용이 아니라 관련 서비스의 제공을 통해 발생하는 것이다. 방송 또는 브로드밴드(교육, 공공 교통과 같은 모든 종류의 서비스와 함께)는 일종의 보조금을 지원하는 대상이라 할 수 있고, 이와 동일한 방식으로 유해성이 있는 서비스라면 해당 서비스에 대한 추가요금의 부과가 필요할 수 있다.

그러나 이러한 주장을 해당 서비스에 사용되는 스펙트럼의 공급을 위한 논거로 삼는 데에는 몇 가지 중간 절차가 필요하다. 만약 방송 사업자나 이동통신 사업자에게 스펙트럼 이용 특혜를 부여할 경우 투입 자원의 낭비를 촉진할 수 있어 바람직한 결과를 위한 좋지 않은 방법일 수 있다.[8] 분명한 것은 효용을 창출하는 결과물을 지원하는 것이 해당 서비스의 생산을 위한 투입을 지원하는 것 보다 훨씬 좋다는 것이다.

두 번째로 서비스에 대한 외부적 효용이 보조 목적의 투입으로 활용되는 경우에는 결론이 명확하지 않을 수 있다. 예를 들어 공공 서비스 방송이 매년 10억 달러의 외부 효용을 발생시킨다고 가정하자. 그리고 미래 전송 수단으로서 지상파 또는 위성 방송을 사용할지를 결정해야 한다. 즉 해당 스펙트럼의 잠재적 이용자의 경쟁적 수요에 대한 결정이다. 이러한 UHF 대역의 경쟁적 수요를 중재함에 있어, 스펙트럼 규제기관은 방송의 외부적 효용이 해당 대역 또는 다른 대역에 대한 투입이 되는지, 아니면 비 스펙트럼적 투입이 되는지를 판단해야 한다. 그러나 규제기관이 찾고자하는 효율적 분배를 알기 전에는 이 문제에 대한 대답이 불가능하다.

그러면 이러한 장애를 극복하여 서비스 소비자에 대한 직접적인 효용을 소비자의 지불의사를 통해 예측했다고 가정하자. 그러면 이상적으로 이 효용을 금전적 가치로 측정하고, 이중 계상을 피해야 한다는 것을 염두해 둔 상태에서 외부적 효용을 어떻게 측정할 수 있을까?

사실 2009년 Ofcom은 Digital Dividend Review의 일환으로 이러한 종류의 측정을 수행한 바 있다[11]. 여기서 방송과 관련된 외부 효용이 언급되었다.

확인된 광범위한 사회적 가치는 다음과 같다[12].

1. 접근과 통합

8 거칠게 말해서 '투입 가격 개입 금지'라고 표현되는 이 원리는 P. Diamond와 J. Mirrless가 수행한 투입에 대한 과세에 관한 연구에서 엄밀하게 증명되었다[10]. 이 원리의 동작을 살펴보기 위해 이동통신 보조를 위해 이동통신 사업자에게 전기를 무료로 공급하는 경우를 생각해볼 수 있다. 이는 이동통신 요금을 낮출 수 있으나 전기 소비는 확실히 증가하고 생산 효율성이 희생될 가능성이 높아질 것이다.

2. 삶의 질
3. 교양있는 시민
4. 정보에 기반한 민주주의
5. 문화적 이해
6. 지역사회 참여

이들 사항은 측정의 어려움을 분명하게 보여준다. 이들 효용은 일반적으로 소비자에게 직접 전달되는 사적 효용의 상위에 위치하고, 소비자 이외의 사람들에게 발생하는 것이다. 즉 외부적 효과에 해당한다. 찾아야 하는 것은 이상적으로 관찰된 행태 또는 선호에 따른 효용에 관한 소비자 가치평가에 관한 증거이다. 그러나 동료 시민의 '문화적 이해'와 같이 가치를 구해야할 효용 중 하나지만 시장에서 직접 구매할 수 없는 것을 관찰하는 것은 불가능하다. 대안으로서 진술된 선호라는 방법을 사용할 수 있다. 이 방법은 표본 집단에게 질문자가 서술하는 효용의 가치에 대해 설문하는 것이다. 다른 방법은 심의 방식으로서 예를 들어 시민 심사단을 구성해 선택지에 관한 정보를 얻어 결론을 도출하는 것이다.

Digital Dividend Review에서 Ofcom은 스펙트럼의 다양한 이용에 따른 사회적 가치의 다른 수준으로 전체 가치에 의한 대안의 순위가 변경될 수 있는지에 관한 근거를 검토했으나, 그렇지 않을 것으로 결론을 내린 바 있다.

영국 정부는 2014 Spectrum Strategy에서 스펙트럼 관리 정책의 이러한 측면을 더욱 충분하게 조사한다는 입장을 밝힘으로서 이 과정을 더욱 발전시켰다.

> 2.21... 스펙트럼의 가치는 다양한 방법으로 정의되고 측정될 수 있다. 예를 들어 결정적 활용(예를 들어 생명 구조), 문화적 잠재성(예를 들어 사회적 회복력 또는 연계), 도덕적 또는 문화적 의무(예를 들어 국가의 우선적 이용) 측면이 있을 수 있다. 일부 경우에는 이러한 종류의 측정이 이미 존재한다... 좀 더 정밀한 측정방식이 개발되기 전까지 사회적, 본질적이거나 측정이 어려운 영향을 고려하는데 있어 삶의 만족과 같은 웰빙(well being)에 대한 영향을 가치측정의 기준으로 활용하는 것이 유용할 것이다.
>
> ...
>
> 2.23. 스펙트럼 이용 계획을 수립하는 것은 다양한 용도의 상대적 공익적 가치에 순위를 정하는 것을 포함한다. 사회, 경제, 재정, 기술 및 정치와 관련된 요소를 평가하는 방법을 찾을 필요가 있다[13].

다음 절에서는 이러한 요소의 금전적 가치를 가정하고 전형적인 예를 통해 이러한 가치산정이 스펙트럼의 효율적인 할당에 활용될 수 있는지를 살펴본다.

11.7 700 MHz 대역의 효율적 할당 방법

이 절은 방송과 이동통신의 수요가 있는 700 MHz 스펙트럼 할당에 관한 가상의 논쟁을 해결하는 한 가지 방법을 살펴본다. 비록 현실적인 상황을 의도한 것은 아니지만 다른 시나리오를 고려할 경우 흥미로운 다양한 결론이 도출된다.

여기서는 이동통신과 방송 모두가 700 MHz 대역을 대체할 수 있는 적절한 대안이 있다고 가정한다. 이는 일반적으로 사실이다. 그리고 다음의 각 경우가 분석에 어떻게 영향을 미치는지 논의한다.

a. 기술적 측면에서 적합한 방송 스펙트럼이 부재한 경우
b. 대안 주파수 이용 시 방송 서비스가 재정적으로 불가능한 경우

마지막으로 경매 기반의 스펙트럼 할당 시스템이 효율적인 결과를 도출할 것으로 기대할 수 있는 환경에 대해 논의한다.

11.7.1 예시를 위한 시나리오

첫 번째 시나리오에서 이동통신 서비스가 700 MHz 또는 2.3 GHz 대역을 이용할 수 있다고 가정한다. 마찬가지로 방송 서비스는 700 MHz 대역의 지상파 또는 10 GHz 대역의 위성을 이용할 수 있다. 단순화를 위해 2.3 GHz 대역과 10 GHz 대역은 모두 다른 용도로 사용되지 않는다고 가정한다.[9] 따라서 다음과 같은 두 가지의 할당이 가능하다.

- 할당 1: 이동통신이 700 MHz 대역을, 방송이 10 GHz 대역을 사용
- 할당 2: 방송이 700 MHz 대역을, 이동통신이 2.3 GHz 대역을 사용

이 시나리오를 위해 먼저 다음과 같이 가정한다.

- 두 서비스는 모든 할당의 경우에서 보조금 없이도 재정적 문제가 없으며,
- 두 서비스의 산출물은 스펙트럼 할당에 영향을 받지 않고, 그러므로 여기에서는 동일한 수준의 산출물을 효율적으로 생산하는데에 초점을 둔다.

각 서비스는 이용자에 대한 효용과 미이용자에 대한 외부 효용을 창출하며, 결과적으로 공급의 비용이 된다. 각 서비스가 사회에 주는 가치는 이용자 효용(소비자 후생)의 합으로 주어진다.[10] 표 11-1과 11-3은 할당 1과 2의 경우 각 서비스의 비용, 이용자 효용, 외부

[9] 대체 스펙트럼 대역이 현재 이용 중인 경우에는 가격산정에 관한 7.5절에서 논의된 체계를 확대해서 다른 용도로 주파수를 이용하는 것 사이의 상호의존성을 고려해야 한다.

효용 및 사회적 가치에 대한 가정치를 보여준다. 여기서 알 수 있듯이,

- 각 서비스의 비용은 700 MHz 대역이 차선 대역보다 낮다. (즉 700 MHz 대역은 낮은 네트워크 비용으로 서비스 제공이 가능하다.)
- 산출물이 일정하므로 각 서비스에 의한 이용자 효용은 각 할당의 경우에 동일하며, 방송보다 이동통신이 높다.
- 각 서비스의 외부 효용은 각 할당 경우에 대해 동일하며 이동통신보다 방송이 더 높다.

이러한 가정하에서 방송이 상당한 외부 효용을 창출하는 사실로 인해 방송 서비스가 700 MHz 대역을 사용하면 이동통신 서비스보다 더 많은 사회적 가치를 만들 수 있을 것이다. 그러나 700 MHz 대역을 이동통신에, 10 GHz 대역을 방송에 할당하는 것이 효율적일 수 있다. 왜냐하면 두 서비스가 사회에 기여하는 총 가치가 할당 2(1,020)보다 할당 1(1,080)에서 더 높기 때문이다. 그 이유는 두 할당 경우의 이용자 효용과 외부 효용 총합은 동일하지만 방송과 이동통신의 총 비용이 할당 1에서 할당 2보다 60만큼(즉 280 − 220)감소하기 때문이다.

▽ 표 11-2 할당 1의 사회적 가치

할당 1	이동통신 700 MHz	방송 10 GHz	계
a. 비용	100	120	220
b. 이용자 효용(총)	400	200	600
c. 외부 효용	200	500	700
d. 사회적 가치(−A+B+C)	500	580	1080

▽ 표 11-3 할당 2의 사회적 가치

할당 2	이동통신 2.3 GHz	방송 700 MHz	계
a. 비용	200	80	280
b. 이용자 효용(총)	400	200	600
c. 외부 효용	200	500	700
d. 사회적 가치(−A+B+C)	400	620	1020

이는 스펙트럼 할당 대안이 해당 대역이 아닌 차선 대역을 이용할 경우 발생하는 비용의 증가로 측정되는 기회비용 측면에서 검토되어야 한다는 중요한 원칙을 보여준다(7장 참

10 생산자 후생 역시 포함되더라도 결과에 영향을 미치지 않는다. 추가적인 논의는 12.2절을 참고

고). 표 11-4에서 보여지듯 700 MHz 대역의 기회비용은 비용 절감의 정도를 반영한 만큼으로서 방송(120 - 80)에서보다 이동통신(200 - 100)에서 더 크게 나타난다. 방송 또는 이동통신에서 주파수에 따른 이용자 효용과 외부 효용의 변화는 없으므로 기회비용이 결정적인 요소가 된다.

만약 그러한 차이가 있다면 표 11-4의 B, C열에 추가될 것이고, 효율적인 할당 방식은 다시 계산된 사회적 가치를 비교하여 결정할 수 있다.

11.7.2 방송 서비스에 대한 적절한 대안 스펙트럼이 부재한 경우

다음으로 방송 서비스용으로 700 MHz를 대체할 적절한 대역이 없고, 그래서 할당 1 방식으로는 서비스 제공이 불가능한 상황을 가정해보자. 이 시나리오에서는 700 MHz를 이동통신용으로 할당할 경우 방송용 할당이 불가능해지므로 비용과 효용도 영이 된다.

▽ 표 11-4 700 MHz 대역의 각 서비스에 대한 증분 가치

700 MHz 대역의 증분 가치	이동통신 2.3 GHz	방송 10 GHz
a. 기회비용	100	40
b. 이용자 효용	0	0
c. 외부 효용	0	0
d. 사회에 대한 가치(-A+B+C)	100	40

▽ 표 11-5 700 MHz 대역의 각 서비스에 대한 증분 가치

700 MHz 대역의 증분 가치	이동통신 700 MHz	방송 700 MHz
a. 기회비용	100	-80
b. 이용자 효용	0	200
c. 외부 효용	0	500
d. 사회에 대한 가치(-A+B+C)	100	620

700 MHz 대역을 방송에 할당하는데 따른 증분 비용과 효용은 표 11-5의 오른쪽 행에 나타나 있다. 700 MHz 대역을 이동통신에 할당할 경우 비용 절감만 발생한다. 방송에 할당할 경우 비용이 증가하지만 큰 효용을 창출한다.

11.7.3 10 GHz 대역을 이용한 방송 서비스가 재정적으로 불가능한 경우

처음의 예시로 돌아와서 방송 서비스의 수익이 10 GHz 대역 이용으로 발생하는 서비스 비용을 감당하기 충분하지 않은 경우를 가정하자. 만약 어떤 방법으로든 해결되지 않는다면 10 GHz 대역을 이용하는 방송 서비스는 재정적으로 불가능하므로 서비스는 제공되지 않을 것이다.

이러한 시장 실패는 방송 수익 증가를 위한 적절한 보조금을 통해 10 GHz 대역 이용한 서비스가 재정적으로 가능하도록 하여 해소될 수 있다. 700 MHz를 이동통신에, 10 GHz 대역을 방송에 할당하여 스펙트럼 효율성을 극대화시킬 수 있을 것이다.

만약 이러한 보조금 지원이 없으면, 차선의 방법은 700 MHz 대역을 방송에 할당하는 것이다. 실제로는 방송을 보조하기 위해 스펙트럼 효율성은 왜곡된다. 만약 700 MHz 대역에서의 방송 서비스로 인한 효용이 부분적으로 다른 수단으로 대체될 수 있다면 700 MHz 대역 비효율적 이용에 따른 사회적 비용 증가와 700 MHz 대역을 방송이 배타적으로 사용하는데 따른 효용의 손실사이에 있을 수 있는 상쇄 효과를 평가해야 한다.

11.7.4 700 MHz 대역의 경매는 효율적인 결과를 도출할 것인가?

표 11-4는 처음의 시나리오에서 700 MHz 대역 이용과 각 서비스의 대체 대역 이용을 비교할 때 이동통신 사업자가 방송보다 더 많은 가치를 가진다는 것을 보여준다. 이동통신 사업자의 지불의사가 방송사업자보다 크므로 이동통신 사업자가 이차가격 경매에서 이길 것이다.

만약 대체 대역인 10 GHz 대역과 비교해 700 MHz 대역에서 방송 서비스로 인한 외부 효용의 증가가 존재하고 이동통신 서비스의 외부 효용에 동일한 차이가 발생하지 않는다면 경매는 효율적이지 않을 것이다. 사업자의 스펙트럼에 대한 지불의사는 외부 효용 수준이나 변화를 반영하지 않는다. 만약 방송에 의한 외부 효용이 10 GHz보다 700 MHz 대역 서비스로 인해 변할 수 있다면, 경매에서 낮은 가격으로 입찰하더라도 700 MHz 대역을 방송 사업자에게 할당하는 것이 효율적일 수 있다.

11.7.5 결론

이 분석은 스펙트럼 할당과 관련해 비용과 스펙트럼 이용 서비스의 가치로부터 결론을 도출하는데 복잡한 분석과정이 있다는 것을 보여준다. 그 이유는 본질적으로 투입의 할당에 있어 비용과 수요 요인이 포함되기 때문이다. 이 두 요소의 상대적 중요성은 (a) 스펙트럼 이용 서비스를 제공하는 대체 방법의 유무, (b) 해당 서비스를 제공하는 대체 방법이 동일한 소비자 효용과 외부 효용을 창출하는 정도, (c) 서비스 시장 실패가 발생할 때 정책 당국 또는 규제기관이 투입 시장에 개입(차선의 방법)하기보다는 서비스 시장에 개입(최선의 방법)할 수 있는 능력에 의존한다.

분석에 의하면 경쟁적인 서비스가 동일한 산출과 동일한 외부 효용을 창출하는 대체 서비스 수단을 가지고 있고, 이들 대체 수단 중 적어도 하나가 상업적으로 가능하다면 경쟁적인 경매가 효율적인 결과를 낳을 수 있다.

영국 Ofcom이 700 MHz 대역의 용도를 이동통신 서비스로 변경할 때 비용–효용 분석에서 비용에 중점을 두었다. 여기에서 결과는 해당 대역에서 방송, 이동통신과 경쟁하는 다른 서비스에 대해 사실상 일정했다. 그 다음으로 이들 서비스를 470 – 694 MHz 대역 또는 다른 대역으로 재배치하는 비용이 이동통신 서비스를 확대하는 비용 절감과 다른 대체 대역 이용 대비 700 MHz 대역 이용으로 인한 건물 투과 및 시골지역 커버리지 확대에 따른 효용을 합산한 것보다 작다는 것을 보였다[14]. 그러므로 서비스의 질 측면에서 산출물 변화가 상당히 제한된 경우, 대부분의 계산이 비용을 중심으로 전개된다. 그러나 할당 문제를 이런 방식으로 한정하는 것이 항상 가능한 것은 아니다.

11.8 UHF 대역에 대한 경쟁: 선택지

지상파 방송은 무선 스펙트럼을 필요로 하며, 현행 철탑 구축 상태와 수신 안테나를 고려할 때 스펙트럼은 UHF 대역(대략 400 – 800 MHz)이어야 한다. 방송 사업자는 고화질로 더 많은 콘텐츠를 전송하기 위해 더 많은 스펙트럼을 원할 것이다. 그러나 이 대역에는 이동통신 사업자의 경쟁적 수요가 존재한다. 그 이유는 이동통신 네트워크의 신호가 주파수가 낮을수록 더 멀리 전달되기 때문이다. 대략적으로 주파수가 두 배 증가할 때마다 신호전달 범위는 절반으로 줄어든다. 셀의 커버리지 면적은 반지름의 제곱에 비례하기 때문에 범위가 절반으로 줄면 동일 커버리지 달성을 위해 네 배 많은 셀을 필요로 한다. 2.6 GHz와 같이 최근 활용되고 있는 스펙트럼과 비교했을 때 600 MHz 대역의 TV 주파수는 단지 1/16의 셀을 필요로 한다. 이것이 이야기의 전부는 아니다. 왜냐하면 안테나 크기, 인공 잡음, 그리고 더 많은 용량이 필요한 경우도 있을 수 있기 때문이다. 그럼에도 불구하고 UHF의 낮은 대역을 이용하는 것은 이동통신 사업자 입장에서는 분명한 이익이 있다. 주파수 경매 결과에 따르면 700 또는 800 MHz 대역이 1800 MHz 또는 2.6 GHz보다 몇 배 많은 수익을 발생시켰다.

그러므로 다음과 같은 용도로 UHF 대역을 이용하고자 하는 수요가 있다.

- **이동통신 사업자.** 이동통신 사업자는 전원지역의 비용 효율적 커버리지를 위한 UHF와 같은 저대역 주파수와 도심 지역에서 고용량 서비스 제공이 가능한 고대역 주파수의 포트폴리오를 선호한다. 현재까지 그들은 저대역보다 고대역을 더 많이 보유하고 있으며, 일부 사업자는 커버리지 확대를 위해 저대역 주파수 보유를 늘리려고 하고 있다. 이는 또한 인구의 대부분에게 브로드밴드 서비스를 제공하고자 하는 정부의 정책을 지원하기도 한다. 이들의 스펙트럼 수요는 11.5절에서 논의된 바와 같이 모바일 데이터 이용의 급증으로 심화되었다.
- **공공안전 및 재난구조(PPDR).** 비상 서비스로도 알려져 있다. 많은 경찰, 소방 및 응급의료 이용자는 400 또는 800 MHz의 UHF 대역의 시스템을 보유하고 있다. 이 시스템은 일반적으로 음성 기반이며 이용자는 고속 데이터 전송을 원하고 있다. 이를 위해 그들은 추가 스펙트럼을 원할 수 있으며, 만약 현재 시스템이 이용 중인 대역과 근접한 대역이 주어진다면 동일한 기지국 사이트를 계속 이용할 수 있을 것이다. 미국에서 TV 디지털 전환 대역을 공공 서비스에 할당한 이유 중 하나는 PPDR 이용을 통해 9/11 테러와 같은 비상 상황에 더 잘 대응할 수 있기 때문이다. 4.9절에서 논의한 바와 같이 미국에서 계획 중인 소위 유인 경매라고 하는 600 MHz 대역 경매의 목적은 비상 서비스용 브로드밴드 네트워크 구축을 위한 재원을 확보하는 것이다. 상용 네트워크를 비상 서비스용으로 활용하는 것도 가능하다. 이때에는 비상사태가 발생할 경우 해당 이용자에게 우선적인 이용권을 부여한다는 협정이 필요하다. 일부 국가는 이 방안을 검토하고 있다.
- **사물통신(M2M) 시스템.** 센서를 제어시스템에 연결한다. 일반적으로 센서는 저비용이어야 하고 배터리 하나로 수 년간 운용이 가능해야 한다. 이를 위한 저전력 송신으로 인해 신호 도달 범위가 좁아지나, UHF 대역의 우수한 전파 특성은 이러한 문제를 경감시키고, 네트워크 구축이 가능하게 한다. Weightless와 같은 기술은 전용대역이 없어 이차업무 기반으로 이용되지만, UHF TV 대역을 이용할 수 있을 것으로 전망된다.

최근 몇 년 동안의 트랜드는 TV 대역을 지속적으로 줄여가는 방향으로 진행되고 있다. 유럽의 경우 기존에는 868 MHz에 이르렀지만, 디지털 전환을 거치는 동안 792~868 MHz의 '800 MHz' 대역은 재배치되고 이동통신용으로 경매되었으며, 이는 현재 전세계적으로 4G 이동통신 대역의 일부가 되었다.

방송 주파수 대역이 다른 미국의 경우 700 MHz 대역이 디지털 전환을 통해 재배치되고 이동통신 사업자에게 경매되었다. 많은 사업자가 이 대역에서 4G 시스템을 구축하고 있다. 이는 장비, 특히 단말기의 확산을 가능하게 해 다른 나라들 역시 700 MHz 재배치를 고려할 수 있게 되었다. 이 문제는 2012년 세계전파통신회의(WRC)에서 제기되었으며[15], 700 MHz 대역을 전세계에서 이동통신용으로 이용할 수 있도록 합의되었다. 이것이 규제기관에게 방송 대역을 재배치 하도록 하는 의무를 부여하는 것은 아니지만, 많은 규제기관은 이를 그들이 적어도 이 대역의 미래로서 TV 대역을 470 – 700 MHz로 제한하는 것을 고려해야 한다는 신호로 여긴다. 여러 규제기관은 현재 이에 대한 함의를 연구하고 있으며, 700 MHz 대역의 미래에 관한 의견을 수렴하고 있다.

방송 사업자는 당연히 이를 가능성 있는 트랜드로 보고 있으며, 스펙트럼 이용 축소 압력을 지속적으로 받고 있다. 그들은 어느 시점에 상업적 서비스가 가능한 스펙트럼이 부족할 것으로 지적하고 있으며, 지상파 방송도 전환할 것이다. 독일과 같이 케이블과 위성 시청율이 높은 일부 나라의 경우 지상파 방송 전환이 정책적으로 수용가능하며 상업적으로도 가능할 것이다. 그러나 가구의 절반 이상이 지상파 방송에 의존하는 영국과 같은 나라의 경우 이러한 계획에 매우 강하게 반대할 수 있다. 그러나 이 대역에 방송이 남아 있는 한 국제적 공조가 필요하다는 점에서 각 국가가 독립적인 선택을 할 수 있는 여지는 제한적이며. 이로 인해 문제가 복잡해질 수 있다.

미국의 경우 이러한 복잡성을 해결하기 위해 시장의 힘을 이용할 것이다. 미국은 독일과 같이 약 10%의 가구가 지상파 방송을 시청하고 있어, 지상파 방송에 상대적으로 거의 의존하지 않고 있다. 미국은 2015년에 새로운 유인 경매를 계획하고 있다. 이는 앞서 4.9절에서 상세히 기술한 방식으로서, TV 방송용으로 유지할 스펙트럼 양과 이동통신용으로 전환할 스펙트럼 양을 경매를 통해 결정한다. 다른 규제기관들은 이 경매방식이 잘 동작하는지를 보고, 700 MHz 이하 대역에 대한 이동통신 사업자의 수요가 높은지에 대한 지표로서 이 경매를 관심있게 지켜볼 것이다.

11.9 가능한 결과

다음과 같은 몇 가지 결과를 상상할 수 있다.

- **현행 유지**: 나머지 대역(약 470 – 790 MHz)을 당분간 방송용으로 사용(일부 국가는 692 – 790 MHz 대역을 이미 이동통신용으로 사용하기로 함)
- **반대**: 방송이 전 대역을 비우고, 이동통신용이나 M2M 같은 다른 신규 서비스로 이용
- **중간 입장**: 방송용 대역을 추가로 개방해 방송과 이동통신이 나눠서 사용
- **혼합 방식**: 단일 네트워크가 이동통신과 방송 콘텐츠를 유연하고 동적인 방식으로 전달

나라마다 지상파 방송 현황, 방송과 이동통신의 가치에 대한 인식에 따라 다른 결과를 지향할 가능성이 있다. 마찬가지로 글로벌 규모의 경제로 인해 대부분의 국가가 유사하게 스펙트럼을 이용하는 경향이 있고, 이러한 대역의 국경간 주파수 이용계획의 복잡성으로 인해 인접 국가들은 유사한 주파수 용도를 채택하는 경향이 있을 것이다.

결과에 영향을 미치는 일부 핵심 요인들은 다음과 같다.

- 이동통신 데이터 수요의 지속적 성장 여부와 이에 대한 사업자의 대응 방식
- 미래의 방송시청 행태 변화
- 모바일 브로드밴드 제공에 대한 정부의 정책 우선순위

이들 요인의 영향이 항상 명백한 것은 아니다. 예를 들어 지속적인 모바일 데이터 수요 증가에 대응하기 위한 용량 증대 방식으로서 추가 스펙트럼을 공급하는 것은 수 십 퍼센트의 증가만 가능하므로 다른 방식이 필요할 수 있다. 그 대신 많은 양의 스몰셀 구축이 필요할 것이다. 스몰셀은 UHF 대역에서 제공되는 넓은 범위가 불필요하기 때문에 높은 주파수에서 더 잘 동작할 수 있다. 그러므로 사업자들은 그 결과로서 700 MHz 대역보다 3.5 GHz 대역에 더 관심을 가질 수 있다. 마찬가지로 고화질, 초고화질 TV 시청 수요 증가로 인해 UHF 채널 용량이 콘텐츠 전달에 부족할 수 있으며, 시청자는 위성과 같은 플랫폼으로 이전할 수 있어 UHF의 수요가 줄어들 수 있다. 아마도 가장 복잡한 경우는 모바일 브로드밴드가 지속적으로 성장하여 추가 스펙트럼을 필요로 하고, 방송 시청이 점진적으로 감소하여 지상파 방송의 중단이 정당화되는 상황이라 할 수 있다.

많은 이들은 800 MHz 대역이 방송에서 이동통신으로 전환되었기 때문에 이러한 전환이 700 MHz 대역에서 반복될 것은 명백하고, 600 MHz대역으로의 이전은 시간 문제이며, 500 MHz 대역도 동일한 길을 따를 것으로 생각한다. 그러나 EC의 최근 연구에 의하면 700 MHz 이하 대역에 대한 이동통신사의 관심은 상대적으로 낮을 수 있다.[11] 이동통신 사업자는 현 시점에서 충분한 UHF 스펙트럼을 이용하고 있으며 저대역을 추가로 확보하는데 따른 한계 수익이 적다고 생각하고 있는 것으로 보인다. 그 대신에 고대역 활용을 증가시키기 위한 정책 반영을 노력하고 있다. 방송 사업자는 현재 남은 대역에서 방송을 지속하기로 했으며, 현재 기존 형태의 TV 방송에 대한 대중의 수요도 여전히 강하다. 시청 행태를 변화시키고자 하는 정부의 관심도 적다. 그러므로 현재 상태의 유지가 적어도 다음 10년 동안은 가장 현실적인 결과일 것이다.

[11] Plum Consulting의 연구를 참고[16]

11.10 스펙트럼 관리에 대한 시사점

여기에서 살펴본 이슈가 스펙트럼 관리에서 현재까지 가장 첨예한 문제일 것이다. 이는 모바일 데이터의 성장 속도, 지상파 방송의 장기적 전망, 브로드밴드에 의한 경제적 외부효과와 방송에 의한 사회적 외부효과의 가치, 방송과 이동통신 기술의 발전, 심지어 미래에 두 서비스의 단일 플랫폼 통합 가능성 등의 모든 주요 논쟁을 포함한다.

이러한 논쟁을 국가별로 일반화하는 방식으로 해결하는 것은 불가능하다. 그러나 이 사례를 통해 스펙트럼 관리 방향에 관한 몇 가지 결론을 도출할 수 있다.

첫 번째로 이 문제를 해결하기 위해 국가마다 다른 도구를 사용한다는 것이다. 대부분의 국가는 명령과 통제 방식을 이용하며, 그 후에 비용–편익 분석 또는 규제 영향평가를 이용한다. 거래나 서비스 중립적인 경매와 같은 시장 방식에 의존하는 경우는 매우 드물다. 이 방식의 가장 좋은 사례는 미국에서 제안된 600 MHz 대역의 유인경매이다.

명령과 통제방식이 거래, 경매와 같은 경제적 방식에 어느 정도 우선하게 되는 이유는 다음과 같다.

- 스펙트럼 위기를 조속히 해결해야 할 필요성
- 스펙트럼 이전에 대한 국가간 조화의 필요성
- 시장 기반 할당 및 할당 절차의 복잡성
- 관련된 다수의 외부효과와 경매에서 이를 고려하는 것의 문제
- 정책결정의 정치적 특성과 적극적 역할을 수행하고 있는 것으로 보이고자 하는 바람
- 방송과 이동통신간의 첨예한 경쟁
- 경매 수익을 극대화하고자 하는 정부의 바람

미래에 다른 복잡하고 논쟁적인 스펙트럼 관련 정책결정도 명령과 통제 방식으로 정해지게 될지를 현 시점에서 판단하기는 어렵다.

참고문헌

[1] www.itu.int/ITU-R/terrestrial/broadcast/plans/ge06.

[2] http://en.wikipedia.org/wiki/Multimedia_Broadcast_Multicast_Service.

[3] http://europa.eu/rapid/press-release_IP-14-14_en.htm.

[4] TG6(13)026 by IRT, available from the ECC website.

[5] Broadband Commission, "The State of Broadband 2014: Broadband for All," ITU/UNESCO (2014).

[6] J. Stewart, "Mobile Broadband Coverage: Balancing Costsand Obligations," at www.analysysmason.com/About-Us/News/Newsletter/Mobile-broadband-coverage-balancing-costs-and-obligations.

[7] www.cisco.com/c/en/us/solutions/collateral/service-provider/visual-networking-index-vni/white_paper_c11-520862.html.

[8] www.whitehouse.gov/the-press-office/presidential-memorandum-unleashing-wireless-broadband-revolution.

[9] J. Genachowski, "Winning the Global Bandwidth Race: Opportunities and Challenges for Mobile Broadband," University of Pennsylvania (October 4, 2012), at www.fcc.gov/document/chairman-genachowski-winning-global-bandwidth-race.

[10] P. Diamond and J. Mirrless, "Optimal Taxation and Public Production" (1971) 61 *American Economic Review* 8 and 261.

[11] http://stakeholders.ofcom.org.uk/consultations/ddr.

[12] Ofcom, "Digital Dividend Review" (December 2007), Annex 7, 19, at http://stakeholders.ofcom.org.uk/binaries/consultations/ddr/annexes/ddr_annexed.pdf.

[13] UK Government, "Spectrum Strategy" (2014).

[14] Ofcom, "Consultation on Future Use of the 700 MHz Band: Cost-Benefit Analysis of Changing Its Use to Mobile Services" (May 2014).

[15] ITU website, e.g. www.itu.int/ITU-R/index.asp?category=conferences& rlink=wrc-12&lang=en.

[16] http://ec.europa.eu/digital-agenda/en/news/challenges-and-opportunities-broadcast-broadband-convergence-and-its-impact-spectrum-and.

12
공공 부문의 스펙트럼 이용

12.1 서론

대부분의 국가에서 상당량의 스펙트럼(거의 절반)이 공공 부문에서 사용되고 있다. 이는 민간과 공동으로 이용하는 대역과 가치가 큰 300 MHz에서 3 GHz 범위의 대역에도 해당된다. 용도로는 항공, 해상, 교통, 통신, 레이다, 과학연구 등이 있으며, 스펙트럼 이용의 대부분은 국방과 관련되어 있다.

국가별 이용 패턴은 지리적 위치나 인구당 수입에 민감하지 않고, 그래서 국가별로 유사하다. 또한 국방 관련 스펙트럼이 공공 부문 스펙트럼의 절반 이상을 차지하는 것이 일반적이다. 그림 21-1은 전형적인 유럽 국가에서의 민간 및 공공 스펙트럼 이용을 보여준다.[1]

역사적으로 국방과 정도는 작지만 일부 공공 부문의 스펙트럼 이용이 민간에 우선되었다. 보통 공공 부문 이용자는 사업용 이용자와 같은 면허 취득, 사용료 납부 의무가 없었다. 최근과 같이 스펙트럼 수요가 증가하기 전의 스펙트럼이 풍부한 시대에는 공공 부문의 스펙트럼 이용이 수월했다.

---

1 민간용과 공공용 스펙트럼을 구분하는 것은 쉽지 않다. 예를 들어 항공기 관제의 경우 대부분의 국가에서 공공기관이 민간 항공기에 서비스를 제공한다. 마찬가지로 공공 부문(경찰, 소방, 응급의료)의 비상서비스 통신을 상업 네트워크로 제공할 수 있다.

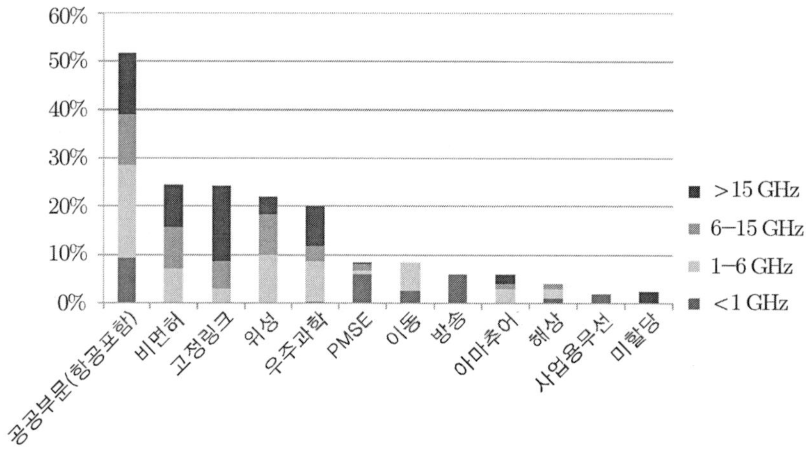

그림 12-1 영국에서의 스펙트럼 이용 (자료: [1])

영국의 스펙트럼 모니터링 결과에 따르면 1.0 – 1.8 GHz 대역을 포함한 일부 공공 스펙트럼의 이용 수준이 낮은 것으로 나타났는데, 이는 900, 1800, 2300 MHz와 같은 이동통신 대역과 대비되는 결과였다.

이 결과로 공공 용도의 가치를 판단할 수 없다. 그러나 공공부문 스펙트럼의 낮은 이용 수준과 효율적 이용에 대한 유인의 결여로 인해 적어도 연구가 필요할 것이다.

이 장은 주로 앞 장에서 살펴본 스펙트럼의 희소성과 결과(3장), 스펙트럼 가격산정과 가치평가(7장), 스펙트럼 공동사용(8장)의 개괄적인 분석에 초점을 둔다. 먼저 공공 부문의 특수성이 어떻게 스펙트럼 이용과 스펙트럼 관리에 영향을 주는지를 논의하고, 해당 스펙트럼 이용의 효율을 개선할 수 있는 수단을 검토한다.

12.2 민간과 공공 부문 이용의 차이

이 책의 주요 주제 중 하나는 스펙트럼 관리에 있어 이동통신 스펙트럼 수요 급증으로 인한 전통적인 '명령과 통제' 방식에 가해지는 압력이었다. 우리는 스펙트럼이 풍부했던 시기에 성공적으로 작동하여 행정적 균형을 잡아주는 행위가 할당 오류의 증가로 제대로 작동하지 않게 되었음을 지적했다.

이는 공공과 상업용 스펙트럼 모두에 동일하게 적용된다. 공공부문이 새로운 기술을 도입하기 위해 스펙트럼이 필요하면 당장 수요를 제기한다. 그러나 스펙트럼 관리기관의 공공기관에 대한 관대한 처분 관행으로 인해 스펙트럼이 공공에서 상업 부문으로 이동하는 것은 자연스러운 것이다. 공공 부문이 불필요하게 스펙트럼을 보유하는 경우 국민과 경제에 미치는 영향은 상당할 수 있다.

명령과 통제의 스펙트럼 관리 방식이 공공 부문에 매우 '적합하다는' 것이 여전히 광범위하게 받아들여지고 있다. 그러나 여기에는 질문의 여지가 있다. 공공기관은 서비스 제공을 위해 많은 투입을 필요로 하며 여기에는 토지와 다른 천연자원, 노동, 에너지, 자본기구, 재료 등이 포함된다. 일부 국가에 있는 군대 징집과 같은 특별한 예외가 있지만, 이들 투입은 현대 시장 경제에서 공공재 생산을 위해 행정적으로 조달되지 않는다. 그 대신 공공 부문은 민간 회사에 대한 입찰을 통해 이를 조달한다.

이러한 측면에서 보면, 앞서 3장에서 설명한 동일한 경제적 시장 방식이 상업용 스펙트럼에서와 같이 공공 부문 스펙트럼에도 적용될 수 있다. 그러나 여기에는 두 가지 큰 차이점이 있다. 먼저 민간과 공공 기관은 스펙트럼을 반납하거나 대가를 지불하는데 반대하고 있는 반면에, 제공 서비스의 특징과 국방부와 같은 특정 공공기관의 비교적 수월하고 비공식적인 스펙트럼 취득으로 인해 현재 자신이 보유한 스펙트럼에 대해 강한 권리 의식을 가지고 있다는 것이다. 이러한 뿌리깊은 인식을 직접적으로 비난할 경우 효과가 없을 것이다. 따라서 이 문제는 단계적인 전략적 방법으로 접근하는 것이 더 좋을 것이다. 먼저 해당 스펙트럼에서 상업용 가치에 대한 정보를 알려준 후에, 스펙트럼 관리 방식의 개혁이 제대로 실현된다면 공공 이용자에게 손해가 없다는 것을 설득시킨다. 그리고 이러한 개선으로 인해 관련 공공 부문 이용자가 원하는 스펙트럼을 추가로 획득할 수 있는 기회가 확대된다는 점을 강조한다. 재정부의 협조를 요청하는 것도 도움이 된다. 왜냐하면 재정부는 저이용되고 있는 공공 부문 스펙트럼을 국가 전체적 차원에서 경제발전을 위해 사용하는 것에 관심이 있을 것이기 때문이다.

두 번째는 공공 부문에서 작동하는 유인이 민간 부문과 다르다는 것이다. 이러한 차이는 공공 부문 내에서도 존재한다. 민간 회사는 대부분 시장에서 결과물을 산출한다. 만약 비용이 매출보다 크면 비용 절감 압력을 받게 된다. 즉 엄격한 예산 제약이 있고, 지속적으로 손해를 볼 수는 없다. 그러므로 만약 민간 회사가 스펙트럼 이용을 위해 적지 않은 돈을 지불했다면(적절한 행정적 비용이 아니라), 이를 효율적으로 이용하고자 할 것임은 당연히 예상할 수 있다.

시장에 산출물을 판매하는 공공 소유 회사(예를 들어 수도, 에너지 회사) 역시 상업 회사만큼 엄격하지는 않더라도 재정적 목표를 가지고 있을 것이기 때문에 스펙트럼을 효율적으로 이용하고자 하는 유인이 여전히 존재할 것이다. 그러나 국방부와 같은 공공 스펙트럼 이용자는 시장에 산출물을 제공하지 않고 해당 서비스는 모든 국민에게 무료로 제공된다. 공공 이용자는 재정부를 통해 자금을 조달받을 수 있으며, 그 규모는 부담할 수 있는 수준이다.

만약 이 기관이 스펙트럼을 사용한다면, 예산에 관해 재정부와 협상할 것이다. 이러한 협상에는 두 가지 상황이 있을 수 있다.

A. 국가 A의 경우, 스펙트럼 이용기관이 다음 기간 동안에 사용할 투입과 그 가격의 목록을 제출하면 재정부가 이를 검토한다. 국회의 승인을 통해 예산이 성립하는데, 여기서 구입할 투입의 목록을 정한다. 스펙트럼 이용기관은 해당 투입을 구매하여 산출물 생산에 사용한다.

B. 반면에 국가 B의 경우 방식이 다르다. 재정부가 3년에서 5년의 전체 기간 동안 해당 부처의 산출 목표에 동의한다. 그리고 두 부처가 목표 달성을 위한 전체 예산을 협의하면, 해당 목표 달성을 위해 가능한 최선의 방법으로 예산을 지출하는 것은 부처의 책임이다.

국가 A의 경우 스펙트럼 가격 상승의 영향이 스펙트럼의 효율적 이용에 거의 영향을 주지 않을 수 있다. 단지 재정부가 스펙트럼 이용기관에 할당하는 예산을 증가시킬뿐이다. 게다가 공공기관이 스펙트럼을 절약하더라도 절약한 만큼의 가치를 다른 투입의 획득에 재활용할 수 없다. 반면 국가 B에서는 스펙트럼에 지출되는 예산을 절약하면 이를 다른 구매를 위해 사용할 수 있다. 이 경우 가격 변화에 대응할 유인이 있게 된다.

시장을 기반으로 하지 않는 공공 부문에서의 효율적 스펙트럼 이용 촉진에 관한 문제가 스펙트럼에만 국한되지 않는다는 것은 분명하다. 이는 시장을 기반으로 하지 않는 공공 부문에 의한 모든 투입 이용과 모든 산출물 생산에 일반적으로 적용된다. 국가 A와 관련해 설명한 방식이 일반적으로 공공부문의 전통적인 예산수립 관행에 해당한다. 국가 B와 관련해 설명한 방식은 일부에서 지지하는 것으로 전체 공공 부문 관리의 효율성을 개선하고자 하는 소위 '새로운 공공 관리'에 해당한다[2]. 아래에서 보인 바와 같이 이 방식은 스펙트럼 이용자에게 긍정적인 유인을 제공하므로 스펙트럼 효율성 달성에 있어 더 적합한 방식일 수 있다.

그러나 만약 국가 B에서 사용한 방식을 적용할 수 없다면 아래에서 언급한 스펙트럼 용도전환, 감사와 같은 방식을 이용하는 것도 가능하다.

12.3 공공 스펙트럼 이용의 개혁 방안

이 절은 공공 부문 스펙트럼 이용을 개선하기 위한 가능한 몇 가지 방법을 논의한다. 이들 방법 중 일부는 전통적인 방법과 동일하거나 이를 발전시킨 것이다. 다른 방법들은 좀더 일반적인 응용의 시장 또는 가격 기반의 개혁과 동일하며, 때로는 공공 스펙트럼 이용의 특수한 환경에 적합하게 변형될 수 있다. 그림 12-2의 공공 부문의 개혁에 관한 사다리는 공공 부문 스펙트럼 이용의 효율성을 증대하기 위한 방안으로서, 제시된 단계를 순서대로 따를 필요는 없지만, 스펙트럼 규제기관 또는 정부가 고려할 수 있는 전통적, 개혁적 조치의 연속된 단계를 보여준다. 이는 주로 영국의 경험에 따른 것이다.

그림 12-2 공공 부분 스펙트럼 개혁의 사다리

1 단계: 재개발 지원: 재개발은 주파수 대역의 용도를 전환하는 과정이다.[2] 현재 상황에서 이는 공공 부문 이용자의 스펙트럼을 민간용도로 할당하는 것을 의미한다. 만약 공공 부문 이용자가 특정 대역을 더 이상 사용하지 않는다면, 기술적 측면에서 재개발이 비교적 수월하게 진행될 수 있다. 그러나 여전히 사용 중이거나(대역을 비워야할 수 있기 때문에), 미래에 이용할 예정인 경우 문제가 복잡하게 된다. 각 경우에 있어 어떤 형태의 보상이 필요할 수 있다.

스펙트럼 재개발 절차는 프랑스에서 특히 잘 개발되어 있다. 특정 대역이 재개발 후보대역으로 정해지면 규제기관, 해당 대역으로 이전하는 신규 이용자, 해당 대역에서 이전하는 기존 이용자가 참여해 비용을 산정한다. 정부가 이를 승인하면 스펙트럼 규제기관(Agence nationale des fréquences)은 공공 재원 즉, 해당 주파수 신규 이용 사업자로부터 조성된 재개발 기금으로부터의 비용지출을 승인한다.

2 이러한 전환은 규제적 개입 없이 이차 거래를 통해 이루어질 수 있다. 그러나 여기에서의 지원을 통한 재개발에 관한 논의에서는 이 방법을 고려하지 않는다.

프랑스 국회는 특수 목적 기금을 조성했는데, 이는 2009년부터 주파수 반납 기관에 지급하는데 활용되었으며, 기금은 대부분 차기 경매 수익금으로 충당한다. 지금까지 모바일 브로드밴드용으로 확보된 대부분의 주파수는 국방용으로부터 나온 것이다. 여기에는 1800 MHz 대역, 2.1 GHz 대역의 상당 부분, E-GSM 대역, 2.6 GHz 대역, 800 MHz 대역의 절반이 해당한다. 2011년 2.6 GHz 대역의 경매를 통해 12억 달러의 수익을, 800 MHz 대역 일부 경매를 통해 18억 달러의 추가 수익이 발생했다[3].

프랑스는 이를 700 MHz 대역 확보를 위한 재원으로 활용할 계획이다. 이 경우에는 국방용 스펙트럼이 아니라 방송용 스펙트럼에서 확보하는 것이다. 그러나 방송용, 국방용 모두 중앙의 통제로 관리된다.

미국은 흥미로운 시장 기반 절차를 개발하여, 한 차례 적용하였다. 2004년 미국 의회는 민간주파수개선법(Commercial Spectrum Enhancement Act)을 통과시켰는데, 이는 공공기관이 새로운 대역으로 이전하거나 대체 기술방식으로 전환하는데 발생하는 비용을 부담하기 위한 스펙트럼재배치기금(Spectrum Relocation Fund)을 경매를 통해 조달하는 것을 주요 내용으로 한다. 기본적인 방안은 예상 경매 수익이 이전 비용을 초과하면 주파수 이전을 시행하는 것이다. 예상 이전 비용으로 최저 경매 가격을 설정하는 것도 가능하다. 만약 예상 비용에 해당하는 금액의 경매 수익이 발생하지 않으면 할당은 이루어지지 않는다.

이러한 방식으로 치러진 첫 번째 경매는 1710 – 1755 MHz 대역이었으며, 이 대역은 국방부를 포함한 12개 정부 기관이 이용하는 대역이었다. 경매는 성공했으며, 경매 수익의 일부가 스펙트럼 재배치 비용으로 활용되었다. 나중에 이전 비용이 예상 대비 50%를 초과하는 것으로 밝혀졌으나, 경매 수익이 비용보다 4배 이상 커 이를 충당할 수 있었다[4]. 동일한 절차가 미국의 1755 – 1850 MHz 대역에도 적용되었다.

2 단계: 공공부문 조달에 있어 스펙트럼 가치의 활용: 공공 부문 스펙트럼이 무상이고 이용자들은 가치를 인정하지 않기 때문에 공공 스펙트럼이 비효율적으로 이용된다고 가정한다. 예를 들어 국방 용도에 포함된 스펙트럼 총 가치를 추정하여 공공 부문 스펙트럼 이용으로 수 십억 달러의 가치가 묶여 있다는 것을 정부부처 또는 입법기관에 알려줄 수 있다. 이는 경제적인 스펙트럼 이용을 촉진하기 위한 홍보 과정의 일부가 될 수 있다.

7장에서 스펙트럼 가치를 평가하고 행정적 가격을 설정하는 다양한 방법이 있으며, 이들 방법은 어느 주파수에도 적용 가능하다는 것을 살펴보았다. 초기에는 이러한 가격을 스펙트럼 이용자에게 부과하는 연간 금액을 정하는 일반적인 역할이 아니라 정책 결정에 도움을 주는 용도로 활용할 수 있다. 이런 방식으로 활용되므로 '그림자 가격'이라 할 수 있다. 즉 투자 결정에 활용되지만 실제로 부과되지 않는 가격이다.

예를 들어 정부가 다른 대역을 사용하는 두 가지 무기체계 중 하나를 결정하는 경우 평가는 스펙트럼 가치를 포함한 두 체계의 전체 비용을 바탕으로 이루어질 수 있다. 그 결과 무기체계를 더 잘 선택할뿐만 아니라 스펙트럼의 가치를 더 잘 이해할 수 있을 것이다.

이것이 완료되면 재정부의 승인을 요구할 것이며, 이는 여러 나라에서 공공 부문 구매 절차와 관련된 규칙의 기반을 만들 것이다.

3 단계: 이용현황 조사: 스펙트럼 현황조사는 스펙트럼 관리에 있어 경제적 또는 시장 기반의 방식이라기보다 첫 번째 단계 또는 이러한 방식을 이용하기 위해 필요한 사항이다. 왜냐하면 이는 정부와 규제기관, 스펙트럼 이용자 측면에서 여러 주파수 대역의 이용 규모에 관한 이해를 증진하기 때문이다.

영국 정부는 2006년에 스펙트럼 이용현황 조사를 실시해 공공 부문의 저이용 대역을 확인했다[5]. 이러한 이용현황 조사는 또한 이 장에서 논의될 공공 부문 스펙트럼 관리에 관한 일반적인 원칙을 정하기도 한다. 영국은 민간항공청과 국방부가 관리하는 20개 대역의 현황을 조사했다. 현재와 미래의 잠재적 이용을 고려한 현황조사 결과 8개 대역은 단기간에 다른 용도로 이용할 가능성이 있다고 결론 내렸다. 3개 대역은 향후 5년간 타용도 이용 가능성이 거의 없으며, 13개 대역은 추가 조사 또는 장기간 후에 재배치가 가능할 것으로 확인되었다.

이 권고를 받아들이면서, 영국 정부는 마지막 두 개의 범주가 공공 부문 스펙트럼의 65%를 차지한다고 밝혔다. 대체 이용이 가능한 대역을 검토하는데 필요한 조치에 대한 합의가 있었다[6]. 후속 진행은 다음의 12.4절에서 논의된다.

2013년 유럽 연합에서는 Radio Spectrum Policy Programme의 일환으로 유럽 집행위원회가 스펙트럼 현황조사를 실시한다고 발표했다[7]. 국가안보 문제로 일부 스펙트럼 이용은 공개가 불가하기 때문에 이러한 조사는 완전할 수 없다. 그러나 두 사례를 통해 공공 부문 스펙트럼 이용에 관한 정보가 안전하게 공개될 수 있었다.

4 단계: 공공 부문 스펙트럼의 공동사용: 최근 공공 부문 스펙트럼을 특히 모바일 브로드밴드용으로 활용하기 위해 민간 부문과 공동사용하는 것에 많은 관심이 모아지고 있다. 2012년 미국 대통령 과학기술 자문위원회는 1,000 MHz 폭의 정부 이용 주파수를 개방하는 것에 관한 보고서를 발표했다. 이 보고서에서는 오늘날의 스펙트럼 부족현상이 자원관리의 방법으로 인해 발생한 오해라고 주장한다. 만약 미국이 공공 주파수를 다양한 방식으로 관리한다면 가용 스펙트럼은 현재의 부족한 상황에서 여유있는 상황으로 전환될 것이다. 스펙트럼 이용의 표준은 배타적 이용이 아니라 공동사용이 되어야 한다.

3.4절과 8장과 9장에서 설명했듯이, 공동사용은 다양한 형태로 구현될 수 있다. 가장 간

단한 형태가 지리적 또는 시간적 공동사용이다. 예를 들어 고정 링크와 위성 상향링크와의 공동사용을 들 수 있다. 좀 더 복잡한 형태로는 공공 부문 이용자에게 상업용 이차 사용자에 대한 일종의 선점권을 부여하는 것이 있다. 그리고 9장에서 설명한 바와 같은 동적 스펙트럼 접근과 같은 방법이 있다.

2013년 11월에 미국 국방부는 2,155 – 2,180 MHz와 쌍을 이루기 위해 1,755 – 1,780 MHz 대역을 비우는데 합의했다. 2,155 – 2,180 MHz대역만의 가치가 30억 달러로 추정되었는데 반해 쌍을 이룰 경우 가치는 거의 120억 달러로 증가할 것으로 예측되었다. 군은 현재 1,755 – 1,780 MHz 대역을 파일럿 훈련과 드론 운영에 활용하고 있다. 이들 용도는 2,025 – 2,110 MHz 대역으로 이전할 예정이며, 미국방송사업자협회(NAB)와의 합의를 통해 방송 사업자와 공동사용할 것이다.

그러나 일부에서는 공공과 민간의 스펙트럼 공동사용의 실효성에 의문을 제기하고 있다. 왜냐하면 이는 기술적 문제의 해결뿐만 아니라 양자에 대한 적절한 유인 및 거래 비용의 관리가 필요하기 때문이다. 다른 공동사용 방법과 마찬가지로 다른 국가는 일찍 도입한 나라에서의 사례를 모니터링하여 성공적이고 경제적인 전략이라고 판단될 경우 도입하는 것이 현명한 방법일 것이다.

5 단계: 스펙트럼 가격 부과: 스펙트럼에 그림자 가격을 정하는 것에서(2단계 참고) 실제 행정적 가격을 부과하는 것으로 전환하는 것은 어려운 일이다. 왜냐하면 민간 및 공공 부문 이용자 모두의 강한 저항이 있기 때문이다.

위에서 언급한 바와 같이 재정부가 정부기관이 납부해야 할 스펙트럼 가격을 정하고 동시에 그리고 자동적으로 정확히 같은 금액 만큼 예산을 증액한다면 경제적으로 사용할 유인이 없어지기 때문에 이 제도는 동작하지 않을 것이다.

따라서 스펙트럼 가격부과는 재정부가 특정한 결과물 목표를 위해 관련 부처에 전체 예산을 배정하고, 목표를 어떻게 달성할지는 해당 부처가 결정하도록 하는 공공 지출 관리 시스템에서만 동작한다. 이러한 환경에서 정부부처는 불필요한 스펙트럼을 반납하고 절감한 예산을 다른 곳에 효과적으로 활용하게 될 것이다. 이러한 조건에서 스펙트럼 가격산정은 아래 영국의 사례와 같이 미사용 스펙트럼의 반납을 촉진하게 된다.

앞의 7.5절에서 행정적 가격 부과에 대한 반대가 있을 것으로 예상했다. 공공부문 가격부과에 대한 반대를 완화할 수 있는 몇 가지 방법이 있다. 위에서 언급했듯이 실제 도입에 앞서 그림자 시행 기간을 둘 수 있으며, 가격은 최저가부터 점진적으로 인상할 수 있다. 그러면 재정부는 공공기관 예산 배분 시 이 가격을 어떻게 반영할지에 대한 정책결정을 할 것이다. 이는 공공 부문 보유 스펙트럼의 가치 실현에 대한 강제력을 증대시키는 것과도 관련이 있을 수 있다.

6 단계: 민간과 공공 부문 스펙트럼 시장의 통합: 앞서 언급한 바와 같이 시장 경제하에서 대부분의 투입(노동, 토지, 건물, 공공 서비스, 자본 설비)은 전반적으로 민간과 동일한 방법으로 통합된 시장에서 공공기관으로부터 구입하게 된다. 스펙트럼의 경우 대부분 행정적 절차에 따라 할당되어 역사적으로 예외적으로 취급되었다. 그러나 상업용 스펙트럼 시장이 만들어지면서, 민간과 공공기관이 노동력과 재료에 대해 경쟁하듯이 동일한 스펙트럼에 대해 경쟁하는 상황에서 공공부문 스펙트럼도 시장에 포함해야 하는지 대한 질문이 자연스럽게 제기되었다.

이런 상황에서 공공 부문에 추가적인 스펙트럼이 필요하다면 관련 기관은 예를 들어 경매에서 스펙트럼을 획득하기 위해 재정부에 예산을 신청할 것이다. 마찬가지로 공공기관이 스펙트럼에 여유가 있으면 이를 반납하거나 시장에서 경매를 시행할 수 있다. 만약 판매자가 이러한 절차를 따를 수 있다면 이는 판매를 촉진하게 될 것이다.

위와 같은 이유, 즉 역사적으로 공공 부문의 스펙트럼 할당이 수월했다는 점과 추가 스펙트럼 수요는 주로 이동통신 등의 민간 부문이라는 사실로 인해 미래 스펙트럼 이용은 공공에서 민간으로 흐르게 될 것이다. 여기서 핵심 이슈는 공공기관이 예비 보유를 충분히 포기할 수 있는 스펙트럼을 판매 또는 임대하여 발생하는 수익의 일부를 취하는 것에 대해 재정부가 어떤 입장인가 하는 것이다. 재정적 유인은 다음 절에서 살펴보겠지만 공공과 민간 경계간의 스펙트럼 거래를 계획한 영국의 사례에서와 같이 스펙트럼 개방에 높은 정책 우선순위를 부여하는 것을 통해 강화될 수 있다.

공공기관이 스펙트럼 경매에 입찰하거나 구매하는 것과 관련한 민간–공공 통합은 더 큰 문제를 야기한다. 위에서 언급한 바와 같이 구매를 위해서는 재정부의 예산 배분이 필요하다. 예산 배분은 '금전적 가치' 평가 후에 이루어질 것이나, 공공기관은 스펙트럼에 관한 경험이 거의 없다. 영국의 경우 다른 나라와 마찬가지로 장비 제조업체 주도로, 비상 서비스용 브로드밴드 공급시 전통적인 '명령과 통제'에 의한 스펙트럼 공급에 대해 오랜 논쟁이 있었다. 이는 사업성 측면에서 걸림돌이 됐을 것이다. 왜냐하면 민간 서비스 사업자를 이용하는 경우도 고려해야 하기 때문이다. 그러므로 통합은 공공 부문에서 이를 스펙트럼 할당 방식으로 수용하는 경우에만 동작한다.

12.4 공공 부문 스펙트럼 개혁의 사례: 영국

영국은 공공 부문 스펙트럼 관리에 관여해온 나라 중 하나이며, 앞의 논의에서 이 경험이 상당히 반영되었다. 그 이력은 Box 12-1과 같다.

Box 12-1 영국 공공 부문 스펙트럼 관리 개혁 이력

1998: 행정적 희소가치의 도입[8]. 1998년 Wireless Telegraphy Act는 일부 상업용 대역에 희소성을 반영한 행정적 가격을 도입. 공공 스펙트럼으로 확대하는 것 역시 적절한 것으로 인식

2003: Communications Act 2003 통과

2005: Ofcom은 Spectrum Framework Review[9]를 발표하면서 영국 스펙트럼의 71.5%을 2010년까지 시장 기반 방식으로 관리한다는 목표를 채택

2005: 독립적인 스펙트럼 현황조사[6]를 통해 대역별 검토 프로그램에 착수. 정부는 가격 제도를 확대 작용하고 민간과 공공 스펙트럼 시장을 통합하는 정책을 채택

2010: Ofccom의 행정적 가격에 대한 검토[10]를 통해 스펙트럼 가격정책의 유용성을 확인하고 공공 부문 스펙트럼에 대한 적용 가능성을 확인

2010: 행정적 가격 적용 대역을 확대함. 국방부는 매년 거의 4억 파운드를 지출

2010: 정부는 2020년까지 5 GHz 대역 이하 대역에서 500 MHz폭을 확보하는 계획을 발표[11]. 이 계획은 8개의 부처가 승인했으며, 2014년 초까지 60 MHz가 확보됨. 교통부는 수백 MHz폭을 개방함

2015: Ofcom 주관으로 국방부가 보유하던 190 MHz폭을 경매하는 계획을 수립[12]

12.5 결론

공공 부문의 스펙트럼 효율을 개선하는 것은 민간 부문에 비해 훨씬 복잡하다. 왜냐하면 공공 부문은 유인이 분명하지 않고 운영방식도 재원조달 방식에 따라 크게 달라질 수 있기 때문이다. 원칙적으로 상업용과 공공용 스펙트럼 시장을 각 부문에 유리하게 통합하는 것이 가능할 수 있지만, 공공 부문의 전반적인 문화가 변화하지 않는 상태에서 실제로 단기간에 이를 가능하게 하는 것은 분명히 어렵고 장기적으로도 쉽지 않다.

몇 가지 복잡한 방법이 있다. 여기에는 공공 지출 계획 수립 시 적용할 수 있는 스펙트럼 가격, 이용현황 조사, 정부 압력의 이용, 일종의 보상을 통한 행정적 재배치 등이 포함된다. 이들 방법을 조합하여 적용하면 많은 부분이 해결될 수 있을 것이다.

참고문헌

[1] Ofcom, "Spectrum Attribution Metrics" (December 2013).

[2] T. Christensen and P. Laegreid, eds., *The Ashgate Research Companion to New Public Management*, Farnham: Ashgate, 2011.

[3] "Mission 'Défense'et Compted' affectation spéciale 'Gestion et valorisation des ressources tirées del'utilisation du spectre hertzien'," Sénat, République de France, at www.senat.fr/commission/fin/pjlf2014/np/np08/np081.html.

[4] www.gao.gov/assets/660/654794.pdf.

[5] M. Cave, "Independent Audit of Spectrum Holdings" (2005), at www.spectrumaudit.org.uk.

[6] Independent Audit of Spectrum Holdings: Government Response and Action Plan (April 2006), at www.spectrumaudit.org.uk/pdf/governmentresponse.pdf.

[7] http://eurlex.europa.eu/LexUriServ/LexUriServ.do?uri=OJ:L:2013:113:0018:0021:EN:PDF.

[8] Radio Communications Agency, "Spectrum Pricing: Third Stage Update and Consultation" (December 2000).

[9] Ofcom, "Spectrum Framework Review" (June 2005), at http://stakeholders.ofcom.org.uk/binaries/consultations/sfr/statement/sfr_statement.

[10] Ofcom, "SRSP: The Revised Framework for Spectrum Pricing: Our Policy and Practice of Setting AIP Spectrum Fees," statement (December 2010).

[11] DCMS/Shareholder Executive, "Enabling UK Growth: Releasing Public Spectrum: Making 500 MHz of Spectrum Available by 2020," Public Sector Spectrum Release Programme update (March 2014).

[12] http://stakeholders.ofcom.org.uk/binaries/consultations/2.3-3.4-ghz/summary/2.3-3.4-ghz. pdf.

13
스펙트럼과 더 넓은 경제 분야

13.1 서론

스펙트럼 관리는 주로 기술자가 담당했던 전문적인 특수 분야로서, 정책 입안자, 사업가, 소비자는 관련 지식과 이해가 부족했다. 1990년대 이동통신의 급속한 확산으로 이러한 상황은 완전히 변했으며, 2000년의 3G 스펙트럼 경매 사례에서 알 수 있듯이, 결과적으로 스펙트럼의 가치는 급격히 상승했다. 그 이후에 스펙트럼 관리의 중요성이 증가했으며, 이 과정의 일부로서 경제와 사회에 있어 스펙트럼 이용 서비스의 증가하는 역할에 관심이 집중되었다.

일부 천연 자원의 경우, 해당 자원이 경제에 기여하는 경제적 역할의 수준을 평가하는 것은 공급의 고갈 가능성에 의해 정당화되었다. 스펙트럼의 경우 고갈이 당장 일어나거나, 심지어 향후 발생할 것으로 전망되지 않는다. 그러나 스펙트럼 이용 서비스의 증가하는 중요성을 추정함으로써 우리가 가진 것을 효율적으로 할당하는 것의 중요성을 알 수 있다. 그러므로 잘못된 할당과 단순 보유로 인해 실제 스펙트럼 보유량이 절반으로 감소한다면, 경제적 산출물과 편익을 증가시킬 수 있는 빠르고 비용이 들지 않는 방법은 스펙트럼 관리 방식을 개선하는 것이다.

이 장은 스펙트럼 이용과 넓은 경제분야의 연관성에 대해 살펴본다. 여기서는 (투입으로서) 스펙트럼 자체가 아니라 최종 산출물을 창출하는 스펙트럼 이용 서비스에 초점을 둔다. 먼저 스펙트럼을 이용하는 핵심 서비스가 경제적 편익에 어떻게 기여하는지 살펴보고,

국내 총 생산량(GDP)에서 차지하는 비중을 검토하며, 정보통신기술(ICT)에 대한 투자가 경제 전반의 생산성 향상에 얼마나 기여하는지를 살펴본다.

이동전화, 데이터 통신과 같은 특정 스펙트럼 이용기술은 사업자와 스펙트럼 이용 서비스를 직접 구매한 가구에만 영향을 미치는 것이 아니라, 경쟁 구조를 변화시키고 혁신을 촉진하여 경제 전반에 영향을 미치는 잠재력을 가지고 있다. GDP 변화와 고정 및 이동통신 서비스 확산을 연관시켜 이러한 외부 효과가 추정된 바 있다.

13.2 스펙트럼, 스펙트럼 이용 서비스가 편익에 미치는 영향

스펙트럼 이용 서비스와 스펙트럼이 경제에 미치는 파급효과를 측정하는 일반적인 방법은 그림 13-1과 같은 경제적 분석기법을 활용하는 것이다. 그림 13-1은 이동전화 서비스에 대한 적용 예시로서, DD 곡선은 해당 국가에서의 통화에 대한 수요를 나타낸다. 하향 사선은 가격이 떨어질수록 통화 수요가 증가하는 것을 보여준다. 중요한 것은 수요 곡선이 수직 축과 만나는 지점이 최고 가격이 된다는 것이다. 이 가격은 수요가 영이 되거나 발생하지 않는 가격으로 '폐색가격'으로 부르기도 한다.

공급 곡선(SS)은 이동통신 사업자의 가격에 따른 공급 통화 시간을 나타낸다. 이 상향 사선은 분당 가격이 상승하면 사업자는 예를 들어 인구가 적고 비용이 많이 드는 지역에 네트워크를 확장시켜 공급을 늘릴 것이라는 것을 보여준다.

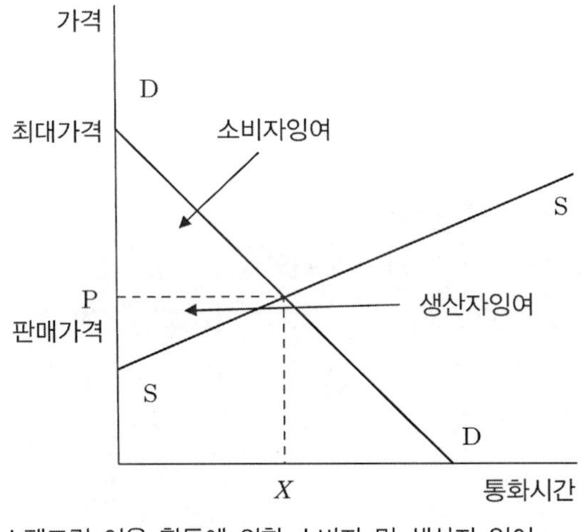

그림 13-1 스펙트럼 이용 활동에 의한 소비자 및 생산자 잉여

이 시장의 평형은 '판매 가격' P에서 이루어지며, 이때 통화 시간은 X에 해당한다.

다음으로 '소비자 잉여'로 표시된 삼각형을 생각해보자. 이 삼각형이 생기는 이유는 최초 통화를 한 이용자가 최대 가격을 지불했으며, 이는 판매 가격을 상당히 초과한 가격이기 때문이다. 따라서 해당 소비자는 지불된 초과 가격으로 효용 또는 잉여를 얻는다. 이러한 잉여는 구입량이 X로 증가하면서 수요 곡선을 따라 감소하고, X에서 영에 도달한다. 따라서 전체 소비자 잉여는 수요 곡선이 직선이므로 도시된 삼각형 모양의 면적이 된다.[1] 이 방법에서는 최고 가격이 존재해야 한다. 즉 수요 곡선이 수직 축과 만나지 않으면 소비자 잉여는 정의될 수 없다.

소비자 잉여와 마찬가지로 그림 13.1에 표시된 바와 같이 생산자 잉여로 알려진 생산자에 대한 효용이 있다. 공급 곡선의 형태는 이동통신 사업자가 통화 시간을 공급하는데 발생하는 총 한계 비용을 나타낸다. 공급 곡선의 상향 기울기는 추가적인 통화 시간을 제공하는데 발생하는 추가적인 비용 증가를 반영한 것으로 생각할 수 있다.

이 형태의 결과로서, 생산자는 통화 단위를 한계 생산비용을 초과하는 가격으로 판매할 수 있게 된다. 이는 순수한 이익이 아닐 수 있는데, 판매 금액의 일부는 산출물에 관계없이 고정된 비용(예를 들어 이동통신 스펙트럼 면허 비용)으로 지출될 수 있기 때문이다. 이것이 일반적으로 '생산자 잉여'로 알려져 있다.

경제적 편익에 단지 소비자 잉여만 포함할지 아니면 소비자와 생산자 잉여를 모두 포함할지에 관해서는 여러 의견이 있다. 문제는 사업에서 발생한 이익을 편익에 기여한 것으로 계산해야 하는지에 관한 것이다.[2] 편익 측정에 관한 아래의 보고서 중 일부는 소비자 잉여만을 고려했으며, 일부는 생산자 잉여까지 포함했다.

스펙트럼 투입에 결정적으로 의존하는 서비스의 경우에서는 (어떻게 정의되든) 잉여의 원인을 스펙트럼으로 보는 것이 타당하다. 이는 투입으로서 스펙트럼이 없으면 운영이 불가능한 이동통신에 적용될 수 있다. 스펙트럼이 보조적이거나 없어도 되는 역할을 하는 서비스의 경우에는 타당성이 떨어진다. 따라서 스펙트럼과 관련된 편익의 계산은 일반적으로 특정 활동으로 제한된다.

이러한 계산의 사례로서 2012년에 영국 정부는 컨설팅 업체인 Analysys Mason에 7개의 주요 스펙트럼 이용 부문의 2006년과 2011년의 편익을 추정하는 연구를 의뢰했다. 그 결과는 표 13-1에 제시되었다. 2011년은 GDP의 3.4%를 차지하는 것으로 나타났다.[3] 편익의 약 80%은 소비자 잉여의 형태로 나머지는 생산자 잉여로 발생한다.

---

1 삼각형의 면적은 1/2 × 높이 × 밑변으로 표현된다. 만약 수요곡선이 비선형적이라면 면적은 다른 공식으로 표현된다.

2 이는 논란이 많은 문제로서 여기서는 더 이상 고려하지 않는다.

3 이 수치는 단지 규모를 보여주는 것이다. 왜냐하면 소비자 및 생산자 잉여 데이터에서 사용된 지표가 다음 절에서 살펴볼 GDP에서 사용되는 지표와 다르기 때문이다.

▽ 표 13-1 7개 주요 스펙트럼 이용 서비스의 편익 효과(소비자 및 생산자 잉여)

	2011년 가치(10억 파운드)	실제 증가 2006-2011년(%)
이동통신	30.2	16%
Wi-Fi	1.8	N/A
TV 방송	7.7	79%
라디오 방송	3.1	35%
마이크로파 링크	3.3	-29%
위성 링크	3.6	7%
사설 이동무선	2.3	25%
계	52.0	25%

자료: [1]

13.3 스펙트럼 이용 서비스가 GDP와 고용에 미치는 영향

다른 방법은 국가 수입, 산출 또는 생산에 대한 스펙트럼 이용 부문의 기여를 측정하는 것이다. 총 국내 생산은 경제 모든 부문이 부가가치(수익에서 재료 투입을 차감)를 총 합한 것이다. 이는 또한 노동, 자본, 스펙트럼을 포함한 천연자원의 생산 요소에 분배할 수 있는 수입을 측정한 것이기도 하다. 따라서 선택된 스펙트럼 이용 부문의 부가가치 데이터를 수집하고 이를 종합해서 GDP에 대한 직접적인 영향의 전체 수치를 산출할 수 있다.

앞서 언급한 바와 같이 이러한 절차는 투입으로서 스펙트럼의 역할이 작거나 불확실한 경우보다는 스펙트럼에 대한 의존이 본질적이고 피할 수 없는 활동에 적용하는 것이 타당하다.

이러한 직접적인 측정은 선택된 스펙트럼 이용 부문이 총 국내 생산에 직접적으로 미치는 영향만을 나타낸다. 그러나 생산에 미치는 스펙트럼의 영향은 이동통신에서뿐만 아니라 스마트폰 제조, 안테나 설치를 위한 철탑 건축과 같은 활동에도 역시 존재한다. 따라서 계산의 범위를 간접 영향도 포함하도록 확대할 수 있다. 고용 창출에 대한 스펙트럼의 직접 또는 전체(직접 및 간접) 영향은 부문별 고용 자료를 통해 추정할 수 있다.

이러한 계산의 사례로서 2013년에 Deloitte and Access Economics가 수행한 것으로 2009 – 2011년에서 2011 – 2012년까지 이동통신 부분이 호주 GDP와 고용에 미친 영향에 관한 연구가 있다. 직접과 전체적 기여, 그리고 간접적 기여까지 모두 계산되었다. 최종 년도의 결과는 표 13-2와 같다.

▽ 표 13-2 이동통신의 2011-2012년 호주 경제에 대한 직접 및 전체 기여

	호주 달러(10억)	고용(천명)	GDP 비율(%)	고용 비율(%)
가치				
직접 기여	7.6		0.5	
전체 기여	14.1		0.9	
고용				
직접 효과		22.3		0.2
전체 효과		56.9		0.5

자료: [2]

13.4 스펙트럼 이용 서비스가 생산성에 미치는 영향

스펙트럼 이용 서비스가 소비자 대상 서비스가 아니라 다른 생산 부문의 투입으로 사용될 경우, 앞서 언급한 간접적 효과 분석을 확장해 이동통신과 같은 스펙트럼 이용 서비스가 생산성을 얼마나 증가시키는지를 분석할 수 있다. 이 분석은 정보통신기술(ICT)이 생산성에 미치는 영향에 관한 오랜 논쟁사항으로 흥미로운 주제이다.

이 논쟁은 1987년 Robert Solow의 관찰로 유명한 'Solow 패러독스' 즉 '당신은 컴퓨터 시대를 어디서나 볼 수 있지만 생산성 통계에서는 그렇지 않다'는 것으로 시작한다[3]. 이 패러독스에 대한 해석은 다양하다. 해석이 어떻든 나중에 수행된 성장에 대한 연구(생산성 변화를 노동투입, 자본투입 기술진보에 따른 항목으로 구별)에 따르면 훨씬 큰 영향을 보여준다. 그러므로 Jorgenson 등에 의한 연구[4]에 따르면 ICT는 1995년과 2000년 사이 미국 노동생산성 향상의 50%를, 2000년과 2005년 사이의 33%를 차지한다. Timmer와 Van Ark의 연구[5]는 1995년과 2001년 사이의 노동생산성 증가에서 미국이 유럽에 비해 절반 이상의 우위를 점하는 것은 높은 ICT 투자로 설명가능하다는 결론을 내렸다. 최근의 경험적 연구 결과에 따르면, ICT가 생산성에 미치는 효과는 상당하고, 긍정적이며, 증가하고 있다는 결론을 내릴 수 있다. 전체적으로 미국과 유럽의 차이가 있을 수 있지만 이는 유럽의 낮은 ICT 투자 수준에 기인한 것이다[6, p.117].

ICT의 영향을 이동통신과 같은 요소의 기여로 세분화하는 것은 정보처리와 통신과 같이 ICT 투입이 상보적일 경우에 문제가 있을 수 있다. 그러나 통신 특히 이동통신의 경제에 대한 효과를 증명하는 좀 더 직접적인 방법이 있다.

13.4.1 이동통신 포함한 통신 서비스 확산의 거시경제적 효과 추정

ICT 관련 논쟁 중 하나는 ICT 기술이 '범용 기술'인지, 아니면 여러 경제 활동에 영향을 미쳐 생산성을 높이는 '기반 기술'인지에 관한 것이다.[4] 이는 전체 경제에 대해 상당한 '일출(spillover) 효과'의 가능성을 열어주나, 앞서 설명한 분석으로는 반영되지 않는다. 우리의 관심은 스펙트럼 이용이라는 좁은 부분이므로 ICT 전체와 관련된 광범위한 질문을 고려할 필요는 없다.

브로드밴드와 관련해서는, 브로드밴드 이용자에 의한 소비와 생산활동이 거의 모든 일상생활에 영향을 미친다는 것은 일반적이며 매일 관찰할 수 있다. 2013년에 브로드밴드에 접속하는 사람의 4분의 3은 모바일 접속을 이용하며, 고정 네트워크 이용에 제한이 있는 저개발 국가의 브로드밴드 이용이 증가하면서 이 비율은 더욱 증가할 것이다[9].

브로드밴드의 광범위한 효과 검토를 위한 일반적인 구분은 다음과 같다.

- **정보흐름의 속도와 품질 개선**: 더 많은 정보 처리와 빠른 통신 중 하나만으로는 효과를 극대화하기 어렵기 때문에 이들을 조합하는 것이 필요함
- **시장에 대한 원활한 접근**: 진입장벽을 낮춰 시장의 지리적 범위를 확대하고('거리의 종말'), 맞춤 일자리, 웹을 통한 고객 접근 개선 등이 가능[5]
- **새로운 사업 프로세스 및 조직구조**: 개선된 재고 조정, 빠른 계약, 적시 생산 등(예를 들어 미국과 일부 남미 국가의 대형 식료품 회사 운영에 있어, 남미 국가는 브로드밴드 인프라 부족으로 인프라를 갖춘 미국과는 완전히 다른 물류체계를 가지고 있다.)
- **일반적인 혁신성의 개선**: 새로운 통신 서비스로 가능해진다. 다양한 예가 있을 수 있는데, 특히 소셜 네트워크를 들 수 있다.

이는 실현 가능한 이야기이며, 이를 시험하기 위한 시도도 일부 이루어지고 있다. 한 가지 전략은 이동전화와 브로드밴드 각 부문의 영향을 확인하고 이를 통합하는 것이다. 이는 매우 복잡할 것이며, 결과에 대해 논란의 여지도 많을 것이다. 다른 방법인 부문 교차 방법은 표본 국가의 음성과 브로드밴드 서비스 확산 데이터를 수집하여 높은 확산 정도가 높은 GDP 수준과 관련이 있다는 가설을 검증하는 것이다.

이 방법은 표본 국가 중 일부는 사실상 전적으로 무선 네트워크에 의존하는 반면 다른 국가는 고정과 무선의 음성 및 데이터 서비스가 가능하다면 좀 더 복잡해질 수 있다. 후자

---

4 범용기술로서 ICT 이전에는 전기가 있다. [7, 8]을 참고

5 음성 통신으로 이것이 어떻게 가능하지 알아보려면 Jensen의 연구를 참고[10]. 이 연구에서는 남부 인도에서 어떻게 낚시 배가 어획물을 하역하기 전에 전화를 통해 가장 높은 가격을 받을 수 있는 항구를 찾는지를 설명한다.

의 경우에는 연구 목적을 고려해 스펙트럼 이용 서비스와 비스펙트럼 이용 서비스 사이의 효과를 구분하는 것이 필요하다.

이러한 연구의 간단한 사례로서 2009년 세계은행이 수행한 개발도상국에 관한 연구가 있다[11]. 여기에서는 다음과 같은 회귀방정식을 통한 추정을 포함한다.

1980년과 2006년 사이의 인구당 GDP 평균 성장률을 종속변수로 하고, 이를 성장률 관련 문헌에서 사용하는 다음과 같은 대표적인 조건 변수에 대해 회귀분석을 적용한다.

- 1980년의 인구당 GDP
- 1980년과 2006년 사이 GDP의 평균 투자 비율
- 1980년의 초등학교 등록율(인적 자본에 관한 대체 변수)
- 선진국과 개발도상국의 1980년과 2006년 사이의 브로드밴드 및 다른 전기통신 서비스의 평균 보급율(기술적 진보에 관한 대체 변수로서 이 분석의 핵심)
- 사하라 사막 이하의 아프리카, 남미, 캐리비안 지역 국가를 위한 변수

이 과정의 문제는 부문과 거시 경제 사이에 발생하는 수요과 공급의 다소 복잡한 양방향성의 상호작용에 관해 설명하지 않는다는 것이다. 좀 더 정교한 구조적 모델을 사용한 연구도 있지만 다음에서 알 수 있듯이 결과의 범위가 매우 넓다.

Waverman은 이동통신 부문 분석에서 선구적인 역할을 했다[12]. 이 연구에서는 이동전화의 확산 정도의 차이가 여러 나라의 GDP 차이의 상당 부분을 설명할 수 있다고 주장한다. Gruber와 Koutroumpis의 이 기술에 관한 나중의 연구에서는 영향이 상당히 작다는 것이 밝혀졌다[13].

유사한 연구에 의하면 브로드밴드 확산으로 10%의 경제 성장을 이루는 것으로 나타난다. 표 13-3에 최근 연구결과를 요약적으로 정리했다. 앞서 언급한 세계은행의 연구결과는 표 13-4와 같다.

▽ 표 13-3 보급 증가가 성장에 미치는 영향 추정

저자	국가	브로드밴드 보급 10% 증가에 따른 성장 영향
Czernich et al. [14]	OECD, 1996—2007	0.9–1.5%
Katz and Avila [15]	24 Latin American and Caribbean countries	0.2%
Gruber and Koutroumpis [13]	EU15, 2003—2006	0.26—0.38%
OECD [16]	EU countries, 1980—2009	1.1%

▽ 표 13-4 전기통신 서비스 보급 증가가 성장에 미치는 영향 추정

보급 10% 증가 당 경제성장 증가 %	고정	이동	인터넷	브로드밴드
고소득 국가	0.4	0.6	0.8	1.2
저소득 국가	0.7	0.8	1.1	1.4

자료: [11]

만약 이 결과를 브로드밴드 보급율이 영에서 시작하는 국가에 적용하고, 브로드밴드 보급율이 10년 동안 연간 10%씩 성장한다면, 해당 국가의 GDP 성장은 10년 동안 브로드밴드를 보급하지 않았을 때보다 1.2% 빠르게 될 것이다. 그러나 이 결과와 관련해 몇 가지 해석의 문제가 발생한다.

- 일부 연구의 국가 표본은 인구당 소득과 고정 네트워크 기반 측면에서 매우 다양하다. 일부 국가는 사실상 모든 브로드밴드가 무선이나, 다른 국가는 광범위하게 구축된 고정 브로드밴드 서비스에 모바일 브로드밴드가 추가된 경우가 있다. 이는 소비와 생산적 이용과 같은 이용 패턴에 영향을 줄 수 있다.
- 앞서 언급한 바와 같이 지금까지 대부분의 연구는 고정 브로드밴드에 초점을 두고 있으나, 우리의 관심은 무선으로 전달되는 브로드밴드이다. 두 가지의 서비스 방식이 유사한 경제적 외부효과를 갖는지는 불분명하다. 특히 두 가지 서비스를 모두 이용하는 국가의 경우 모바일 브로드밴드는 주로 소비 목적과 관련이 있을 것이며, 이는 비경제적 외부효과를 유발할 것이다.(11.6절 참고)
- 연구결과의 출판 전 사전 검토의 완전성에 대한 문제가 있을 수 있다. 특히 Czernich [14]의 경우와 같은 일부 연구 결과만 심사가 필요한 학술 지널에 게재되었다.[6]

[6] 이는 다른 발표에서 심사 형식이 있을 가능성을 배제하지 않는다.

- 추정 방정식에서 누락된 변수가 있다. 여기에는 다른 활동(아래를 참고)에 대한 투자에서부터 가깝게는 디지털 리터러시에 대한 적절한 투자 여부가 있다.
- 통신 부문만이 성장 엔진으로 간주되지 않는다는 것을 언급할 필요가 있다. 동일한 주장이 교통[17], 일반적인 인프라[18], 교육과 건강[19]과 관련되어 제기되었다. 더 일반적으로 내생적 성장 이론에 관한 문헌(예를 들어 Barro [19], Aghion 및 Howitt [20])에서는 공공 자본에 대한 투자의 역할이 장기적 성장을 강화하는 것임을 확인했다. Angelopoulos, Economides, Kammas의 연구[21]에서는 OECD국가에서 공공 투자가 장기간에 걸친 성장에 긍정적인 영향을 미친다는 것을 밝혔다. 만약 브로드밴드 확산이 다른 분야의 발전과 함께 이루어진다면 효과를 구분하는 것은 어려울 것이다. 게다가 모든 효과가 동시에 적용되면 GDP 수준의 변화는 몇 배 이상이 될 수도 있다.

13.5 결론

위의 표 13-1과 표 13-2에 나타난 이동통신의 후생과 총 국내 생산에 대한 기여의 직접적인 추정 결과는 상당히 작아서 GDP의 1%에서 3%에 해당한다. 동시에 GDP에 대해 이동전화와 고정 브로드밴드 확산이 미치는 총 영향(외부효과 포함)이 높게 추정되는 것을 알 수 있다. 따라서 만약 고정 브로드밴드 보급률 50%(현재 많은 나라에서 이를 훨씬 초과)가 GDP의 4.5%에서 7.5%까지 증가한다는 Czernich의 추정을 모바일 브로드밴드에도 적용한다면 GDP에 큰 영향을 미칠 것이다. 이 효과를 분석하기 위해서는 많은 연구가 필요하다.

13.6 참고

▽ 표 13-5 스펙트럼 이용에 따른 경제적 영향에 관한 다양한 추정

년도	지역	경제적 가치의 형태	산업 또는 용도	GDP%
2012[7]	호주	직간접적 경제 기여	이동통신	0.48%
2014[8]		가구 소비	모바일 브로드밴드	0.93%
2011[9]	영국	경제적 편익 (소비자 및 생산자 잉여)	이동통신 Wi-Fi TV방송 라디오 방송 M/W링크 위성링크 개인이동무선	1.99% 0.12% 0.51% 0.2% 0.22% 0.24% 0.08%
2008[10]	미국	생산성 증가	이동통신	1.47%
2007[11]	일본	직간접적 경제 기여	이동통신 산업	1.68
2010[12]	OECD 국가	생산성 증가	이동통신	0.39%
2009[13]	호주	경제적 편익 (소비자 및 생산자 잉여)	모바일 브로드밴드(UHF대역)	0.089%
2011[14]	남미	소비자 잉여	모바일 브로드밴드 (700 MHz 대역)	0.068%
2013[15]	유럽연합	소비자 잉여	이동통신 지상파방송 위성통신 개인이동무선 민간항공	2.04% 0.37% 0.13% 0.14% 1.30%
2014[16]	미국	소비자 잉여 소비자 잉여	LSA[17](100 MHz~3.5 GHz) LSA(50 MHz~2.3 GHz)	0.08% 0.04%

7 [22]를 참고

8 [23]를 참고

9 [24]를 참고

10 [25]를 참고

11 [26]를 참고

12 [27]를 참고

13 [28]를 참고

14 [29]를 참고

15 [30]를 참고

16 [31]를 참고

17 Licensed shared access

자료: New Approaches to Spectrum Management, OECD Digital Economy Papers No. 235, 2014, pp. 47-49를 참고(일부 추가).

추가정보는 다음을 참고: www.oecd-ilibrary.org/science-and-technology/new-approaches-to-spectrum- management_5jz44fnq066c-en

참고문헌

[1] Department for Business, Innovation and Skills (BIS), Department for Culture, Media and Sport (DCMS), and Analysys Mason (2012), "Impact of Radio Spectrum on the UK Economy and Factors Influencing Future Spectrum Demand."

[2] Australian Mobile Telecommunications Association (AMTA) and Deloitte Access Economics, "Mobile Nation: The Economic and Social Impacts of Mobile Technology" (2013), at www.amta.org.au/pages/State.of.the.Industry.Reports.

[3] R. Solow, "We'd Better Watch Out," *New York Times Book Review*, July 12, 1987, 36.

[4] D. Jorgenson et al., *A Retrospective Look at the US Productivity Growth Resurgence*, Federal Reserve Bank of New York, 2007.

[5] M. Timmer and B. van Ark, "Does Information and Communication Technology Drive US/EU Productivity Growth Differentials?" (2005) 57(4) *Oxford Economic Papers* 693.

[6] M. Cardona, T. Kretschmer, and T. Strobel, "ICT and Productivity: Conclusions from the Empirical Literature" (2013) 25 *Information Economics and Policy* 109.

[7] T. Bresnahan, "General Purpose Technologies," in B. Halland N. Rosenberg, eds., *Handbook of the Economics of Innovation*, Vol. 2, Amsterdam: Elsevier North Holland, 2010, 761.

[8] J. Jovanovich and P. Rousseau, "General Purpose Technologies," in P. Aghion and S. Durlauf, eds., *Handbook of Economic Growth*, Vol. 1B, Amsterdam: Elsevier North Holland, 2005, 1181.

[9] Broadband Commission, "The State of Broadband 2014: Broad band for All," ITU/UNESCO, 2014, 96.

[10] R. Jensen, "The Digital Divide: Information (Technology), Market Performance and Welfare in the South Indian Fisheries Sector" (2007) 122(3) *Quarterly Journal of Economics* 879.

[11] C. Qiangetal., "The Economic Impact of Broadband," in World Bank, *Information and Communication for Development*, Washington, DC, 2009, 35, available at http://siteresources.worldbank.org/EXTIC4D/Resources/IC4D_Broadband_35_50.pdf.

[12] L. Waverman et al., "The Impact of Telecomson Economic Growthin Developing Countries," in *The Vodafone Policy Paper Series, Number 2*, London, 2005, 10.

[13] H. Gruber and P. Koutroumpis (2010), "Mobile Telecommunications and the Impacton Economic Development," draft for Fifty-Second Economic CEPR Policy Panel.

[14] R. Czernichetal., "Broadband Infrastructure and Economic Growth" (2011) 121(552) *Economic Journal* 505.

[15] R. KatzandJ. Avila, "Estimating Broadband Demandand Its Economic Impact in Latin America" (2010), *Proceedings of the 4th ACORN-REDECOM Conference*, Brasilia, May 14–15.

[16] OECD, *Economic Impact of Internet/Broadband Technologies*, DSTI/ICCP/IE (2011) i/Rev1, Paris,2 011.

[17] D. Banister and Y. Berechman, "Transport Investment and the Promotion of Economic Growth" (2001) 9(3) *Journal of Transport Geography* 209.

[18] A. Munnell, "Infrastructure Investment and Economic Growth" (1992) 6(4) *Journal of Economic Perspectives* 189.

[19] R. Barro, "Government Spending in a Simple Model of Endogenous Growth" (1990) 95(8) *Journal of Political Economy* S103.

[20] P. Aghionand P. Howitt, Economics of Growth, Cambridge, MA: MITPress, 2009.

[21] K. Angelopoulos, G. Economides, and P. Kammas, "Tax-Spending Policies and Economic Growth: Theoretical Predictions and Evidence for the OECD" (2007) 23 *European Journal of Political Economy* 885.

[22] Australian Mobile Telecommunications Association (AMTA) and Deloitte Access Economics (2013), "Mobile Nation: The Economic and Social Impacts of Mobile Technology," www.amta.org.au/pages/State.of.the.Industry.Reports.

[23] Centre for International Economics, "The Economic Impacts of Mobile Broadband on the Australian Economy, 2006–2013" (2014).

[24] Department for Business, Innovation and Skills (BIS), Department for Culture, Media and Sport (DCMS) and Analysys Mason (2012), "Impact of Radio Spectrum on the UK Economy and Factors Influencing Future Spectrum Demand," at www.analysysmason.com/About-Us/News/Insight/Economic-value-ofspectrum-Jan2013/#.UbhPiNLVBYR.

[25] CTIA-The Wireless Association and R. Entner (2008), "The Increasingly Important Impact of Wireless Broadband Technology and Services on the U.S. Economy," http://files.ctia.org/pdf/Final_OvumEconomicImpact_Report_5_21_08.pdf.

[26] InfoCom Research (2007), "An Analysis on Ripple Effect of Mobile Phone Services on the Japanese Economy," www.icr.co.jp/press/press20070824_bunseki.pdf(in Japanese).

[27] H. Gruber and P. Koutroumpis (2010), "Mobile Telecommunications and the Impact on Economic Development," draft for Fifty-Second Economic CEPR Policy Panel, at www.cepr.org/meets/wkcn/9/979/papers/Gruber_Koutroumpis.pdf.

[28] Australian Mobile Telecommunication Association (AMTA), "Spectrum Value Partners and Venture Consulting (2009), "Optimal Split for the Digital Dividend Spectrumin Australia," at www.amta.org.au/files/SVP.Report.Executive.Summary.pdf.

[29] GSM Association (GSMA), Asociación Iberoamericana de Centros de Investigacióny Empresas de Telecomunicaciones (AHCIET) and Telecom Advisory Services (2011), "Economic Benefits of the Digital Dividend for Latin America," at www.gsma.com/latinamerica/economic-benefits-of-the-digital-dividend-for-latin-america.

[30] GSM Association (GSMA) and Plum Consulting (2013), "Valuing the use of Spectrumin the EU," at www.gsma.com/spectrum/valuing-the-use-of-spectrum-in-the-eu.

[31] GSM Association (GSMA), Deloitte and Real Wireless (2014), "The Impact of Licensed Shared Use of Spectrum," at www.gsma.com/spectrum/the-impact-of-licensed-shared-use-of-spectrum.

14 다음 단계는?

규제기관의 도전과제는 항상 동일하다. 즉 가장 높은 가치를 부여하는 이용자가 이용할 수 있도록 함으로써 무선 스펙트럼의 이용 가치를 극대화하고, 이들간의 간섭을 최적의 수준으로 통제하는 것이다. 그러나 이 문제에 대한 해결책은 스펙트럼 이용 패턴의 변화, 기술발전에 따른 이용자 관리 기법의 발전에 따라 끊임없이 변한다. 이 마지막 장에서는 스펙트럼 이용에 관한 핵심 트랜드를 살펴보고 향후 10년 동안의 스펙트럼 관리의 진화에 대해 전망한다.

14.1 트랜드

14.1.1 이용 트랜드

무선 스펙트럼의 용도는 수 백가지가 있고 많은 용도의 트랜드가 변화한다. 그러나 이용자가 상대적으로 적어 스펙트럼 수요가 많지 않거나 경쟁이 거의 없는 스펙트럼(예를 들어 20 GHz 이상의 위성)의 경우는 스펙트럼 관리 방식에 대한 영향은 제한적이다. 여기서 논의하고자 하는 것은 가장 높은 경제적 가치를 창출하고(대체적으로 이동통신과 방송), 가장 이용이 많아 경쟁이 발생하며, 혁신이 일어날 가능성이 높은 용도와 관련이 있어 중요성이 큰 트랜드이다. 여기서 제시된 트랜드는 순서를 고려하지 않았다.

트랜드 1: 비면허 스펙트럼의 중요성 증가. 현재 어느 때 보다 Wi-Fi와 블루투스가 많이 사용되고 있다. 가정의 Wi-Fi 네트워크는 현재 보통 십여개의 기기와 연결되어 있지만 10년 전에는 한 두개에 불과했다. Wi-Fi 접속 보안 기기와 같은 감시 장비가 점차 가정에서 이용되기 시작했으며, 전시회에 더 많은 기기가 출품되고 있다. 홈 에너지 시스템과 같은 시스템은 댁내 개별 네트워크를 이용해 가스 및 전기 검침기, 디스플레이, 결국은 스마트 가정기기와 연결될 것이다. 가정 밖에서 우리는 어디를 가든 Wi-Fi 핫스팟에 접속하려고 한다. 블루투스 기기는 현재 테스트 중인 구글 글래스처럼 몸에 걸칠 수 있는 건강, 운동과 관련된 많은 기기가 개발되면서 확산되고 있다. 이러한 사용의 증가로 간섭 가능성도 증가할 것이다. 반면에 우리가 연결되지 않는 상태를 견디는 것은 더 어려워질 것이다. 5 GHz 대역을 이용해 이러한 현상이 다소 완화될 수 있을 것이다. 그러나 규제기관은 비면허 대역을 현재보다 더 많이 확보할 필요가 있다.

트렌드 2: 유비쿼터스 연결성이 더욱 중요해짐. 연결성이 광범위하게 퍼지게 되면 행동방식이 변한다. 사람들은 클라우드 서비스를 더 많이 사용하고, 필요한 정보를 필요할 때 얻을 수 있다고 생각해서 사전계획을 덜 하게 된다. 기기에 저장되는 자료가 줄어들어 하드디스크는 불필요하게 된다. 이러한 모든 것들이 유비쿼터스 연결성을 어느 때보다 더욱 중요하게 하며 변화의 순환을 가속시킨다. 이는 시골지역 커버리지와의 관련성보다는 개인이 휴대하는 모든 기기가 어디서나 연결될 수 있도록 한다는 점과 관련이 있다.

트랜드 3: 항상 높은 데이터율을 유지하는 것에 대한 중요성의 감소. 새로운 세대의 이동통신 시스템은 전 세대에 비해 거의 10배의 데이터율을 갖는다고 할 수 있다. 이는 항상 더 넓은 대역폭과 더 많은 이동통신 스펙트럼을 필요로 한다. 그러나 현재 많은 가정과 이용자는 그들이 원하는 수준의 적절한 데이터율 이상을 이용하는 상황이다. 10배 이상의 추가 데이터율이 필요한 이유를 생각하기가 어렵다. 이로 인해 댁내 광케이블 설치가 필요한 솔루션인지, 초당 1 Gbit 데이터율이 5 G에 필요한지에 대한 질문을 하게된다. 이는 결국 미래 모바일 데이터 시스템의 스펙트럼 수요를 변하게 할 것이다. Wi-Fi 이용 증가 트랜드와 맞물려 이동통신용 스펙트럼에 대한 항상 있을 것으로 보이는 수요 증가는 결국 끝나게 될 것이다.

트랜드 4: 사물 인터넷의 급속한 성장. 사물 인터넷(IoT) 연결 기기는 2015년에 10억 개에서 2025년에 500억 개 이상으로 성장할 것으로 전망되고 있다. 이러한 급속한 성장으로 인해 규제기관이 아직 확보하지 못한 새로운 스펙트럼이 필요할 것이며, 무선 스펙트럼으로 인한 새로운 가치의 원천이 될 것이다.

트랜드 5: 고정, 이동, 방송 등 용도 분류의 타당성 감소. 현재 규제기관은 용도를 고정, 이동 또는 방송 등으로 분류하고 있다. 그러나 이는 점차 하나로 통합될 것이다. 방송과 이동통신 시스템은 플랫폼을 공유할 것이고, 미래의 스펙트럼과 방송 전용 솔루션은 점차 사라질 것이다.

14.1.2 스펙트럼 관리 방식의 트랜드

스펙트럼 관리를 위한 다양한 새로운 방식이 등장할 것이다. 여기에는 다음과 같은 트랜드가 있다.

트랜드 6: 동적 스펙트럼 공동사용의 일반화. TV 유휴대역 이용이 증가하고 공동사용이 다른 대역으로 확대되면서 기회적 스펙트럼 이용 개념이 일반적으로 수용되고, 어떤 방식으로든 거의 모든 스펙트럼 대역을 공동사용하는 것이 일반적으로 받아들여지게 될 것이다.

트랜드 7: 규제기관은 간섭 예측을 중지하고 간섭 모니터링을 시작. 간섭 발생 가능성 예측의 복잡성은 지속적으로 증가할 것이나, 간섭 발생 시 이를 신속히 해결하는 새로운 방법이 등장할 것이다. 그 결과 규제기관은 점차 간섭을 관찰할 수 있는 시스템을 구축하고, 이를 면허 조건으로 설정할 것이다. 새로운 간섭 모니터링 시스템은 다양한 이용자와 용도에 대해 실시간으로 보고가 가능해야 할 것이다.

트랜드 8: 규제기관은 혁신을 장려하기 위한 더 많은 방안을 강구. 규제기관은 흔히 혁신의 촉진을 갈망하지만 달성하는 경우는 흔하지 않다. 혁신은 정부 정책에서 계속 중요성을 더해가고 있고, 규제기관은 새로운 접근 또는 혁신을 촉진하는 새로운 방식에 적합한 주파수 할당 메커니즘을 찾기 시작할 것이다.

트랜드 9: 수신기 성능은 중요한 이슈로 제기될 것이고 규제기관은 결국 송신기 성능은 물론 수신기 성능도 통제하게 될 것. 수신기의 성능은 흔히 인접 대역에 새로운 기술이나 서비스가 도입되는 것을 막거나 제한한다. 규제기관은 효과적인 스펙트럼 관리를 위해 바람직한 수신기 성능 수준을 정하는 것의 필요성을 점차 인식하게 될 것이다.

14.2 스펙트럼 이용 개선 관련 과제

이 책 전체에 걸쳐 우리는 현행 스펙트럼 관리와 이용이 미흡한 분야에 대해 논의했다. 여기에서는 이들을 어떻게 개선할 수 있는지를 제안한다. 이에 관한 다섯 가지의 중요한 제안은 다음과 같다.

1. (거의) 모든 면허가 공동사용된다는 입장으로 전환

스펙트럼의 수요가 증가하고 있다는 것과 많은 귀중한 주파수가 저이용되고 있다는 증거의 공존은 지난 5년 간 스펙트럼 공동사용의 동인이 되었다. 이는 다수의 이용자의 공존을 가능하게 하는 실시간 동적 스펙트럼 공동사용 기술의 등장으로 실현되었다. 이 방식은 기존의 시간적, 지리적 공동사용을 활성화하고 비면허 스펙트럼 이용을 제한했다.

9.9절에서도 언급했듯이, 배타적 면허를 우선순위 계층을 기반으로 복수의 이용자를 허용하는 방식으로 전환하여 이러한 가능성을 좀 더 완전하게 스펙트럼 이용권에 반영해야 할 시점이다. 이를 통해 예상되는 결과는 스펙트럼 이용의 유연성이 확대되고 스펙트럼 이용 비용이 절감되는 것이다. 이는 배타적 면허를 위험 관리가 가능한 덜 엄격한 대안으로의 점진적 전환을 통해 달성할 수 있을 것이다. 그 결과로서 다수의 고객에게 유연한 스펙트럼 이용을 제공하는 중개자가 등장할 수도 있다. 실제로 일부 면허는 배타성이 지속적으로 유지되겠지만, 미래에 급증하는 면허는 이런 식으로 재편되어야 한다고 제안한다.

공공 스펙트럼이 상업용에 비해 비효율적으로 이용되고 있다는 사실이 지속적으로 밝혀지고 있다. 12장에서 이를 해결하는 전략을 간단히 다뤘지만, 많은 국가에서 이 전략이 성공하려면 균형이 중요하다. 공공/민간 스펙트럼 공동사용(9.7 – 9.8절 참고)이 스펙트럼을 효율적으로 이용할 수 있도록 전환하는데 보다 손쉬운 방법일 것이다.

2. 면허를 송신 전력이 아닌 유발된 간섭과 연계

현재 면허는 이용 형태나 용도가 변할 수 있는 상황에는 적합하지 않다. 이와 관련된 사례는 다양해서, 1990년대 미국에서 Nextel의 공공안전 시스템에 대한 간섭에서부터 최근 미국의 Light Squared와 TV 유휴대역에서의 TV 간섭 문제에 이른다. 기본적인 문제는 송신기의 방사 허용 전력량을 정하는 면허로는 간섭을 완전히 방지할 수 없다는 것이다. 왜냐하면 간섭은 송신기의 밀도와 설치 높이와 같은 다른 많은 요인에 의해 결정되기 때문이다. 개선된 방법은 면허에 허용 가능한 간섭 수준을 정하고 면허 소유자가 해당 수준을 초과하지 않도록 송신기를 설정할 수 있도록 하는 것이다. Ofcom의 스펙트럼 이용 권리(10.2절 참고)와 같은 연구는 이러한 목적을 달성하는데 적합하면서 실현 가능한 면허 형태를 개척했다. 그러나 현재 이용자는 일반적으로 이 제도의 도입을 반대하는 입장인데, 그 이유는 복잡성이 증가하고 이 제도에 의한 혜택이 기존 이용자보다 신규 이용자에게 돌아간다는 문제가 있기 때문이다. 규제기관은 기존 이용자의 수요보다는 무선 스펙트럼 이용에 따른 폭넓은 효용을 고려해야 할 필요가 있고 모든 스펙트럼 대역에 대해 간섭 조건이 명시된 면허를 도입해야 한다.

3. 수신기 성능 관리

무선 수신기 성능에는 두 가지 측면이 있다. 하나는 원하는 신호를 복원하는 능력이고 또 하나는 원하지 않거나 간섭 신호를 제거하는 능력이다. 전자가 일반적으로 무선 기기 설계의 핵심적인 부분이지만, 문제는 후자이다. 제조사는 어떤 간섭 신호가 현재 또는 미래에 발생할지 알지 못할 것이고, 낮은 간섭 가능성을 기대하여 낮은 비용의 수신기를 설계하려 할 것이다. 만약 이러한 미흡한 성능의 수신기가 수 백만대의 TV 수상기와 같이 널리 사용된다면, 규제기관은 인접 대역 스펙트럼을 이용하려고 하더라도 수준 이하의 수신기 성능으로 해당 수신기가 영향을 받을 수 있어 스펙트럼을 이용하지 못하게 될 수 있다. 이러한 결과로 인해 수신기 제조사는 항상 기준에 미치지 않는 제품을 만들 수 있게 된다. 즉 너무 커서 실패할 수 없는 문제가 발생한다. 이 문제는 인접 스펙트럼 이용자가 유발할 수 있는 간섭을 명시하여 수신기 성능을 명확히 할 수 있다는 점에서 면허 조건과 어느 정도 관련이 있다. 여기에는 국내 면허와 글로벌 제조사와의 관계, 표준단체의 역할, 10.3절에서 논의한 다른 사항들과 관련된 여러 문제가 있다. 수신기 성능이 스펙트럼의 최적 이용을 지연하고 조치가 필요한 심각한 문제라는 것은 분명하다. 규제기관은 수신기가 적절한 규격을 갖도록 하고 이들이 구현될 수 있도록 아마 ITU 또는 유사한 기구를 통해 글로벌 차원에서 협력할 필요가 있다.

4. 기존 ITU의 분배 체계에서 새로운 분류 체계로의 이전

현재 주파수 대역은 국제적으로 거의 한 세기동안 고정, 이동, 방송과 같은 체계로 분류되어 있다. 그러나 이러한 용도간의 경계는 점점 희미해지고 있다. 예를 들어 많은 사람들이 방송 콘텐츠를 이동통신 기기에서 시청하고, 셀룰러나 Wi-Fi로 다운로드 받는다. 셀룰러 네트워크에 방송 모드가 있어서 셀룰러 네트워크에서도 방송이 가능하다. 이러한 분류에 따라 대역별로 용도를 부여한 의도는 원래 최고출력 네트워크(방송) 대역과 저전력 네트워크(이동)을 다른 대역으로 정해 간섭 관리를 용이하게 하기 위한 것이었다. 그러나 앞서 논의한 바와 같이 이러한 스펙트럼 관리방법은 최적이 아니다. 관리 측면에서 가장 중요한 것은 전개된 서비스라기 보다 유발된 간섭이다. 이러한 분류방식은 또한 이용자들로 하여금 방송용으로 분류된 대역을 예를 들어 이동 응용으로 변경하지 못하도록 함으로써 혁신을 제한할 수도 있다. 그러나 실제로 이러한 특별한 사례는 성공적으로 작동할 수 있다. 개선된 분류방법은 특정 간섭 제한 수준과 새로운 면허 유형을 관련시켜 '저', '중', '고'

간섭 수준으로 나누는 것이다. 이러한 재분류 방식과 다른 개선방법들은 스펙트럼 관리기관 등을 통해 국제적인 논의와 검토가 필요하며, ITU에서 채택된 새로운 방법은 지역 및 국가 스펙트럼 계획에 순차적으로 반영되어야 한다.

5. 지역 및 글로벌 스펙트럼 관리의 재고

만약 적절한 방법론이 혁신을 저해하지 않는 것으로 밝혀진다면 지역적 협력의 여지는 더 커질 것이다. 1.6절에서 논의한 바와 같이 지역기구는 자신의 역할을 검토하고 어디에서 부가적인 가치를 더할 수 있는지 찾아야 한다. 근본적으로 중요한 이슈가 있으며, 이는 높은 수준에서 면밀하고 사심 없는 연구를 필요로 한다.

14.3 결론

스펙트럼 관리는 110년 역사의 긴 여정을 거쳤다. 기술적 발전은 급속한 수요 증가와 더불어 공동사용과 유연한 할당 방식을 기반으로 스펙트럼 이용 방식을 혁신적으로 바꿨다.

이러한 발전은 스펙트럼 관리를 위한 기존의 명령과 통제 방식의 취약점을 드러냈다. 이러한 현상의 초기에는 지난 25년간 시장 기반 관리의 발전을 이끌어, 처음에는 경매로 시작해 나중에는 스펙트럼 이차시장, 가치평가로 확장되었다.

경매를 제외한 시장 기반 방식은 널리 이용되지는 못했으며, 아직 기대되는 모든 효과가 달성되지 못했다. 규제기관이 한 발 물러서서 시장이 작동하도록 허용하는 것은 여전히 먼 미래의 일로 보인다. 스펙트럼을 가장 잘 사용하기 위해서는 새로운 기술과 새로운 규제를 동시에 사용하는 것이 필요하다. 이러한 조합이 적용된 대표적인 분야는 스펙트럼 공동사용으로서 동적 스펙트럼 접근 기술에 기반을 두고 있다. 잠재성이 큰 다른 개선사항은 간섭을 제어하는 방식으로 면허를 개선하고, 수신기 성능과 같은 영역으로 규제 범위를 확대하는 것이다.

스펙트럼이 우리 생활에서 점점 더 중요한 요소가 됨에 따라 이러한 변화를 만드는 것의 어려움도 가중되고 있다. 위험성은 신중한 규제기관이 기술과 수요에 한 발 뒤쳐져 있다는 데에 있다. 이 책에서는 전파가 경제와 사회를 위해 사용되도록 하기 위해 규제기관이 해야 할 최선의 역할이 무엇인지에 대한 우리의 생각을 설명했다. 그 혜택은 엄청나다.

저자에 관하여

마틴 케이브(Martin Cave)

마틴 케이브는 규제 경제학자로서 주로 전기통신과 스펙트럼 관련 분야를 다루었다. 그는 임페리얼 칼리지 비즈니스 스쿨 방문교수이며 영국 경쟁시장청의 심사위원장이다, 2010년에서 2011년까지 런던경제대학교의 BP 100주년 위원장, 2011년에서 2009년까지 워윅(Warwick) 비즈니스 스쿨 교수, 그 전에는 브루넬 대학교의 경제학 교수를 역임했다. 그는 옥스포드 대역에서 경제학 학사, 석사, 박사 학위를 취득했다.

그는 주로 통신 부분의 규제에 관한 저술을 남겼으며, 특히 사전 규제의 역할, 투자 유인, 이동통신 부문 구조, 방송 이슈, 스펙트럼 시장, 스펙트럼 관리, 스펙트럼 가격 산정 등에 관한 학술 논문이 있다. 그는 전기통신 경제학 핸드북의 공편집자이다.

그는 2002년에 스펙트럼 관리 검토와 2008년에 영국 정부를 위해 주요 스펙트럼에 대한 평가를 수행했다. 그는 호주와 캐나다 정부를 위한 유사한 스펙트럼 전략 검토에 참여했다. 또한 유럽 집행위원회, IADB, ITU, OECD 및 아프리카, 아시아, 호주, 유럽 및 미주 국가의 스펙트럼 시장, 특정 대역의 할당 정책, 스펙트럼 가격산정 및 가치평가 등에 관한 자문을 수행했다. 그는 2004년부터 2007년까지 영국의 규제기관인 Ofcom의 스펙트럼 자문위원회의 위원이었으며, 아일랜드 전기통신 및 스펙트럼 규제기관의 자문위원으로 활동했다.

윌리엄 웹(William Webb)

윌리엄 웹은 Weightless 표준을 개발하는 Weightless SIG의 CEO이며, 무선기술 및 스펙트럼 규제에 관한 독립 컨설턴트이다. 그는 Weightless의 핵심 설계 팀원으로 활동했으며, SIG 설립에 도움을 주었다.

그 전에 윌리엄은 M2M 기술 및 네트워크 개발 회사인 Neul의 설립 이사였으며, 그 전에는 Ofcom에서 모든 규제 관련 분야에 대한 기술자문과 연구를 책임졌다. 그는 또한 스펙트럼 프레임워크 리뷰, 스펙트럼 이용권, 최근의 유휴대역 정책 등과 같은 Ofcom의 주요 정책에 대한 검토를 수행했다. 이전에는 영국에서 하드웨어 설계, 컴퓨터 시뮬레이션, 전파 모델, 스펙트럼 관리, 전략 개발 등과 같은 통신 분야의 컨설팅을 수행했다. 그는 또한 3년간 모토로라의 전체 통신 포트폴리오의 전략적 관리 업무를 수행했다.

윌리엄은 『Weightless의 이해』를 포함한 13권의 책과 100건 이상의 논문을 출판했으며, 18건의 특허를 가지고 있다. 그는 서레이 대학교의 방문교수이며, Ofcom의 스펙트럼 자문위원회(OSAB) 위원, 왕립공학아카데미, IEEE, IET의 펠로우이다. 그는 전자공학 박사와 MBA를 취득했다.

INDEX

ㅇ

ㅈ

ㅊ